高等职业院校精品教材系列

U0240069

电子产品设计

李雄杰　翁正国　编著

電子工業出版社

Publishing House of Electronics Industry

北京·BEIJING

内 容 简 介

本书结合最新的职业教育教学改革成果，依据"项目导向、任务驱动、学做合一"的方法进行编写。本书分为3篇：第1篇（第1～4章）介绍元器件的选用，第2篇（第5～11章）介绍单元电路设计，第3篇（第12～19章）介绍电子产品设计。其中第1～2篇以电子设计手册的形式编写，建议用很少学时引导学生学习或由学生自学完成；第3篇为课程核心内容，主要通过7个实际电子产品来学习电子产品的设计原理、步骤与方法等技能。本书特点：主要以7个电子产品设计项目为导向，通过任务驱动，将知识学习与技能训练有机地结合，有利于学生掌握岗位技能和顺利就业。本书配有"学习与思考""巩固与练习""设计要点"等内容，便于学生高效率开展学习。

本书为高等职业本专科院校相应课程的教材，也可作为开放大学、成人教育、自学考试、中职学校和培训班的教材，以及参加大学生电子设计竞赛必备的技术手册。

本教材配有免费的电子教学课件、习题参考答案等，详见前言。

图书在版编目（CIP）数据

电子产品设计 / 李雄杰，翁正国编著. —北京：电子工业出版社，2017.8（2025.1重印）

全国高等院校规划教材. 精品与示范系列

ISBN 978-7-121-31801-6

Ⅰ. ①电… Ⅱ. ①李… ②翁… Ⅲ. ①电子工业－产品设计－高等学校－教材 Ⅳ. ①TN602

中国版本图书馆 CIP 数据核字（2017）第 130085 号

策划编辑：陈健德（E-mail:chenjd@phei.com.cn）

责任编辑：谭丽莎

印　　刷：北京七彩京通数码快印有限公司

装　　订：北京七彩京通数码快印有限公司

出版发行：电子工业出版社

　　　　　北京市海淀区万寿路 173 信箱　邮编　100036

开　　本：787×1 092　1/16　印张：17.25　字数：409 千字

版　　次：2017 年 8 月第 1 版

印　　次：2025 年 1 月第 13 次印刷

定　　价：49.00 元

凡所购买电子工业出版社图书有缺损问题，请向购买书店调换。若书店售缺，请与本社发行部联系，联系及邮购电话：（010）88254888，88258888。

质量投诉请发邮件至 zlts@phei.com.cn，盗版侵权举报请发邮件至 dbqq@phei.com.cn。

本书咨询联系方式：chenjd@phei.com.cn。

前　言

人类已进入 21 世纪，各式各样的电子新产品层出不穷，电子技术的应用范围越来越广，几乎每门学科或每个行业都与电子技术有密切关系。目前，全国大多数高等院校均开设有电子类专业，专业目标是培养学生的电子技术等综合应用能力。我校为培养电子制造业技术技能人才，已开设"电子产品设计"课程多年，在培养学生的综合电子技术应用能力方面已取得显著成效，学生的毕业设计质量高、专业对口率高、就业率高，电子设计特长生比较多，学生在每年的大学生电子设计竞赛中屡获全国一、二等奖及省一、二、三等奖。

本书是在 2016 年本课程教学经验与企业实践基础上，结合最新的职业教育教学改革成果与要求，依据"项目导向、任务驱动、学做合一"的方法编写而成的，内容分为3 篇：第 1 篇（第 1～4 章）介绍元器件的选用，第 2 篇（第 5～11 章）介绍单元电路设计，第 3 篇（第 12～19 章）介绍电子产品设计。其中第 1～2 篇以电子设计手册的形式编写，建议用很少学时引导学生学习或由学生自学完成；第 3 篇为课程核心内容，主要通过 7 个实际电子产品来学习电子产品的设计原理、步骤与方法等技能。

本书着重选择 7 个电子产品（信号发生器、多路远程温度测试仪、超声波测距仪、LED 灯驱动、数控电源、无线调频接收机、声控报警器）进行设计，项目任务基本涵盖了模拟电子技术、数字电子技术、单片机技术等内容，可训练学生的电路设计、PCB 设计、产品制作、产品调试、产品检测及故障处理等综合应用能力。

本书既是电子产品设计教材，又是电子产品设计手册。电子产品设计的关键：首先是科学地选用或设计单元电路，并能对单元电路进行改进，使之符合设计功能和指标要求；其次是科学地选用电子元器件，使元器件经济实用。为此，本书第 1～4 章是电子元器件的选用知识，包括电阻器、电容器、电感线圈、变压器、分立半导体器件、集成电路等；第 5～11 章为单元电路的设计，包括放大电路设计、信号产生电路设计、RC有源滤波电路设计、信号处理电路设计、功率驱动电路设计、电源电路设计及高频电路设计等。这些内容都以技术手册的形式编写，主要为学生查阅资料提供了方便。第 12～19 章为教学内容，主要通过 7 个实际电子产品来学习电子产品的设计原理、步骤与方法等技能。本书以 7 个电子产品项目设计为导向，通过任务驱动，将知识学习与技能训练有机地结合，有利于训练学生的电子技术综合应用能力。本书还配有"学习与思考""巩固与练习""设计要点"等内容，便于学生高效率开展学习。

本课程内容及 7 个实际电子产品设计项目的参考学时如下表所示，各院校可根据不同专业背景的教学需要和实验实训环境对项目任务和学时数进行适当调整。

篇序	序号	项目名称	参考学时
第 1 篇	第 1～4 章	元器件的选用	2
第 2 篇	第 5～11 章	单元电路设计	
第 3 篇	第 12 章	电子产品设计流程	2
	第 13 章	信号发生器设计	10
	第 14 章	多路远程温度测试仪设计	12
	第 15 章	超声波测距仪设计	12
	第 16 章	LED 灯驱动设计	12
	第 17 章	数控电源设计	12
	第 18 章	无线调频接收机设计	12
	第 19 章	声控报警器设计	10

注：课内学时：课外学时=1：1

　　本书为高等职业本专科院校相应课程的教材，也可作为开放大学、成人教育、自学考试、中职学校和培训班的教材。若学生参加大学生电子设计竞赛，本书可作为参赛学生查阅单元电路、电子元器件资料及技能训练的必备手册。

　　由于编著者水平有限，时间仓促，书中难免存在错误和缺点，敬请广大读者批评指正。

　　为方便教师教学，本书配有电子教学课件、习题参考答案，请有需要的教师登录华信教育资源网（www.hxedu.com.cn）免费注册后再进行下载，如有问题，请在网站留言板留言或与电子工业出版社联系（E-mail:gaozhi@phei.com.cn）。

编著者

目　录

第2篇　单元电路设计

第 3 篇　电子产品设计

第 1 篇

元器件的选用

电子元器件是电子产品设计的基础，掌握常用电子元器件的特性，对于电子产品设计中的元器件正确选用是非常重要的，这不但可以提高产品的可靠性，对于成本的降低也非常关键。本篇将介绍的常用元器件有电阻器、电容器、电感线圈、变压器、分立半导体器件、集成电路等。

第 1 章　电阻器、电容器、电感线圈、变压器
第 2 章　分立半导体器件
第 3 章　集成电路
第 4 章　其他常用元器件

第 1 章

电阻器、电容器、电感线圈、变压器

1.1 电阻器

电阻器是电子电路中应用数量最多的元件，通常按功率和阻值形成不同系列，供电路设计者选用。电阻器在电路中主要用来调节和稳定电流与电压，可作为分流器和分压器，也可作为电路匹配负载。根据电路要求，电阻器还可用于放大电路的静态工作点建立、电压—电流转换、输入过载时的电压或电流保护，又可组成 RC 电路作为振荡、滤波、旁路、微分、积分和时间常数元件等。

1.1.1 电阻器类型与参数

1. 电阻器类型

（1）根据用途不同分为普通型、精密型、功率型、高压型、高频型。

例如，线绕电阻精度高于 ±0.01%，金属膜电阻精度可达 ±0.001%；金属氧化膜电阻、线绕电阻最大功率可达 200 W；金属氧化膜电阻、线绕电阻、高压型合成膜电阻耐压可达 $1\sim35$ kV。电阻器在高频场合中使用时，其等效电路相当于一个直流电阻 R 与分布电感 L_R 串联，然后再与分布电容 C_R 并联。一般情况下，非线绕电阻器的高频分布参数较小，L_R 为 $0.01\sim0.09$ μH，C_R 为 $0.1\sim5$ pF。线绕电阻器的高频分布参数较大，L_R 为几十微亨，C_R 为几十皮法。

（2）按制造材料分为线绕型、非线绕型两大类。

非线绕型又分为合成型和薄膜型两类。合成型分为有机实心型和无机实心型。薄膜型电阻器有碳膜型、金属膜型、金属箔型、金属氧化膜型、玻璃釉型。

（3）按阻值特性分为固定电阻器、可调电阻器、特种电阻器（敏感电阻器）。

2. 电阻器的型号命名方法

国产电阻器的型号由四部分组成（不适用于敏感电阻器）。

第一部分：主称，用字母表示，表示产品的名字，如 R 表示电阻，W 表示电位器。

第二部分：材料，用字母表示，表示电阻体用什么材料组成。T—碳膜、H—合成碳膜、S—有机实心、N—无机实心、J—金属膜、Y—氮化膜、C—沉积膜、I—玻璃釉膜、X—线绕。

第三部分：分类，一般用数字表示，个别类型用字母表示，表示产品属于什么类型。1—普通、2—普通、3—超高频、4—高阻、5—高温、6—精密、7—精密、8—高压、9—特殊、G—高功率、T—可调。

第四部分：序号，用数字表示，表示同类产品中的不同品种，以区分产品的外形尺寸和性能指标等。

3. 电阻器的阻值标示方法

（1）直标法：用数字和单位符号在电阻器表面标出阻值，其允许误差直接用百分数表示，若电阻上未注明误差，则均为±20%。例如，3Ω3 I 表示电阻值为 3.3 Ω、允许误差为±5%；1K8 表示电阻值为 1.8 kΩ、允许误差为±20%；5M1 II 表示电阻值为 5.1 MΩ、允许误差为±10%。

（2）文字符号法：用阿拉伯数字和文字符号有规律的组合来表示标称阻值，其允许误差也用文字符号表示。符号前面的数字表示整数阻值，后面的数字依次表示第一位小数阻值和第二位小数阻值。

表示允许误差的文字符号：

文字符号	D	F	G	J	K	M
允许误差	±0.5%	±1%	±2%	±5%	±10%	±20%

（3）数码法：在电阻器上用三位数码表示标称值的标示方法。数码从左到右，第一、二位为有效值，第三位为指数，即零的个数，单位为欧。误差通常采用文字符号表示。

（4）色标法：用不同颜色的带或点在电阻器表面标出标称阻值和允许误差。国外电阻大部分采用色标法。黑—0、棕—1、红—2、橙—3、黄—4、绿—5、蓝—6、紫—7、灰—8、白—9、金—±5%、银—±10%、无色—±20%。

当电阻为四环时，最后一环必为金色或银色，前两位为有效数字，第三位为乘方数，第四位为误差；当电阻为五环时，最后一环与前面四环距离较大，前三位为有效数字，第四位为乘方数，第五位为误差。

对于贴片电阻，是直接用数字来表示的，有 3 位和 4 位之分，最后为乘方数，即 0 的个数，而误差只能在盘片上看。

4. 电阻器的主要特性参数

（1）标称阻值：电阻器上面所标示的阻值。

（2）允许误差：标称阻值与实际阻值的差值与标称阻值之比的百分数称为允许误差，它表示电阻器的精度。普通电阻器的允许误差有 10%、5%、2%、1%，也有允许误差小于

0.01%的精密电阻器。

（3）额定功率：在正常的大气压力 90～106.6 kPa 及环境温度为-55 ℃～+70 ℃的条件下，电阻器长期工作所允许耗散的最大功率。

线绕电阻器额定功率系列为（W）1/20、1/8、1/4、1/2、1、2、4、8、10、16、25、40、50、75、100、150、250、500。非线绕电阻器额定功率系列为（W）1/20、1/8、1/4、1/2、1、2、5、10、25、50、100。

（4）额定电压：由阻值和额定功率换算出的电压。

（5）最高工作电压：允许的最大连续工作电压。在低气压下工作时，电阻器的最高工作电压较低。

（6）温度系数：温度每变化 1 ℃所引起的电阻值的相对变化。温度系数越小，电阻的稳定性越好。阻值随温度升高而增大的为正温度系数，反之为负温度系数。

（7）老化系数：电阻器在额定功率长期负荷下，阻值相对变化的百分数，它是表示电阻器寿命长短的参数。

（8）电压系数：在规定的电压范围内，电压每变化 1 V，电阻器的相对变化量。

（9）噪声：产生于电阻器中的一种不规则的电压起伏，包括热噪声和电流噪声两部分。热噪声是由于导体内部不规则的电子自由运动，使导体任意两点的电压发生的不规则变化。

5. 电阻器选用依据

通常根据标称阻值与额定功率两个参数选用电阻器，对于特殊用途，还要考虑其他特殊参数。选择电阻器的基本方法和原则如下所述。

（1）标称值和误差选择：所选电阻器的电阻值应接近应用电路中计算值的一个标称值，应优先选用标准系列的电阻器。一般电路使用的电阻器允许误差为±5%～±10%。精密仪器及特殊电路中使用的电阻器应选用精密电阻器。

（2）额定功率的选择：根据电路中电阻器的工作状态，电阻器的额定功率应大于实际承受功率的两倍。电阻器的损坏主要是因额定功率不够而发热的损坏。

（3）噪声电动势的选择：对于高增益前置放大器电路中的输入端和反馈电路的电阻器，需要考虑电阻器的噪声电动势的影响。噪声电动势小的电阻器有金属膜电阻器、金属氧化膜电阻器和线绕电阻器等。

（4）频率特性选择：对于低频电路，各类电阻器均可选用。线绕电阻器的分布电感和分布电容较大，适用于 50 Hz 以下频率的电路，薄膜电阻器适用于几兆赫兹至几百兆赫兹的电路，如碳膜电阻器、金属电阻器、金属氧化膜电阻器等。

（5）温度系数的选择：对于要求温度稳定性高的电路，要选择温度系数小的电阻器。线绕电阻器的温度系数最小，薄膜电阻器次之，实心电阻器的温度系数较大。

（6）电位器的选择：根据需要选择不同电位器的结构形式和触点运动规律，根据电路性能要求选择相应的电位器。

1.1.2　固定电阻器的选用

固定电阻器按制作材料分为线绕电阻器和非线绕电阻器。非线绕电阻器有薄膜电阻器、实心型电阻器。薄膜电阻器又有碳膜电阻器、合成碳膜电阻器、金属膜电阻器、金属氧化膜电阻器、化学沉积膜电阻器、玻璃釉膜电阻器、金属氮化膜电阻器等。

1. 线绕电阻器

线绕电阻器结构如图 1.1 所示，线绕电阻器外形如图 1.2 所示。它是用金属线绕制在陶瓷或其他绝缘材料骨架上，表面涂以保护漆或玻璃釉膜制成的，分为通用线绕电阻器、精密线绕电阻器、大功率线绕电阻器、高频线绕电阻器。其阻值为几欧至几十千欧，阻值精度高、稳定性好、功率范围大、噪声小，但其体积大、时间常数大、分布参数大，不适用于高频电路。

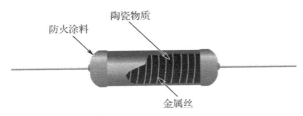

图 1.1　线绕电阻器结构

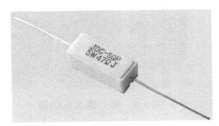

图 1.2　线绕电阻器外形

2. 碳膜电阻器

碳膜电阻器如图 1.3 所示。它用有机黏合剂将炭黑、石墨和填充料配成悬浮液涂覆于绝缘基体上，经加热聚合而成。碳膜电阻器成本较低，电性能和稳定性较差，但由于它容易制成高阻值的膜，所以主要用作高阻高压电阻器。其阻值为几十欧至十兆欧，可用于高频电路。

3. 金属膜电阻器

金属膜电阻器如图 1.4 所示，表面光亮。它是以特种金属或合金作为电阻材料，用真空蒸发或溅射的方法，在陶瓷或玻璃基上形成电阻膜层的电阻器。金属膜电阻器的耐热性、噪声电势、温度系数、电压系数等电性能比碳膜电阻器优良。其阻值为 $10\,\Omega \sim 100\,\text{M}\Omega$，可用于高频电路。这种电阻成本较高，常作为精密和高稳定性的电阻器而广泛应用。

图 1.3　碳膜电阻器　　　　　　　　　　图 1.4　金属膜电阻器

4．金属氧化膜电阻器

金属氧化膜电阻器如图 1.5 所示，呈灰色，表面无光泽。它的结构与碳膜电阻器相似，只是其导电膜为一层氧化锡（或锑）薄膜。其阻值为几欧至 100 千欧、性能可靠、额定功率大、过载能力强、耐高温。由于电阻率较低，所以它可用于补充金属膜电阻器的低阻部分。

5．实心碳质电阻器

实心碳质电阻器分为有机实心型和无机实心型。实心碳质电阻器如图 1.6 所示。

有机实心碳质电阻器是由颗粒状导体（如炭黑、石墨）、填充料（如云母粉、石英粉、玻璃粉、二氧化钛等）和有机黏合剂（如酚醛树脂等）等材料混合并热压成型后制成的，具有较强的抗负荷能力。

无机实心碳质电阻器是由导电物质（如炭黑、石墨等）、填充料与无机黏合剂（如玻璃釉等）混合压制成型后再经高温烧结而成的，其温度系数较大，但阻值范围较小。

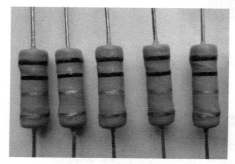

图 1.5　金属氧化膜电阻器

图 1.6　实心碳质电阻器

6．玻璃釉电阻器

玻璃釉电阻器又称玻璃釉膜电阻器、金属陶瓷电阻器或厚膜电阻器。它是由贵金属银、钯、铑、钌等的氧化物粉末与玻璃釉粉末混合，经高温烧结而成的。玻璃釉电阻器有普通型和精密型。在外形结构上常见的有圆柱形及片状两种形式，如图 1.7 所示。玻璃釉电阻器具有以下特点：耐湿、耐温，稳定性好，阻值范围宽，噪声小，高频特性好，体积小，质量轻。现在有高压型、高阻型、大功型玻璃釉电阻器。

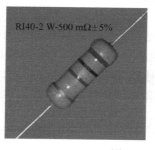

RI40-2 W-500 mΩ±5%

图 1.7　玻璃釉电阻器

7．保险丝电阻器

保险丝电阻器如图 1.8 所示。保险丝电阻器又叫熔断电阻器，在正常情况下起电阻和保险丝的双重作用，当电路出现故障而使其功率超过额定功率时，它会像保险丝一样熔断使

连接电路断开。保险丝电阻器一般电阻值都小，功率也较小。

8．水泥电阻器

水泥电阻器如图 1.9 所示，它是将电阻线绕在无碱性耐热瓷件上，外面加上耐热、耐湿及耐腐蚀的材料保护固定，并把绕线电阻体放入方形瓷器框内，用特殊不燃性耐热水泥充填密封而成的。水泥电阻器属于大功率电阻器，通常用于功率大、电流大的场合，有 2 W、3 W、5 W、10 W 甚至更大的功率，像空调、电视机等功率在百瓦级以上的电器中，基本上都会用到水泥电阻器。

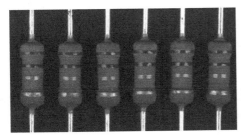

图 1.8   保险丝电阻器

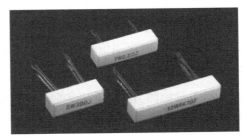

图 1.9   水泥电阻器

9．贴片电阻器

贴片电阻器如图 1.10 所示。贴片电阻器是金属玻璃釉电阻器的一种形式，它的电阻体由高可靠的钌系列玻璃釉材料经过高温烧结而成，电极采用银钯合金浆料。它体积小、精度高、稳定性好，再加上其为片状元件，因此高频性能好。采用贴片电阻器可大大节约电路空间成本，使设计更精细化。

图 1.10   贴片电阻器

10．零欧姆电阻器

零欧姆电阻器如图 1.11 所示。零欧姆电阻器又称跨接电阻器，是一种特殊用途的电阻器，零欧姆电阻器的阻值并非真正为零，而是值很小。为了让自动贴片机和自动插件机正常工作，可以用零欧姆电阻器代替跨线。零欧姆电阻器可为电路调试预留位置，在调试时焊接上，可以根据需要决定是否安装它。

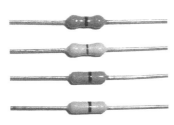

图 1.11   零欧姆电阻器

1.1.3 敏感电阻器的选用

敏感电阻器是指电阻值对温度、电压、湿度、光照、气体、磁场、压力等作用敏感，并随相应物理量的变化而变化的电阻器。敏感电阻器的符号是在普通电阻器的符号中加一斜线，并在旁标注敏感电阻器的类型，如 t、v 等。

1. 热敏电阻器

热敏电阻器按照温度系数不同分为正温度系数热敏电阻器（PTC）和负温度系数热敏电阻器（NTC）。热敏电阻器的典型特点是对温度敏感，在不同的温度下表现出不同的电阻值。正温度系数热敏电阻器（PTC）在温度越高时电阻值越大，负温度系数热敏电阻器（NTC）在温度越高时电阻值越小，它们同属于半导体器件。NTC 如图 1.12 所示。

2. 光敏电阻器

光敏电阻器如图 1.13 所示，它是电导率随着光亮度的变化而变化的电子元件。当某种物质受到光照时，载流子的浓度增加从而增加了电导率，这就是光电导效应。

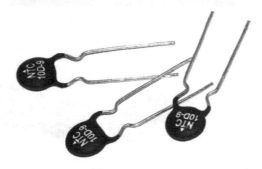

图 1.12　NTC

图 1.13　光敏电阻器

3. 力敏电阻器

力敏电阻器如图 1.14 所示，它是一种阻值随压力变化而变化的电阻器，国外称为压电电阻器。所谓压力电阻效应即半导体材料的电阻率随机械应力的变化而变化的效应。力敏电阻器可制成各种力矩计、半导体话筒、压力传感器等。其主要品种有硅力敏电阻器、硒碲合金力敏电阻器，相对而言，合金电阻器具有更高的灵敏度。

图 1.14　力敏电阻器

4. 磁敏电阻器

磁敏电阻器如图 1.15 所示，它的阻值随磁场的变化而变化。利用磁敏电阻器阻值的变化，可精确地测试出磁场的相对位移。磁敏电阻器是利用半导体的磁阻效应制造的，常用 InSb（锑化铟）材料加工而成。磁敏电阻器一般用于磁场强度、漏磁、制磁的检测。

图 1.15 磁敏电阻器

5. 压敏电阻器

压敏电阻器如图 1.16 所示，它是具有
非线性伏安特性并有抑制瞬态过电压作用的
固态电压敏感元件。当端电压低于某一阈值
时，压敏电阻器的电流几乎等于零；超过此
阈值后，电流值随端电压的增大而急剧增
加。压敏电阻器主要是用来保护那些易受静
电和高压等破坏的一种电阻器，在一些集成
化较高、应用功能复杂的环境中应用较多。

图 1.16 压敏电阻器

6. 气敏电阻器

气敏电阻器如图 1.17 所示，它利用某些半导体吸收某种气体后发生氧化还原反应而制
成。其主要成分是金属氧化物，如金属氧化物气敏电阻器、复合氧化物气敏电阻器、陶瓷
气敏电阻器等。

7. 湿敏电阻器

湿敏电阻器如图 1.18 所示，它由感湿层、电极、绝缘体组成。湿敏电阻器主要包括氯
化锂湿敏电阻器、碳湿敏电阻器、氧化物湿敏电阻器。氯化锂湿敏电阻器随湿度上升而电
阻减小，其缺点为测试范围小，特性重复性不好，受温度影响大。碳湿敏电阻器的缺点为
低温灵敏度低，阻值受温度影响大，有老化特性，较少使用。氧化物湿敏电阻器的性能较
优越，可长期使用，受温度影响小，阻值与湿度变化呈线性关系。

图 1.17 气敏电阻器　　　　　　　图 1.18 湿敏电阻器

1.1.4 可调电阻器的选用

可调电阻器又称电位器，它在电阻体上安装一个可移动的触点，靠电刷在电阻体上的

滑动，在一定范围内获得连续变化的电阻值。它按电阻体的材料分为线绕电位器和薄膜电位器两大类；根据结构不同，分为单圈和多圈，单联、双联和多联电位器；根据触点移动的运动规律，分为直滑式电位器和旋转式电位器两类；按输出阻值与滑动触点位移的关系，分为线性电位器和非线性电位器两种；根据不同的用途，分为普通型、精密型、功率型、微调型和专用型几种电位器；按有无开关，分为带开关电位器和不带开关两类电位器。

1. 合成碳膜电位器

合成碳膜电位器如图 1.19 所示。碳膜电位器的电阻体是用经过研磨的炭黑、石墨、石英等材料涂敷于基体表面而制成，其工艺简单，是目前应用最广泛的电位器。其特点是分辨力高、耐磨性好、寿命较长。其缺点是电流噪声大、非线性大、耐潮性及阻值稳定性

图 1.19　合成碳膜电位器

差。碳膜电位器的阻值变化和中间触头位置的关系有直线式、对数式和指数式三种。碳膜电位器有大型、小型、微型几种，有的和开关一起组成带开关电位器。

2. 有机实心电位器

有机实心电位器如图 1.20 所示，这是一种新型电位器，它采用加热塑压的方法，将有机电阻粉压在绝缘体的凹槽内。有机实心电位器与碳膜电位器相比具有耐热性好、功率大、可靠性高、耐磨性好的优点。但其温度系数大、动噪声大、耐潮性能差、制造工艺复杂、阻值精度较差。它在小型化、高可靠、高耐磨性的电子设备中应用。

3. 线绕电位器

线绕电位器如图 1.21 所示，它是将康铜丝或镍铬合金丝作为电阻体，并绕在绝缘骨架上制成的。线绕电位器的特点是接触电阻小、精度高、温度系数小，其缺点是分辨力差、阻值偏低、高频特性差。它主要用作分压器、变阻器及用于仪器中的调零和工作点等。

图 1.20　有机实心电位器　　　　　　图 1.21　线绕电位器

4. 金属膜电位器

金属膜电位器如图 1.22 所示，它的电阻体可由合金膜、金属氧化膜、金属箔等分别组

成。其特点是分辨力高、耐高温、温度系数小、动噪声小、平滑性好。

5. 导电塑料电位器

导电塑料电位器如图 1.23 所示，它采用特殊工艺，将 DAP（邻苯二甲酸二烯丙酯）电阻浆料覆在绝缘机体上，加热聚合成电阻膜而形成电阻体。其特点是平滑性好、分辨力优异、耐磨性好、寿命长、动噪声小、可靠性极高、耐化学腐蚀。它常用于宇宙装置、导弹、飞机雷达天线的伺服系统等。

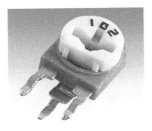

图 1.22　金属膜电位器

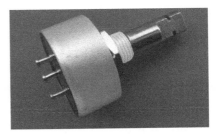

图 1.23　导电塑料电位器

6. 带开关的电位器

带开关的电位器如图 1.24 所示，有旋转式开关电位器、推拉式开关电位器。带开关的电位器在音响设备中使用得最多。

7. 微调电位器

微调电位器如图 1.25 所示，它是半固定电位器，通常用于电子产品生产过程中的调整，因此常被安置在电子设备的内部，使

图 1.24　带开关的电位器

其不会被用户轻易触碰到。微调电位器既有高分辨率的多旋转型，也有注重成本的单旋转型，并根据恶劣环境防护分为密封型和开放型。

图 1.25　微调电位器

8. 直滑式电位器

直滑式电位器采用直滑方式改变电阻值，如图 1.26 所示。直滑式电位器的骨架和基体通常用绝缘性能良好的材料制成，要求耐热、耐潮，电绝缘性好，化学稳定性和导热性好，并且有一定的机械强度。

图 1.26　直滑式电位器

9．双联电位器

双联电位器如图 1.27 所示，是两个相互独立的电位器的组合，在电路中可以调节两个不同的工作点电压或信号强度，有异轴双联电位器和同轴双联电位器。例如，双声道音频放大电路中的音量调节电位器就是双联电位器，可同时调节两个声道的音量。

10．数字电位器

数字电位器亦称数控可编程电阻器，是一种代替传统机械电位器（模拟电位器）的新型 CMOS 数字、模拟混合信号处理的集成电路。数字电位器由数字输入控制，产生一个模拟量的输出。数字电位器具有使

图 1.27　双联电位器

用灵活、调节精度高、无触点、低噪声、不易污损、抗振动、抗干扰、体积小、寿命长等显著优点，能和数字电路或单片机灵活地结合在一起，可在许多领域取代机械电位器。

例如，美国美信公司的数字电位器系列芯片有 MAX5432、MAX5433、MAX5434、MAX5435、MAX5487、MAX5488、MAX5489 等。MAX 系列数字电位器芯片引脚图如图 1.28 所示。

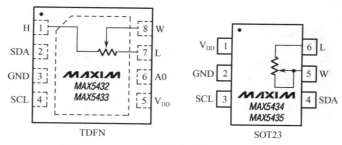

图 1.28　MAX 系列数字电位器芯片引脚图

1.2　电容器

电容器，顾名思义是"装电的容器"，是一种容纳电荷的器件。电容器是电子设备中大量使用的电子元件之一，广泛应用于隔直、耦合、旁路、滤波、调谐回路、能量转换及控制电路等方面。用 C 表示电容，电容单位有法拉（F）、微法拉（μF）、皮法拉（pF），

$1\ F=10^6\ \mu F=10^{12}\ pF$。

1.2.1 电容器类型与参数

1. 电容器类型

（1）按结构分类：有固定电容器、可变电容器和微调电容器。

（2）按介质分类：有有机介质电容器、无机介质电容器、电解电容器和空气介质电容器等。无机介质电容器有陶瓷电容器、云母电容器、玻璃釉电容器、独石电容器等，其主要特点是绝缘强度高、耐高温、耐高压、耐腐蚀、容值稳定，多用于高频电路。有机介质电容器有漆膜电容器、混合介质电容器、纸介电容器、有机薄膜介质电容器等，其主要特点是电容量和工作电压范围很宽，但介质易老化，稳定性与耐热性差。电解电容器有铝电解电容器、钽电解电容器、铌电解电容器、钛电解电容器及合金电解电容器等。空气介质电容器就是以空气为介质的电容器，包括空气介质可变电容器，它的电容量在一定范围内连续可调。

（3）按用途分类：有储能电容器、旁路电容器、滤波电容器、调谐电容器、振荡电容器、耦合电容器、充放电电容器等。

2. 电容器型号命名方法

国产电容器的型号一般由四部分组成（不适用于压敏、可变、真空电容器），依次分别代表名称、材料、分类和序号。

第一部分：名称，用字母表示，电容器使用字母 C。

第二部分：材料，用字母表示。

第三部分：分类，一般用数字表示，个别用字母表示。

第四部分：序号，用数字表示。

用字母表示产品的材料：A—钽电解、B—聚苯乙烯等非极性薄膜、C—高频陶瓷、D—铝电解、E—其他材料电解、G—合金电解、H—复合介质、I—玻璃釉、J—金属化纸、L—涤纶等极性有机薄膜、N—铌电解、O—玻璃膜、Q—漆膜、T—低频陶瓷、V—云母纸、Y—云母、Z—纸介。

3. 电容器容量标示方法

（1）数字表示法。例如，10、22、0.047、0.1 等，分别表示 10 pF、22pF、0.047 μF、0.1μF 等。注意：凡是用整数表示的，单位默认为 pF；凡是用小数表示的，单位默认为 μF。

（2）数码表示法。通常用三位数字"×××"表示，第一、二位数字为有效数字，第三位数字代表后面添加 0 的个数，单位默认为 pF。例如，473 表示 47 000 pF=0.047 μF，104 表示 100 000 pF=0.1 μF 等。

（3）数字字母表示法。用数字和字母（p、n、μ、R）直接标出。例如，01 μF 表示 0.01 μF，1p5 表示 1.5 pF，4μ7 表示 4.7 μF。有些电容用"R"表示小数点，如 R56 表示 0.56 μF。

（4）色标法。用色环或色点表示电容器的主要参数。电容器的色标法与电阻相同。

电容器偏差标志符号：+100%～0—H、+100%～10%—R、+50%～10%—T、+30%～10%—Q、+50%～20%—S、+80%-20%—Z。

4. 电容器的主要特性参数

（1）标称电容量和允许误差：标称电容量通常标注在电容器外壳上。实际电容量与标称电容量的偏差称为误差，允许的偏差范围称为精度。精度等级与允许误差的对应关系：00（01）—±1%、01（02）—±2%、Ⅰ—±5%、Ⅱ—±10%、Ⅲ—±20%、Ⅳ—（+20%～10%）、Ⅴ—（+50%～20%）、Ⅵ—（+50%～30%），一般电容器常用Ⅰ、Ⅱ、Ⅲ级，电解电容器用Ⅳ、Ⅴ、Ⅵ级，根据用途选取。

精密电容器的允许误差较小，而电解电容器的允许误差较大，它们采用不同的误差等级。常用电容器精度等级和电阻器的表示方法相同。用字母表示：D级—±0.5%；F级—±1%；G级—±2%；J级—±5%；K级—±10%；M级—±20%。

（2）额定电压：额定电压一般直接标注在电容器外壳上，如果工作电压超过电容器的耐压，电容器将击穿，造成不可修复的永久损坏。其数值有 6.3 V、10 V、16 V、25 V、40 V、63 V、100 V、160 V、250 V、300 V、450 V、630 V、1 000 V 等。使用中，额定电压值应大于实际承受电压值的1.5～2倍。

（3）温度系数：在一定温度范围内，温度每变化 1 ℃，电容量的相对变化值。温度系数越小越好。

（4）绝缘电阻：直流电压加在电容器上并产生漏电电流，两者之比称为绝缘电阻。一般小容量的电容器绝缘电阻很大，为几百兆欧或几千兆欧。电解电容器的绝缘电阻一般较小。相对而言，绝缘电阻越大越好，漏电也小。

（5）损耗：电容器在电场作用下，在单位时间内因发热所消耗的能量叫作损耗。电容器的损耗主要有介质损耗和金属损耗，金属损耗由电容器所有金属部分的电阻引起。

（6）频率特性：在高频工作时，电容器的分布参数，如极片电阻、引线和极片间的电阻、极片的自身电感、引线电感等，都会影响电容器的性能。小型云母电容器在 250 MHz 以内，圆片形瓷介电容器为 300 MHz，圆管形瓷介电容器为 200 MHz，圆盘形瓷介电容器可达 3 000 MHz，小型纸介电容器为 80 MHz，中型纸介电容器只有 8 MHz。

1.2.2 固定电容器的选用

1. 铝电解电容器

铝电解电容器如图 1.29 所示。它采用浸有糊状电解质的吸水纸夹在两条铝箔中间卷绕而成，薄的氧化膜作为介质。因为氧化膜有单向导电性质，所以电解电容器具有极性。铝电解电容器的主要特点是电容量大（0.47～10 000 μF），额定电压为 6.3～450 V，能耐受大的脉动电流，容量误差也大，漏电流大；普通铝电解电容器不适合在高频和低温下应用。

图 1.29　铝电解电容器

2. 钽电解电容器

钽电解电容器如图 1.30 所示。它采用烧结的钽块作为正极，电解质使用固体二氧化锰，电容量为 0.1～1 000 μF，额定电压为 6.3～125 V，其温度特性、频率特性和可靠性均优于铝电解电容器，特别是漏电流极小，存储性能良好，寿命长，容量误差小，而且体积小，单位体积下能得到最大的电容电压乘积，但对脉动电流的耐受能力差，若损坏易呈短路状态，用于超小型高可靠机件中。

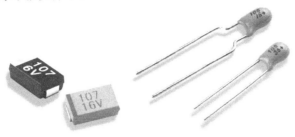

图 1.30　钽电解电容器

3. 薄膜电容器

薄膜电容器如图 1.31 所示。它是以金属箔为电极，将其和聚乙酯、聚丙烯、聚苯乙烯等塑料薄膜重叠后，卷绕成圆筒状的电容器。按照塑料薄膜的种类，它们被分别称为聚乙酯电容器（Mylar 电容器）、聚丙烯电容器（PP 电容器）、聚苯乙烯电容器（PS 电容器）。薄膜电容器无极性，绝缘阻抗很高，频率特性优异，而且介质损失很小，容量范围为 3 pF～0.1 μF，直流工作电压为 63～500 V，适用于高频、低频场合，漏电电阻大于 10 kΩ。

图 1.31　薄膜电容器

4. 瓷介电容器

瓷介电容器如图 1.32 所示。它将高介电常数的电容器陶瓷挤压成圆管、圆片或圆盘作为介质，并用烧渗法将银镀在陶瓷上作为电极制成。它又分高频瓷介（CC）和低频瓷介（CT）两种。瓷介电容器的引线电感极小，频率特性好，介电损耗小，有温度补偿作用，不能做成大的容量，受振动会引起容量变化，特别适用于高频旁路。

图 1.32　瓷介电容器

5. 独石电容器

独石电容器如图 1.33 所示，它是多层陶瓷电容器的别称，简称 MLCC，根据所使用的材料，可分为三类。独石电容器比一般瓷介电容器的电容量大、体积小、可靠性高、电容量稳定、耐高温、绝缘性好、成本低，应用广泛。独石电容器不仅可替代云母电容器和纸介电容器，还取代了某些钽电容器，广泛应用于电子精密仪器，用于谐振、耦合、滤波、旁路。

图 1.33　独石电容器

6. 纸介电容器

纸介电容器又称纸质电容器，如图 1.34 所示。它用两条铝箔作为电极，中间以厚度为 $0.008\sim0.012$ mm 的电容器纸隔开重叠卷绕而成。其制造工艺简单，价格便宜，能得到较大的电容量。纸介电容器一般在低频电路中应用，其化学稳定性和热稳定性差，易老化，介质损耗大。目前，低值纸介电容器正被薄膜电容器所取代。

图 1.34　纸介电容器

7. 云母电容器

云母电容器如图 1.35 所示，其形状多为方块状，它采用天然云母作为介质，耐压高，性能相当好。但云母电容器的电容量不能做至太大，一般为 $10\sim10\,000$ pF。云母电容器的特点是介质损耗小、绝缘电阻大、温度系数小、电容量精率高、频率特性好，适用于高频电路。云母电容器的造价相对其他电容器要高。

图 1.35　云母电容器

8. 玻璃釉电容器

玻璃釉电容器如图 1.36 所示，它是一种常用电容器件，其介质是玻璃釉粉加压制成的薄片。玻璃釉电容器具有介质介电系数大、体积小、损耗较小等特点，耐温性和抗湿性也较好。玻璃釉电容器适合于在交、直流电路或脉冲电路中使用。

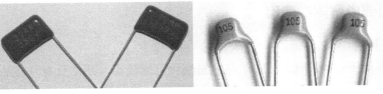

图 1.36　玻璃釉电容器

9. 涤纶电容器

涤纶电容器如图 1.37 所示，它采用两片金属箔作为电极，夹在极薄绝缘涤纶介质中，卷成圆柱形或扁柱形芯子。涤纶薄膜电容器的介电常数较高、体积小、容量大、稳定性好。

10. 贴片电解电容器

贴片电解电容器如图 1.38 所示。电解电容器是有极性电容器，平时用得最多的是铝电解电容器，由于其电解质为铝，所以其温度稳定性及精度都不

图 1.37　涤纶电容器

是很高，而贴片元件由于紧贴电路板，要求温度稳定性要高，所以贴片电容器以钽电解电容器居多。

铝电解电容器　　　　　　　　　　钽电解电容器

图 1.38　贴片电解电容器

11. 贴片多层陶瓷电容器

贴片多层陶瓷电容器（MLCC）的基本结构如图 1.39 所示，由陶瓷介质、内电极、端电极等组成。按美国电工协会（EIA）标准，不同介质材料的 MLCC 按温度稳定性可分为 NPO、X7R、Z5U、Y5V 四类。NPO 是一种最常用的具有温度补偿特性的单片陶瓷电容器；X7R 被称为温度稳定型的陶瓷电容器；Z5U 被称为通用陶瓷单片电容器；Y5V 是一种有一定温度限制的通用电容器。

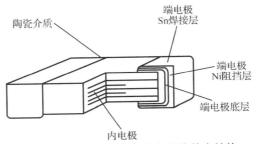

图 1.39　贴片多层陶瓷电容器的基本结构

1.2.3 可调电容器的选用

1. 微调电容器

微调电容器如图 1.40 所示，它的电容量变化范围较小，通常只有几皮法到几十皮法。微调电容器分为云母微调电容器、瓷介微调电容器、薄膜微调电容器、拉线微调电容器等多种。它常在各种调谐及振荡电路中作为补偿电容器或校正电容器使用。

图 1.40　微调电容器

2. 可变电容器

可变电容器如图 1.41 所示，它是一种电容量可以在较大范围内调节的电容器，极片间相对的有效面积或片间距离改变时，它的电容量就相应地变化。它通常在无线电接收电路中作为调谐电容器使用。

图 1.41　可变电容器

1.3　电感线圈

电感线圈是能够把电能转化为磁能而存储起来的元件，它是利用电磁感应的原理进行工作的器件。电感线圈只阻碍电流的变化，其电特性和电容器相反，通低频，阻高频。高频信号通过电感线圈时会遇到很大的阻力，低频信号通过它时所呈现的阻力则比较小，电感线圈对直流电的电阻几乎为零。

电感线圈是由导线一圈接一圈地绕在绝缘管上制成的，导线彼此互相绝缘，而绝缘管既可以是空心的，也可以包含铁芯或磁粉芯。电感线圈简称电感，用 L 表示，单位有亨利（H）、毫亨利（mH）、微亨利（μH），$1\ H=10^3\ mH=10^6\ \mu H$。

1.3.1　电感线圈类型与参数

1. 电感线圈的分类

（1）按电感形式分类：固定电感、可变电感。

（2）按导磁体性质分类：空芯线圈、铁氧体线圈、铁芯线圈、铜芯线圈。

（3）按工作性质分类：滤波线圈、天线线圈、谐振线圈、扼流线圈、陷波线圈、偏转线圈。

（4）按绕线结构分类：单层线圈、多层线圈、蜂房式线圈。

2. 电感线圈的主要特性参数

（1）电感量 L：电感量 L 表示线圈本身的固有特性，与电流大小无关。除专门的电感线圈（色码电感）外，电感量一般不专门标注在线圈上，而以特定的名称标注。电感线圈对交流电流阻碍作用的大小称为感抗 X_L，单位是欧姆。它与电感量 L 和交流电频率 f 的关系为 $X_L=2\pi fL$。

（2）品质因素 Q：品质因素 Q 是表示线圈质量的一个物理量，Q 为感抗 X_L 与其等效的电阻 R 的比值，即 $Q=X_L/R$。线圈的 Q 值越高，回路的损耗越小。线圈的 Q 值与导线的直流电阻、骨架的介质损耗、屏蔽罩或铁芯引起的损耗、高频趋肤效应的影响等因素有关。线圈的 Q 值通常为几十到几百。

（3）分布电容：线圈的匝与匝间、线圈与屏蔽罩间、线圈与底板间存在的电容被称为分布电容。分布电容的存在使线圈的 Q 值减小，稳定性变差，因而线圈的分布电容越小越好。

1.3.2　电感线圈的选用

1. 单层线圈

单层线圈是用绝缘导线一圈接一圈地绕在纸筒、胶木骨架或磁棒上制成的。收音机中波磁棒天线线圈如图 1.42 所示。单层线圈的电感量较小，一般在几至几十微亨之间。单层线圈一般使用在高频电路中。

2. 蜂房式线圈

如果所绕制的线圈的平面不与旋转面平行，而是相交成一定的角度，这种线圈称为蜂房式线圈，如图 1.43 所示。而其旋转一周，导线来回弯折的次数常称为折点数。蜂房式绕法的优点是体积小，分布电容小，而且电感量大。蜂房式线圈都是利用蜂房绕线机来绕制的，折点越多，分布电容越小。

图 1.42　收音机中波磁棒天线线圈　　　　　图 1.43　蜂房式线圈

3. 铁氧体磁芯线圈

铁氧体磁芯线圈如图 1.44 所示。铁氧体磁芯主要由铁、锰和锌元素组成，通常被称为锰锌铁氧体。环形铁氧体磁芯由于没有气隙，且截面积一致，因此磁效应很高。线圈的电感量大小与有无磁芯有关。在空芯线圈中插入铁氧体磁芯，可增加电感量和提高线圈的品质因素。

图 1.44　铁氧体磁芯线圈

4. 铁粉芯线圈

铁粉芯线圈如图 1.45 所示。线圈磁芯使用最多的是铁粉芯，化学上称为四氧化三铁，有良好的直流叠加特性和电磁兼容性，良好的温度稳定性、高频特性和绝缘性，生产工艺简单，生产成本最低，因此在各类金属的磁粉芯之中使用量最多、用途最广泛。

5. 铜芯可调线圈

铜芯可调线圈如图 1.46 所示。铜芯线圈在超短波范围应用较多，利用旋动铜芯在线圈中的位置来改变电感量，这种调整比较方便、耐用。与磁芯可调线圈相反，当铜芯旋进去后，线圈电感量减小。

图 1.45　铁粉芯线圈　　　　　　　　　　图 1.46　铜芯可调线圈

6. 色码电感器

色码电感器如图 1.47 所示。色码电感器和色环电阻类似，用不同的颜色表示不同的数字，进而可以表示电感的电感量是多少。色码一般有 4 种颜色，前 2 种颜色为有效数字，第 3 种颜色为倍率，单位为 μH，第 4 种颜色是误差位。

7. 可调电感器

大范围改变电感线圈的电感量较难，目前只能做到微调。改变电感量大小的方法通常有两种：一是采用带螺纹的软磁铁氧体，改变磁芯在线圈中的位置，如图 1.48 所示；二是采用滑动开关，改变线圈匝数，从而改变电感器的电感量。这两种方法的缺点是只能手动调节，不能自动控制。

图 1.47　色码电感器　　　　　　　　　　图 1.48　可调电感器

8. 阻流圈（扼流圈）

阻流圈如图 1.49 所示，其作用是限制交流电通过。它分为高频阻流圈和低频阻流圈。高频阻流圈用于阻止高频信号的通过，其特点是电感量小，要求损耗要小，分布电容要小，因此多采用线圈的分段绕制及陶瓷骨架。低频阻流圈用于阻止低频信号的通过，其特点是电感量要比高频阻流圈大得多，多数为几十亨，多采用硅钢片、铁氧体、坡莫合金等

作为铁芯，多用于电源滤波电路及音频电路。

9. 偏转线圈

在电视机显像管管颈上，套着一个偏转线圈，偏转线圈中通以锯齿波电流，使得显像管中的电子束发生偏转。偏转线圈如图1.50所示，要求偏转灵敏度高、磁场均匀。

图 1.49　阻流圈　　　　　　　　　　　　　图 1.50　偏转线圈

1.4　变压器

变压器是变换交流电压、交流电流和阻抗的器件，当初级线圈中通有交流电流时，铁芯（或磁芯）中便产生交流磁通，使次级线圈中感应出电压（或电流）。变压器由铁芯（或磁芯）和线圈组成，线圈有两个或两个以上的绕组，其中接电源的绕组叫作初级线圈，其余的绕组叫作次级线圈。

1.4.1　变压器类型与参数

1. 变压器的类型

（1）按冷却方式分类：干式（自冷）变压器、油浸（自冷）变压器、氟化物（蒸发冷却）变压器。

（2）按防潮方式分类：开放式变压器、灌封式变压器、密封式变压器。

（3）按铁芯结构分类：芯式变压器（插片铁芯、C 型铁芯、铁氧体铁芯）、壳式变压器（插片铁芯、C 型铁芯、铁氧体铁芯）、环型变压器、金属箔变压器。

（4）按电源相数分类：单相变压器、三相变压器、多相变压器。

（5）按用途分类：电源变压器、调压变压器、音频变压器、中频变压器、高频变压器、脉冲变压器。

2. 变压器的主要特性参数

（1）工作频率：变压器铁芯损耗与频率关系很大，因此应根据使用频率来设计和使用，这种频率称为工作频率。

（2）额定功率：指在规定的频率和电压下，变压器能长期工作而不超过规定温升的输出功率。

（3）额定电压：指在变压器的线圈上所允许施加的电压，工作时电压不得大于规定值。

（4）电压比：指变压器初级电压和次级电压的比值，有空载电压比和负载电压比的区别。

（5）空载电流：变压器次级开路时，初级仍有一定的电流，这部分电流称为空载电流。空载电流由磁化电流和铁损电流组成。

（6）空载损耗：指变压器次级开路时，在初级测得的功率损耗。主要损耗是铁芯损耗，其次是空载电流在初级线圈铜阻上产生的损耗（铜损），这部分损耗很小。

（7）效率：指次级功率 P_2 与初级功率 P_1 比值的百分比。通常变压器的额定功率越大，效率就越高。

（8）绝缘电阻：表示变压器各线圈之间、各线圈与铁芯之间的绝缘性能。

（9）频率响应：指变压器次级输出电压随工作频率变化的特性。

（10）通频带：如果变压器在中间频率的输出电压为 U_0，当输出电压（输入电压保持不变）下降到 $0.707U_0$ 时的频率范围称为变压器的通频带 B。

（11）初、次级阻抗比：使变压器初、次级阻抗匹配时的 R_0 和 R_i 的比值称为初、次级阻抗比。在阻抗匹配的情况下，变压器工作在最佳状态，传输效率最高。

> **注意：**（1）～（8）适用于电源变压器，（9）～（11）适用于音频与高频变压器。

1.4.2 变压器的选用

1. 电源变压器

电源变压器如图 1.51 所示，它的功能是功率传送、电压变换和绝缘隔离。变压器在电源技术和电力电子技术中得到了广泛的应用。根据传送功率的大小，电源变压器可以分为几挡：10 kV·A 以上为大功率，10 kV·A～0.5 kV·A 为中功率，0.5 kV·A～25 V·A 为小功率，25 V·A 以下为微功率。电源变压器常用的铁芯形状一般有 E 型和 C 型，初级引脚和次级引脚一般都是分别从两侧引出的，初级绕组多标有 220 V 字样，次级绕组则标出额定电压值，如 15 V、24 V、35 V 等。

2. 音频变压器

音频变压器如图 1.52 所示，它是工作在音频范围的变压器，又称低频变压器，其工作频率范围一般为 10～20 000 Hz，常用于在无线电通信、广播电视中变换电压或变换负载的阻抗。音频变压器在工作频带内频率响应均匀，其铁芯由高磁导率的硅钢片叠装而成。通频带的最低频率由原绕组电感确定，最高频率由变压器漏电感确定。

3. 中频变压器

收音机中的中频变压器如图 1.53 所示，整个结构装在金属屏蔽罩中，下有引出脚，上有调节孔。初级线圈和次级线圈都绕在磁芯上，磁帽罩在磁芯外面。磁帽上有螺纹，能在尼龙支架上旋转。调节磁帽和磁芯的间隙可以改变线圈电感量。中频变压器一般与电容器搭配，组成 465 kHz 调谐回路。中频变压器分成单调谐和双调谐两种。收音机有三个中频变压器，其装配位置不可互换。

4. 高频变压器

高频变压器如图 1.54 所示，它采用高频铁氧体磁芯，工作频率超过 10 kHz，主要在高频开关电源中使用，也可在高频逆变电源和高频逆变焊机中使用。按工作频率高低，它可分为几个挡：10～50 kHz、50～100 kHz、100～500 kHz、500 kHz～1 MHz、10 MHz 以上。

图 1.51　电源变压器

图 1.52　音频变压器

图 1.53　中频变压器

图 1.54　高频变压器

5. 行输出变压器

行输出变压器体积较大，如图 1.55 所示，它内含低压绕组、高压绕组（高压包）、高压整流二极管及若干电阻、电容，采用环氧树脂灌封成形。在以显像管为显示设备的电视机中，行输出变压器是最重要的元件，它提供显像管所需要的各种电压（25 000 V 高压、8 000 V 聚焦电压、800 V 加速电压等），并提供其他电路需要的脉冲信号。对行输出变压器的绝缘要求极高，因为它要产生 25 000 V 高压。

6. 环形变压器

环形变压器如图 1.56 所示。环形变压器是变压器的一大类型，它的主要用途是作为电源变压器和隔离变压器。环形变压器在国外已有完整的系列，广泛应用于计算机、医疗设备、电信、仪器和灯光照明等方面。它在国内主要用于家电的音响设备和自控设备及石英灯照明等方面。环形变压器由于有优良的性能价格比，有良好的输出特性和抗干扰能力。

图 1.55　行输出变压器

图 1.56　环形变压器

第 2 章

分立半导体器件

半导体器件是电子电路中的核心元件，它通常是二极管、三极管、场效应管、可控硅等器件的总称。它是用半导体材料（硅、锗或砷化镓）制造的，可用于整流、放大、振荡、控制、发光等。为了与集成电路相区别，有时也称它为分立器件。

2.1 半导体器件命名方法

2.1.1 中国半导体器件型号命名方法

半导体器件型号由五部分（场效应器件、半导体特殊器件、复合管、PIN 型管、激光器件的型号命名只有第三、四、五部分）组成。五部分的意义如下。

第一部分：用数字表示半导体器件的有效电极数目。2—二极管、3—三极管。

第二部分：用汉语拼音字母表示半导体器件的材料和极性。表示二极管时：A—N 型锗材料、B—P 型锗材料、C—N 型硅材料、D—P 型硅材料。表示三极管时：A—PNP 型锗材料、B—NPN 型锗材料、C—PNP 型硅材料、D—NPN 型硅材料。

第三部分：用汉语拼音字母表示半导体器件的类型。P—普通管、V—微波管、W—稳压管、C—参量管、Z—整流管、L—整流堆、S—隧道管、N—阻尼管、U—光电器件、K—开关管、X—低频小功率管（$f<3\ \text{MHz}$，$P_c<1\ \text{W}$）、G—高频小功率管（$f>3\ \text{MHz}$，$P_c<1\ \text{W}$）、D—低频大功率管（$f<3\ \text{MHz}$，$P_c>1\ \text{W}$）、A—高频大功率管（$f>3\ \text{MHz}$，$P_c>1\ \text{W}$）、T—半导体晶闸管（可控整流器）、Y—体效应器件、B—雪崩管、J—阶跃恢复管、CS—场效应管、BT—半导体特殊器件、FH—复合管、PIN—PIN 型管、JG—激光器件。

第四部分：用数字表示序号。

第五部分：用汉语拼音字母表示规格号。

例如，3DG18 表示 NPN 型硅材料高频三极管。

2.1.2　日本半导体器件型号命名方法

日本半导体器件型号由五至七部分组成。通常只用到前五个部分，其各部分的符号意义如下。

第一部分：用数字表示器件的有效电极数目或类型。0—光电（光敏）二极管、三极管及上述器件的组合管，1—二极管，2—三极或具有两个 PN 结的其他器件，3—具有四个有效电极或具有三个 PN 结的其他器件……以此类推。

第二部分：日本电子工业协会 JEIA 注册标志。S—表示已在日本电子工业协会 JEIA 注册登记的半导体分立器件。

第三部分：用字母表示器件的使用材料极性和类型。A—PNP 型高频管、B—PNP 型低频管、C—NPN 型高频管、D—NPN 型低频管、F—P 控制极可控硅、G—N 控制极可控硅、H—N 基极单结晶体管、J—P 沟道场效应管、K—N 沟道场效应管、M—双向可控硅。

第四部分：用数字表示在日本电子工业协会 JEIA 登记的顺序号。采用两位以上的整数，从"11"开始，表示在日本电子工业协会 JEIA 登记的顺序号；不同公司的性能相同的器件可以使用同一顺序号；数字越大，越是近期产品。

第五部分：用字母表示同一型号的改进型产品标志。A、B、C、D、E、F 表示这一器件是原型号产品的改进产品。

2.2　二极管

二极管是一种具有两个电极的半导体器件，它有一个由 P 型半导体和 N 型半导体烧结形成的 PN 结界面，在其界面的两侧形成空间电荷层，构成自建电场。二极管具有单向导电性能，在电子产品中应用十分广泛。

2.2.1　二极管类型与参数

1. 按二极管结构分类

（1）点接触型二极管：点接触型二极管是在锗或硅材料的单晶片上压触一根金属针后，再通过电流法而形成的，构造简单，价格便宜。因其 PN 结的静电容量小，适用于高频电路，如小信号的检波、整流、调制、混频和限幅等，但不能用于大电流和整流。

（2）键型二极管：它是在锗或硅的单晶片上熔接银的细丝而形成的，其特性介于点接触型二极管和合金型二极管之间。键型二极管的正向特性特别优良，多作为开关使用，有时也被应用于检波和电源整流（不大于 50 mA）。

（3）合金型二极管：它是在 N 型锗或硅的单晶片上，通过合金铟、铝等金属的方法制作 PN 结而形成的。其正向电压降小，适用于大电流整流。因其 PN 结电容量大，不适用于高频应用。

（4）扩散型二极管：在高温的 P 型杂质气体中，加热 N 型锗或硅的单晶片，使单晶片表面的一部变成 P 型，以形成 PN 结。其 PN 结的正向电压降小，是大电流整流器的主流器件。

（5）台面型二极管：其 PN 结的制作方法虽然与扩散型二极管相同，但只保留 PN 结及其必要的部分，把不必要的部分用药品腐蚀掉。其剩余的部分呈现出台面形，因而得名。小电流开关使用的产品型号很多。

（6）平面型二极管：在半导体单晶片上，扩散 P 型杂质，利用硅片表面氧化膜的屏蔽作用，在 N 型硅单晶片上仅选择性地扩散一部分而形成 PN 结。由于半导体表面被制作得平整，故而得名。其特点是稳定性好、寿命长，主要用于小电流开关。

（7）合金扩散型二极管：合金材料是容易被扩散的材料，把难以制作的材料通过巧妙地掺配杂质，就能与合金一起扩散，此法适用于制造高灵敏度的变容二极管。

（8）外延型二极管：用外延面长的过程制造 PN 结而形成的二极管。制造时需要非常高超的技术，适宜于制造高灵敏度的变容二极管。

（9）肖特基二极管：在金属和半导体的接触面上，用已形成的肖特基来阻挡反向电压。肖特基二极管的开关速度非常快，反向恢复时间特别地短。

2. 根据二极管用途分类

（1）检波二极管：从高频信号中取出调制信号。

（2）整流二极管：将交流电变换成直流电。

（3）限幅二极管：对电压幅度进行限制。

（4）调制二极管：将低频信号对高频载波进行调制。

（5）混频二极管：当两个不同频率的信号混合到二极管中时，利用二极管的非线性特性，就会产生新的频率。

（6）开关二极管：二极管导通视为开关"通"，二极管截止视为开关"断"。

（7）变容二极管：通过改变二极管的反向电压，以改变 PN 结电容的电容量。

（8）稳压二极管：稳压二极管的反向特性可用于稳压。

（9）阻尼二极管：利用二极管的导通，使 LC 谐振回路的品质因数下降。

（10）发光二极管：用磷化镓、磷砷化镓材料制成，体积小，正向驱动发光，工作电压低，工作电流小，发光均匀、寿命长，可发红、黄、绿等单色光。

3. 常用二极管参数

二极管的参数是正确使用二极管的依据。

（1）最大整流电流 I_F：指二极管长期工作时，允许通过的最大正向平均电流。使用时正向平均电流不能超过此值，否则会烧坏二极管。

（2）最高反向工作电压 U_{RM}：指二极管正常工作时，所承受的最高反向电压（峰值）。通常，手册上给出的最高反向工作电压是反向击穿电压 U_{BR} 的一半左右。

（3）反向饱和电流 I_R：指在规定的反向电压和室温下所测得的反向电流值。其值越小，说明管子的单向导电性能越好。

（4）极间电容：指二极管两电极之间的电容，其中包括 PN 结的结电容、引出线电容。

（5）最高工作频率 f_M：指二极管正常工作时的上限频率值。它的大小与 PN 结的结电容有关。超过此值，二极管的单向导电性能变差。

2.2.2 二极管的选用

1. 整流二极管与整流桥堆

整流是二极管最多的应用。整流就是利用二极管的单向导电特性，将交流电变换成直流电。整流二极管一般为平面型硅二极管，如图 2.1（a）所示。选用整流二极管时，主要应考虑其最大整流电流、最大反向工作电流、截止频率及反向恢复时间等参数。普通串联稳压电源电路中使用的整流二极管对截止频率的反向恢复时间要求不高，只要根据电路的要求选择最大整流电流和最大反向工作电流符合要求的整流二极管即可，如 1N 系列（1N4001～1N4007、1N4139～1N4148）、2CZ 系列、RLR 系列等。

开关稳压电源的整流电路及脉冲整流电路中使用的整流二极管，应选用工作频率较高、反向恢复时间较短的整流二极管（如 RU 系列、EU 系列、V 系列、1SR 系列等）或快恢复二极管，还有一种是肖特基整流二极管。

整流桥堆由四个二极管组成，有四个引出脚，如图 2.1（b）所示。两个二极管负极的连接点是全桥直流输出端的"正极"，两个二极管正极的连接点是全桥直流输出端的"负极"。它外用绝缘塑料封装而成，大功率整流桥在绝缘层外还添加了锌金属壳包封，以增强散热。整流桥品种多，最大整流电流为 0.5～100 A，最高反向峰值电压为 50～1 600 V。

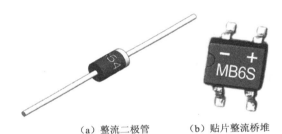

（a）整流二极管　（b）贴片整流桥堆

图 2.1　整流二极管与整流桥堆

整流桥封装有四种：方桥、扁桥、圆桥、贴片 MINI 桥。方桥的主要封装有 BR3、BR6、BR8、GBPC、KBPC、KBPC-W、GBPC-W、MT-35（三相桥）；扁桥的主要封装有 KBP、KBL、KBU、KBJ、GBU、GBJ、D3K；圆桥的主要封装有 WOB、WOM、RB-1；贴片 MINI 桥的主要封装有 BDS、MBS、MBF、ABS。

整流桥命名规则中有 3 个数字，第 1 个数字代表额定电流 A，后 2 个数字代表额定电压（数字×100）V。例如，KBL410 表示 4 A/1 000 V；RS507 表示 5 A/1 000 V（1、2、3、4、5、6、7 分别代表电压挡的 50 V、100 V、200 V、400 V、600 V、800 V、1 000 V）。

2. 检波二极管

检波就是从输入信号中取出调制信号。虽然检波和整流的原理是一样的，但整流的目的只是为了得到直流电，而检波则是从被调制波中取出信号成分（包络线）。检波电路和半波整流线路完全相同。

因为检波是对高频信号整流，检波二极管的结电容一定要小，所以选用点接触型锗二极管，其工作频率可达 400 MHz，正向压降小，检波效率高，频率特性好，通常为 2AP 系列，如图 2.2 所示。能用于高频检波的二极管大多能用于限幅、钳位、开关和调制电路。

图 2.2　检波二极管

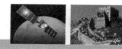

表 2.1 列出了 2AP1～2AP7 点接触型锗二极管的主要参数。2AP1～2AP7 主要用于检波及小电流整流。

表 2.1　2AP1～2AP7 点接触型锗二极管的主要参数

参数 型号	最大整流电流 （mA）	最高反向工作电压（峰值） （V）	反向击穿电压（反向电流为 400 μA） （V）	正向电流（正向电压为 1 V） （mA）	反向电流（反向电压分别为 10 V 和 100 V） （μA）	最高工作频率 （MHz）	极间电容 （pF）
2AP1	16	20	≥40	≥2.5	≤250	150	≤1
2AP2	16	30	≥45	≥2.5	≤250	150	≤1
2AP3	25	30	≥45	≥7.5	≤250	150	≤1
2AP4	16	50	≥75	≥5.0	≤250	150	≤1
2AP5	16	75	≥100	≥2.5	≤250	150	≤1
2AP6	12	100	≥150	≥1.0	≤250	150	≤1
2AP7	12	100	≥150	≥5.0	≤250	150	≤1

3. 稳压二极管

稳压二极管简称稳压管，它和普通二极管的正向特性相同，不同的是其反向击穿电压较低，且击穿特性陡峭，这说明反向电流在较大范围内变化时，其反向电压基本不变。稳压管正是利用反向击穿特性来实现稳压的，此时击穿电压为稳定工作电压。

稳压二极管如图 2.3 所示。常用国产稳压管有 2CW 系列。进口稳压管有 1N47 系列和 1N52 系列（0.5W 精密稳压管）等。1N47 系列型号（稳压值）如下：1N4728（3.3 V），1N4729（3.6 V），1N4730（3.9 V），1N4732（4.7 V），1N4733（5.1 V），1N4734（5.6 V），1N4735（6.2 V），1N4744（15 V），1N4750（27 V），1N4751（30 V），1N4761（75 V）。

4. 开关二极管

开关二极管是半导体二极管的一种，是为在电路上进行"开"、"关"而特殊设计制造的一类二极管。它由导通变为截止或由截止变为导通所需的时间比一般二极管短，主要用于电子计算机、脉冲和开关电路中。

开关二极管如图 2.4 所示，它分为普通开关二极管、高速开关二极管、超高速开关二极管、低功耗开关二极管、高反压开关二极管、硅电压开关二极管等多种。肖特基二极管的开关时间特短，因而是理想的开关二极管。常用的国产高速开关二极管有 2AK、2DK、2CK 系列。进口高速开关二极管有 1N 系列、1S 系列、1SS 系列（有引线塑封）和 RLS 系列（表面安装）。

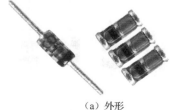

（a）外形　　　　（b）电路符号

图 2.3　稳压二极管

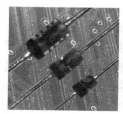

图 2.4　开关二极管

5．肖特基二极管

肖特基二极管是以其发明人肖特基博士（Schottky）命名的，SBD（Schottky Barrier Diode）是肖特基势垒二极管的简称。SBD 不是利用 P 型半导体与 N 型半导体接触形成 PN 结原理制作的，而是利用金属与半导体接触形成金属-半导体结原理制作的。因此，SBD 也称为金属-半导体二极管或表面势垒二极管。肖特基二极管属于大电流、低功耗、超高速半导体整流器件。它的特点是反向恢复时间很短，其值可小到几纳秒，而工作电流却可达到几千安培。

肖特基二极管在电路中主要用作整流二极管、续流二极管、保护二极管及用于小信号检波，主要用在低电压、大电流的电路中，如驱动器、开关电源、变频器、逆变器等电路。点接触型肖特基二极管主要用于微波通信电路。

另外，还有一种铝硅肖特基二极管，除用于开关电路外，主要用在高频电路中进行检波和鉴频，代替 2AP9 等检波二极管。例如，2S11 的频率可达 10^3 MHz，广泛用于一般的电子产品。肖特基二极管的不足之处是反向耐压较低，不适用于高反压电路。

肖特基二极管如图 2.5 所示，分为有引线和贴片式两种封装形式，另外还有单管式（2引脚）和双管式（3 引脚）两种封装形式，双管式又有共阴、共阳和串联三种引脚引出方式。

6．变容二极管

变容二极管如图 2.6 所示，通常中小功率的变容二极管采用玻封、塑封或表面封装，而功率较大的变容二极管多采用金封。变容二极管在高频调谐回路、振荡电路、锁相环路中作为可变电容器使用。

（a）外形　　　　　　（b）电路符号　　　　（a）外形　　　　　　（b）电路符号

图 2.5　肖特基二极管　　　　　　　　图 2.6　变容二极管

变容二极管属于反偏压二极管，改变其 PN 结上的反向偏压，即可改变 PN 结的电容量。反向偏压越高，结电容则越少。反向偏压与结电容之间的关系是非线性的，反向偏压增加，造成电容减少；反向偏压减少，造成电容增加。

常见变容二极管型号（容量变化范围）有 303B（3～18p）、2AC1（2～27p）、2CC1（3.6～20p）、2CB14（3～30p）、2CC-32（2.5～25p）、ISV-149（30～540p）、KV-1310（43～93p）、MV-2209（16～550p）。

7．发光二极管

发光二极管（LED）如图 2.7 所示，它采用磷化镓、磷砷化镓材料制成。当电子与空穴复合时能辐射出可见光，因而可以用来制成 LED。LED 被称为第四代光源，具有节能、环保、安全、寿命长、低功耗、低热、高亮度、防水、微型、防震、易调光、光束集中、维护简便等特点，可以广泛应用于各种指示、显示、装饰、背光源、普通照明等领域。

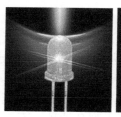
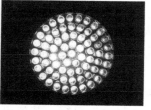

（a）外形　　　　　　　　　　　　（b）电路符号

图 2.7　发光二极管

LED 按发光颜色可分成红色、橙色、绿色、蓝光等，按出光面特征可分为圆灯、方灯、矩形、面发光管、侧向管等。LED 还可分为普通单色 LED、高亮度 LED、超高亮度 LED、变色 LED、闪烁 LED、电压控制型 LED、红外 LED 和负阻 LED 等。

一般 LED 的工作电流在十几毫安～几十毫安，而低电流 LED 的工作电流在 2 mA 以下。发光二极管的正向工作电压在 1.4～3 V。

8. 红外发光二极管

红外发光二极管是一种能发出红外线的二极管，通常应用于遥控器等场合。常用的红外发光二极管的外形和发光二极管 LED 相似，如图 2.8 所示。红外发光二极管的管压降约为 1.4 V，工作电流一般小于 20 mA，红外发射管波长有 850 nm、870 nm、880 nm、940 nm、980 nm。

图 2.8　红外发光二极管

常见的红外发光二极管，其功率分为小功率（1～10 mW）、中功率（20～50 mW）和大功率（50～100 mW）三大类。要使红外发光二极管产生调制光，只需在驱动管上加上一定频率的脉冲电压。红外遥控的特点是无法穿透墙壁，因此不同房间的家用电器可使用通用的遥控器而不会产生相互干扰。

红外遥控信号常用的载波频率为 38 kHz，这是由发射端所使用的 455 kHz 晶振来决定的。在发射端要对晶振进行整数分频，分频系数一般取 12，因此得 455 kHz÷12≈37.9 kHz≈38 kHz。

9. 红外光电二极管

红外光电二极管又称红外接收二极管，它能很好地接收红外发光二极管发射的红外光信号，而对于其他波长的光线则不能接收。红外光电二极管最常用的型号为 RPM-301B。在实际应用中，要给红外接收二极管加反向偏压才能获得较高的灵敏度。红外接收二极管一般有圆形和方形两种。

由于红外发光二极管的发射功率一般都较小（100 mW 左右），所以红外接收二极管接收到的信号比较微弱，这就需要增加高增益放大电路。前些年常使用 μPC1373H、CX20106A 等红外接收专用放大电路。近年来大多都采用成品红外接收头，一种采用铁皮屏蔽封装，另一种采用塑料封装，如图 2.9 所示。它们均有三个引脚，即电源正（VDD）、电源（GND）和数据输出（VO 或 OUT）。

10. 激光二极管

激光二极管如图 2.10 所示。它由一块 P 型和一块 N 型砷化铝镓半导体组合而成，其形状为长方形（长约 250 μm，宽约 100 μm），两端面磨成镜面，相互平行，构成一个"光学谐振腔"。当激光二极管正向导通时，形成一定的驱动电流，从光学谐振腔中发射出红色激光，波长为 650 nm 和 780 nm 两种系列。

图 2.9 红外接收头

图 2.10 激光二极管

激光二极管具有效率高、体积小、寿命长等优点，但其输出功率小（小于 2 mW），线性差，单色性不太好，使得其在有线电视系统中的应用受到了很大限制。激光二极管用于 CD 机/视盘机/计算机的光盘驱动器、激光打印机、条形码阅读器及激光教鞭等电子设备中。

2.3 三极管

三极管是半导体的基本元器件之一，具有电流放大作用，是电子电路的核心元件。三极管是在一块半导体基片上制作两个相距很近的 PN 结，两个 PN 结把整块半导体分成三部分，中间部分是基区，两侧部分是发射区和集电区，排列方式有 PNP 和 NPN 两种。从三个区引出相应的电极，分别为基极 b、发射极 e 和集电极 c。

2.3.1 三极管类型与参数

1. 三极管的类型

三极管种类繁多，可按下列方法分类。

（1）按材质分类：硅管、锗管。

（2）按结构分类：NPN 管、PNP 管。

（3）按用途分类：电压放大管、开关管、功率放大管、达林顿管、光敏管等。

（4）按功率大小分类：小功率管、中功率管、大功率管。

（5）按工作频率分类：低频管、高频管、超频管。

（6）按结构工艺分类：合金管、平面管。

（7）按安装方式分类：插件三极管、贴片三极管。

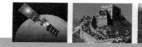

2. 三极管的主要特性参数

（1）电流放大系数 β：三极管接成共发射极电路时，其电流放大系数用 β 表示。对于一般放大电路，三极管的 β 值选 30～100 为宜。

（2）反向饱和电流 I_{CBO}：指发射极开路、集电结在反向电压作用下形成的反向饱和电流。I_{CBO} 越小，说明其热稳定性越好。

（3）穿透电流 I_{CEO}：指 b 极开路、c-e 极间加上一定数值的反偏电压时，流过 c 极和 e 极之间的电流。I_{CEO} 也是衡量三极管质量的重要参数，温度升高，I_{CEO} 增大。

（4）集电极最大允许电流 I_{CM}：当集电极电流太大时，三极管的 β 值下降。把 i_C 增大到使 β 值下降到正常值的 2/3 时所对应的集电极电流，称为集电极最大允许电流 I_{CM}。

（5）极间反向击穿电压：常用的是 U_{CEO} 和 U_{CBO} 参数。U_{CEO} 是指当 b 极开路时，c 极与 e 极之间的反向击穿电压。U_{CBO} 是指当 e 极开路时，c 极与 b 极之间的反向击穿电压。

（6）集电极最大耗散功率 P_{CM}：当三极管消耗的功率 $P_C = U_{CE}I_C$ 超过 P_{CM} 值时，其发热过量将使管子性能变差，甚至烧坏管子。

（7）共射截止频率 f_β 与特征频率 f_T：三极管的电流放大系数 β 与频率有关，如图 2.11 所示。低频时，$\beta = \beta_0$，随着频率的增高，β 值将减小。当 β 减至 β_0 的 0.707 倍时所对应的频率称为共射截止频率 f_β。当 β 减至 1 时所对应的频率称为特征频率 f_T。在 $f_\beta < f < f_T$ 范围内，β 与频率的关系简单地表示为 $f\beta = f_T$。

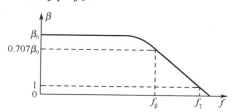

图 2.11　电流放大系数 β 的频率特性

2.3.2　三极管的选用

三极管型号繁多，为方便三极管的选用，表 2.2 给出了部分常用三极管参数。

表 2.2　部分常用三极管参数

名　称	极　性	功　能	耐　压	电　流	功　率	频　率	配　对　管
D633	NPN	音频功放开关	100 V	7 A	40 W		达林顿
9013	NPN	低频放大	50 V	0.5 A	0.625 W		9012
9014	NPN	低噪放大	50 V	0.1 A	0.4 W	150 MHz	9015
9015	PNP	低噪放大	50 V	0.1 A	0.4 W	150 MHz	9014
9018	NPN	高频放大	30 V	0.05 A	0.4 W	1 000 MHz	
8050	NPN	高频放大	40 V	1.5 A	1 W	100 MHz	8550
8550	PNP	高频放大	40 V	1.5 A	1 W	100 MHz	8050
2N5401	PNP	视频放大	160 V	0.6 A	0.625 W	100 MHz	2N5551
2N5551	NPN	视频放大	160 V	0.6 A	0.625 W	100 MHz	2N5401

续表

名 称	极 性	功 能	耐 压	电 流	功 率	频 率	配 对 管
3DA87A	NPN	视频放大	100 V	0.1 A	1 W		
3DG6B	NPN	通用	20 V	0.02 A	0.1 W	150 MHz	
3DG6C	NPN	通用	25 V	0.02 A	0.1 W	250 MHz	
3DG6D	NPN	通用	30 V	0.02 A	0.1 W	150 MHz	
3DK2B	NPN	开关	30 V	0.03 A	0.2 W		
3DD15D	NPN	电源开关	300 V	5 A	50 W		
3DD102C	NPN	电源开关	300 V	5 A	50 W		
D814	NPN	低噪放大	150 V	0.05 A		150 MHz	
D820	NPN	彩行	1 500 V	5 A	50 W		
D870	NPN	彩行	1 500 V	5 A	50 W		
D880	NPN	音频功放开关	60 V	3 A	10 W		
D882	NPN	音频功放开关	40 V	3 A	30 W		B772
D884	NPN	音频功放开关	330 V	7 A	40 W		
D898	NPN	彩行	1 500 V	3 A	50 W		
D951	NPN	彩行	1 500 V	3 A	65 W		
D965	NPN	音频	40 V	5 A	0.75 W		
D966	NPN	音频	40 V	5 A	1 W		
BU406	NPN	行管	400 V	7 A	60 W		
BU508A	NPN	行管	1 500 V	7.5 A	75 W		
BU508D	NPN	行管	1 500 V	7.5 A	75 W		
MJE13003	NPN	功放开关	400 V	1.5 A	14 W		
MJE13005	NPN	功放开关	400 V	4 A	60 W		
MJE13007	NPN	功放开关	1 500 V	2.5 A	60 W		
TIP31C	NPN	功放开关	100 V	3 A	40 W	3 MHz	TIP32
TIP32C	PNP	功放开关	100 V	3 A	40 W	3 MHz	TIP31
TIP35C	NPN	音频功放开关	100 V	25 A	125 W	3 MHz	TIP36
TIP36C	PNP	音频功放开关	100 V	25 A	125 W	3 MHz	TIP35
TIP41C	NPN	音频功放开关	100 V	6 A	65 W	3 MHz	TIP42
TIP42C	PNP	音频功放开关	100 V	6 A	65 W	3 MHz	TIP41
TIP102	NPN	音频功放开关	100 V	8 A	2 W		
TIP105	PNP	音频功放开关	60 V	15 A	80 W		达林顿
TIP122	NPN	音频功放开关	100 V	5 A	65 W		TIP127
TIP127	PNP	音频功放开关	100 V	5 A	65 W		TIP122
TIP137	PNP	音频功放开关	100 V	8 A	70 W		TIP132
TIP142	NPN	音频功放开关	100 V	10 A	125 W		TIP147
TIP147	PNP	音频功放开关	100 V	10 A	125 W		TIP142
TIP152		电梯用达林顿	400 V	3 A	65 W		

1. 大功率三极管

大功率三极管一般是指耗散功率大于 1 W 的三极管，可广泛应用于高、中、低频功率放大、开关电路、稳压电路、模拟计算机功率输出电路中。大功率三极管如图 2.12 所示。它们的特点是工作电流大，而且体积也大，各电极的引线较粗而硬，集电极引线与金属外壳或散热片相连。这样，金属外壳就是管子的集电极，塑封三极管的自带散热片也就成为集电极了。

大功率三极管根据其特征频率的不同分为高频大功率三极管（$f_T>3\ MHz$）和低频大功率三极管（$f_T<3\ MHz$）。常用的高频大功率三极管有 3DA87，3DA151，3DA152，3DA88，3DAg3，3DA30，3DAl4，3DA41，3DAl，3DA2，3DA3 等。常用的低频大功率三极管有 3DD12，3DD13，3DD14，3DD15，3DD50，3DDl00，3DD52，3DDl02，3DD205，3DD207，3DD301，3CD6，3CD30，DD01，DD03 等。

2. 差分对管

差分对管如图 2.13 所示。它是将两个性能参数相同的三极管封装在一起构成的电子器件，共有 5 个电极（b1，b2，c1，c2，e），一般用在音频放大器或仪器、仪表的输入电路中作为差分放大管。

图 2.12　大功率三极管

图 2.13　差分对管

常用的差分对管有 2SA798、2SC1583、2SA979。

3. 达林顿管

达林顿管是复合管的一种连接形式，它将两个三极管连在了一起。达林顿管的组合方式有 4 种：NPN 管和 NPN 管、PNP 管和 PNP 管、NPN 管和 PNP 管、PNP 管和 NPN 管，如图 2.14 所示。两个管子组合后的电流放大系数等于两个管子的电流放大系数的乘积。达林顿管的电流放大系数很高，主要用于高增益放大电路、电动机调速、逆变电路及继电器驱动、LED 显示屏驱动等控制电路。达林顿管如图 2.15 所示。

常用达林顿管型号有 2N6035，2N6036，2N6038，2N6039，2N6040，BD643，BD644，BD645，BD646，BD647，BD648 等。

4. 推挽功率放大配对管

在 OTL、OCL 功率放大中，功率放大管由 NPN、PNP 型配对管组成。部分推挽功率放大配对管参数如表 2.3 所示。表中主要参数是击穿电压/最大集电极允许电流/最大集电极耗散功率。

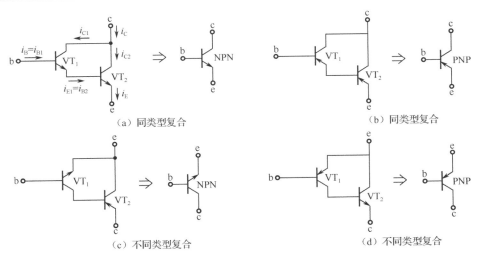

（a）同类型复合　　　　　　　　　　　（b）同类型复合

（c）不同类型复合　　　　　　　　　　（d）不同类型复合

图 2.14　达林顿管的四种组合方式

图 2.15　达林顿管

表 2.3　部分推挽功率放大配对管参数

型号（NPN/PNP）	主 要 参 数	型号（NPN/PNP）	主 要 参 数
BD135/BD136	45 V 3 A 12.5 W	B649/D669	160 V 1.5 A 20 W
BD139/BD140	80 V 5 A 12.5 W	A1306/C3298	160 V 1.5 A 20 W
A1216/C2922	180 V 17 A 200 W	A1859/C4883	150 V 2 A 20 W
2SA1942/2SC5199	180 V 12 A 120 W 30 MHz	A1837/C4793	230 V 1 A 20 W
2SC3280/2SA1301	160 V 12 A 120 W	K2013/J313	180 V 1 A 25 W
B688/D718	120 V 8 A 80 W	B716/D756	120 V 50 mA 0.75 W
2SC3858/2SA1494	200 V 17 A 200 W	B647/D667	120 V 1 A 0.9 W
D718/ B688	120 V 8 A 80 W	A1191/C2856	120 V 0.1 A 0.4 W
MJ15024/15025	250 V 16 A 250 W	A872/C1775	120 V 0.05 A 0.3 W
SAP15N/SAP15P	160 V 15 A 150 W	K246/J103	50 V 14 mA 300 mW

2.4 场效应管

三极管是输入电流控制输出电流的半导体器件，称为电流控制型器件。场效应管是电场控制输出电流的半导体器件，称为电压控制型器件。场效应管与三极管相比，具有输入电阻大、噪声低、抗辐射能力强、功耗小、热稳定性好、制造工艺简单及易集成等优点。

2.4.1 场效应管类型与参数

1. 场效应管类型

（1）按内部结构分类：分为结型、绝缘栅型两大类。结型场效应管按其导电沟道分为 N 沟道和 P 沟道两种。结型场效应管的输入电阻一般可达 $10^6 \sim 10^9\ \Omega$。绝缘栅场效应管的栅极和沟道是绝缘的，因此，它的输入电阻可高达 $10^9\ \Omega$ 以上。

绝缘栅场效应管是由金属（M）、氧化物（O）及半导体（S）组成的，因此又叫作金属氧化物半导体场效应管，简称 MOS 管。MOS 管按其导电沟道分为 N 沟道和 P 沟道管，即 NMOS 管和 PMOS 管，而每一种 MOS 管又分为增强型和耗尽型两类。

六种场效应管的符号与特性曲线如表 2.4 所示。

表 2.4　六种场效应管的符号与特性曲线

类　型	符　号	u_{GS} 极性	u_{DS} 极性	转移特性 $i_D = f u_{GS}$	输出特性 $i_D = f u_{DS}$
结型 N 沟道		负	正		
结型 P 沟道		正	负		
增强型 N 沟道		正	正		
增强型 P 沟道		负	负		

续表

类　型	符　号	u_{GS} 极性	u_{DS} 极性	转移特性 $i_D=fu_{GS}$	输出特性 $i_D=fu_{DS}$
耗尽型 N 沟道		可正可负	正		
耗尽型 P 沟道		可正可负	负		

（2）按封装形式分类：有直插式和贴片式。典型的直插式封装有双列直插式封装（DIP）、晶体管外形封装（TO）、插针网格阵列封装（PGA）等；典型的表面贴装式有晶体管外形封装（D-PAK）、小外形晶体管封装（SOT）、小外形封装（SOP）、方形扁平封装（QFP）、塑封有引线芯片载体（PLCC）等。

2. 场效应管的主要特性参数

（1）栅源夹断电压 $U_{GS(off)}$ 或开启电压 $U_{GS(th)}$：当漏源电压 u_{DS} 为某一固定值时，使结型或耗尽型管的漏极电流 i_D 等于零（或按规定等于一个微小电流，如 1 μA）时所需的栅源电压即为夹断电压 $U_{GS(off)}$。在 u_{DS} 为定值的条件下，使增强型场效应管开始导通（i_D 达到某一定值，如 10μA）时所需施加的栅源电压 u_{GS} 的值称为开启电压 $U_{GS(th)}$。

（2）饱和漏极电流 I_{DSS}：当 u_{DS} 为某一固定值时，栅源电压为零时的漏极电流称为饱和漏极电流 I_{DSS}。

（3）漏源击穿电压 $U_{DS(BR)}$：随 u_{DS} 的增加使 i_D 开始剧增时的 u_{DS} 称为漏源击穿电压 $U_{DS(BR)}$。使用时，u_{DS} 不允许超过此值，否则会烧坏管子。

（4）栅源击穿电压 $U_{GS(BR)}$：使栅极与源极之间击穿时的 u_{GS} 称为栅源击穿电压 $U_{GS(BR)}$。一旦栅源 PN 结或绝缘层击穿，将造成短路现象，使管子损坏。

（5）直流输入电阻 R_{GS}：是指栅源间所加的一定电压与栅极电流的比值。因为 MOS 管的栅极与源极之间存在 SiO_2 绝缘层，故 R_{GS} 的数值很大，在 10^{10} Ω 左右。

（6）最大耗散功率 P_{DM}：是指管子允许的最大耗散功率，类似于半导体三极管的 P_{CM}，是决定管子温升的参数。使用时，管耗功率 P_D 不允许超过 P_{DM}，否则会烧坏管子。

（7）跨导 g_m：在 u_{DS} 为定值的条件下，漏极电流变化量与引起这个变化的栅源电压变化量之比，称为跨导，即

$$g_m=\frac{\mathrm{d}i_D}{\mathrm{d}u_{GS}}\bigg|_{u_{DS}=常数}$$

g_m 是衡量场效应管放大能力的重要参数，g_m 越大，场效应管的放大能力越好，即 u_{GS} 控制 i_D 的能力越强。g_m 的大小一般为零点几到几十毫西门子（mS）。

2.4.2　场效应管的选用

1. 常用小功率场效应管

常用小功率场效应管参数如表 2.5 所示。表中的主要参数是指耐压/电流/功率。

表 2.5　常用小功率场效应管参数

型号（材料）	参　数	型号（材料）	参　数
3DJ6（NJ）	20 V 0.35 mA 0.1 W	IFRD120（NMOS）	100 V 1.3 A 1 W
2SK30（NJ）	50 V 0.5 mA 0.1 W	IFRD123（NMOS）	80 V 0.3 A 1 W
2SK118（NJ）	50 V 0.01 A 0.3 W	J177（PMOS）	30 V 1.5 mA 0.35 W
2SK168（NJ）	30 V 0.01 A 0.2 W（100 MHz）	2SK103（NMOS）	15 V 0.02 A 0.2 W（900 MHz）
2SK192（NJ）	18 V 24 mA 0.2 W（100 MHz）	2SK122（NMOS）	20 V 25 mA 0.2 W（200 MHz）
2SK241（NMOS）	20 V 0.03 A 0.2 W（100 MHz）	BS170（NMOS）	60 V 0.3 A 0.63 W
2SK340（NJ）	30 V 12 mA 0.15 W	2SK1374（NMOS）贴片	50 V 50 mA 0.15 W
2SK423（NMOS）	100 V 0.5 A 0.9 W	2SK511（NMOS）	250 V 0.3 A 8 W

2. 常用大功率场效应管

场效应管的外形与三极管没有什么区别，大功率场效应管如图 2.16 所示。表 2.6 给出了部分常用大功率场效应管参数，表中的主要参数是耐压/电流/功率。

图 2.16　大功率场效应管

表 2.6　部分常用大功率场效应管参数

型　号	参　数	型　号	参　数
2SK386（NMOS）	450 V 10 A 120 W	2SJ122（PMOS）	60 V 10 A 50 W
2SK413（NMOS）	140 V 8 A 100 W	IRFP130（NMOS）	100 V 14 A 79 W
2SK428（NMOS）	60 V 10 A 50 W	IRFP230（NMOS）	200 V 9 A 75 W
2SK447（NMOS）	250 V 15 A 150 W	IRFP250（NMOS）	200 V 9 A 75 W
2SJ143（PMOS）	400 V 16 A 35 W	IRFP440（NMOS）	500 V 8 A 125 W
2SK534（NMOS）	800 V 5 A 100 W	IRFP450（NMOS）	500 V 13 A 125 W
2SK539（NMOS）	900 V 5 A 150 W	IRFP460（NMOS）	500 A 13 A 125 W
2SJ117（PMOS）	400 V 2 A 40 W	SMW11P20（PMOS）	200 V 11 A 150 W
2SJ118（PMOS）	140 V 8 A 100 W	SMW20P10（NMOS）	100 V 8 A 150 W

3. 贴片 8 引脚场效应管

在液晶电视机的 LED 背光板驱动电路中，DC/DC 升压变换应用了贴片 8 引脚场效应管。这种 8 引脚封装的场效应管内部结构有"P"、"N"、"N+P"、"双 N"、"双 P"五类，如

图 2.17 所示。

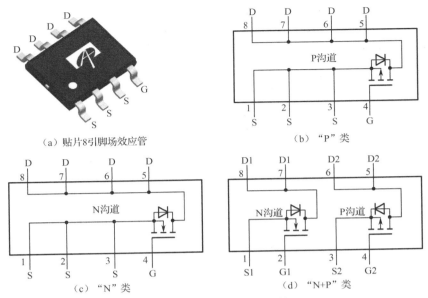

（a）贴片 8 引脚场效应管　　　　　　（b）"P"类

（c）"N"类　　　　　　（d）"N+P"类

图 2.17　贴片 8 引脚场效应管

常用贴片 8 引脚场效应管参数如表 2.7 所示。表中的主要参数是耐压/电流。

表 2.7　常用贴片 8 引脚场效应管参数

型　号	类　型	主　要　参　数	型　号	类　型	主　要　参　数
AO4410	N	30 V 18 A	AO4914	双 N	30 V 8.5 A
AO4411	P	30 V 18 A	FDS4953	双 P	−30 V 5 A
AO4435	P	30 V 10 A	FDS8928A	N+P	30 V 5.5 A；20 V 4 A
AO4600	N+P	30 V 6.9 A；30 V 5 A	FDS9435	P	30 V 5.3 A
AO4601	N+P	30 V 4.7 A；30 V 8 A	NDS9952A	N+P	30 V 3.7 A；30 V 2.9 A
AO4604	N+P	30 V 6.9 A；30 V 5 A	APM4542	N+P	30 V 7.0 A；30 V 5.5 A
AO4606	N+P	30 V 6.9 A；30 V 6 A	APM9435	P	30 V 5.3 A
AOD405	P	30 V 18 A	4532	N+P	30 V 4.7 A；30 V 4.5 A
AOD408	N	30 V 18 A	4511GD	N+P	35 V 7 A、35 V 6 A
AOD409	P	60 V 26 A	4511GM	N+P	35 V 7 A；35 V 6.1 A

第3章 集成电路

3.1　模拟集成电路

　　模拟集成电路主要是指将由电容、电阻、晶体管等组成的模拟电路集成在一起，用来处理模拟信号的集成电路。模拟集成电路产品分为三类：第一类是通用型电路，如运算放大器、乘法器、锁相环路、有源滤波器等；第二类是专用型电路，如音响系统、电视接收机、录像机及通信系统等专用的集成电路系列；第三类是单片集成系统，如单片发射机、单片接收机等。

3.1.1　集成运算放大器

　　集成运算放大器实质上是高增益的直接耦合放大电路，它的应用十分广泛，且远远超出了运算的范围。常见的集成运算放大器的外形有圆形、扁平形、双列直插式等，有 8 引脚及 14 引脚等。

1. 集成运算放大器类型

　　（1）按用途分类：有通用型集成运算放大器、专用型集成运算放大器。专用型是为满足某些特殊要求而设计的，其参数中往往有一项或几项非常突出，如低功耗或微耗、高速、宽带、高精度、高电压、功率型、高输入阻抗等。

　　（2）按供电电源分类：可分为双电源和单电源两类。

　　（3）按制作工艺分类：可分为双极型、单极型及双极-单极兼容型集成运算放大器三类。

（4）按单片封装中的运算放大器数量分类：可分为单运算放大器、双运算放大器、三运算放大器及四运算放大器四类。

2. 集成运算放大器参数

（1）差模电压增益 A_{ud}：是指在标称电源电压和额定负载下，开环运用时对差模信号的电压放大倍数。

（2）共模抑制比 K_{CMR}：是指运算放大器的差模电压增益与共模电压增益之比，并用对数表示，即

$$K_{CMR}=20\lg\left|\frac{A_{ud}}{A_{uc}}\right| \tag{3.1}$$

（3）差模输入电阻 r_{id}：是指运算放大器对差模信号所呈现的电阻，即运算放大器两输入端之间的电阻。

（4）输入偏置电流 I_{IB}：是指运算放大器在静态时，流经两个输入端的基极电流的平均值，输入偏置电流越小越好。

（5）输入失调电压 U_{IO}：当集成运算放大器的输入电压为零时，存在一定的输出电压，将其折算到输入端就是输入失调电压，它在数值上等于输出电压为零，输入端应施加的直流补偿电压，它反映了差动输入级元件的失调程度。

（6）输入失调电流 I_{IO}：当集成运算放大器的输出电压为零时，流入两输入端的电流不相等，这个静态电流之差 $I_{IO}=I_{B1}-I_{B2}$ 就是输入失调电流。

（7）输出电阻 r_o：在开环条件下，运算放大器输出端等效为电压源时的等效动态内阻称为运算放大器的输出电阻。r_o 的理想值为零，实际值一般为 $100\,\Omega\sim1\,k\Omega$。

（8）开环带宽 BW（f_H）：开环带宽 BW 又称-3dB 带宽，是指运算放大器在放大小信号时，开环差模增益下降 3 dB 时所对应的频率 f_H。μA741 的 f_H 约为 7 Hz，如图 3.1 所示。

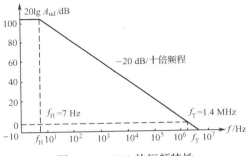

图 3.1　μA741 的幅频特性

（9）单位增益带宽 BW_G（f_T）：当信号频率增大到使运算放大器的开环增益下降到 0 dB 时所对应的频率范围称为单位增益带宽。μA741 的 $A_{ud}=2\times10^5$，$f_T=2\times10^5\times7\,Hz=1.4\,MHz$，如图 3.1 所示。

（10）转换速率 S_R：转换速率又称上升速率或压摆率，通常是指运算放大器在闭环状态下，输入为大信号（如阶跃信号）时，放大电路输出电压对时间的最大变化速率，即

$$S_R = \frac{\mathrm{d}u_o(t)}{\mathrm{d}t}\bigg|_{max} \tag{3.2}$$

S_R 的大小反映了运算放大器的输出对于高速变化的大输入信号的响应能力。S_R 越大，表示运算放大器的高频性能越好，如 μA741 的 $S_R = 0.5$ V/μs。

此外，还有最大差模输入电压 U_{idmax}、最大共模输入电压 U_{icmax}、最大输出电压 U_{omax} 及最大输出电流 I_{omax} 等参数。

3. 集成运算放大器的选用

（1）高输入阻抗型：差模输入电阻 r_{id} 大于（$10^9 \sim 10^{12}$）Ω，输入偏置电流 I_{IB} 为几皮安（pA）到几十皮安（pA）。其型号有 LF356、LF355、LF347、F3103、CA3130、AD515、LF0052、LFT356、OPA128 及 OPA604 等。

（2）高精度、低温漂型：此类集成运算放大器具有低失调、低温漂、低噪声及高增益等特点，要求 $\mathrm{d}U_{IO}/\mathrm{d}T < 2$ μV/℃，$\mathrm{d}I_{IO}/\mathrm{d}T < 200$ pA/℃ 及 $K_{CMR} \geq 110$ dB。其型号有 AD508、OP-2A、ICL7650 及 F5037 等。

（3）高速型：单位增益带宽和转换速率高的运算放大器称为高速型运算放大器。此类运算放大器要求转换速率 $S_R > 30$ V/μs，最高可达几百 V/μs；单位增益带宽 $BW_G > 10$ MHz，有的高达千 MHz。其型号有 μA715、LH0032、AD9618、F3554、AD5539、OPA603、OPA606、OPA660、AD603 及 AD849 等。

（4）低功耗型：此类运算放大器要求电源为 ±15 V 时，最大功耗不大于 6 mW；或要求工作在低电源电压（如 1.5～4 V）时，具有低的静态功耗和保持良好的电气性能。其型号有 MAX4165/4166/4167/4168/4169、μPC253、ICL7600、ICL7641、CA3078 及 TLC2252 等。

（5）高压型：为了得到高的输出电压或大的输出功率，此类运算放大器要求其内电路中的三极管的耐压要高些、动态工作范围要宽些。目前的产品有 D41（电源可达 ±150 V）、LM143 及 HA2645（电源为 48～80 V）等。

（6）大功率型：如运算放大器 OPA502，其输出电流达 10A，电源电压范围为 ±15～±45 V。又如运算放大器 OPA541，其输出电流峰值达 10 A，电源电压可达 ±40 V。其他型号有 LM1900、LH0021 及 OPA2541 等。

（7）高保真型：如运算放大器 OPA604，其 1 kHz 的失真度为 0.000 3%，低噪声，转换速率高达 25 V/μs，增益带宽为 20 MHz，电源电压为 ±4.5～±24 V。

（8）可变增益型：可变增益型运算放大器有两类，一类是由外接的控制电压来调整开环差模增益，如 CA3080、LM13600、VCA610 及 AD603 等，另一类是利用数字编码信号来控制开环差模增益，如 AD526。

此外，还有电压放大型 F007、F324 及 C14573；电流放大型 LM3900 和 F1900；互阻型 AD8009 和 AD8011；互导型 LM308 等。

为方便集成运算放大器的使用，图 3.2 给出了部分常用运算放大器引脚图。单运算放大器对应型号：OP07、OPA177、TLC4501、OPA350；双运算放大器对应型号：LM358、LM393、LM2904、OPA2350、TL082、NE5532；四运算放大器对应型号：LM224、LM324、OPA4350、TL084。

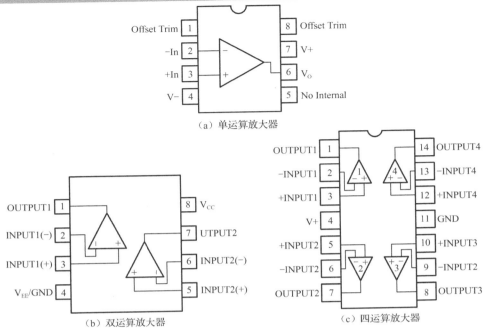

图 3.2　部分常用运算放大器引脚图

3.1.2　集成功率放大器

集成功率放大器的品种已超过 300 种，从输出功率容量来看，有不到 1 W 的小功率放大器，10 W 以上的中功率放大器，直到 25 W 以上的厚膜集成功率放大器；从电路的结构来看，有单声道集成功率放大器和双声道集成功率放大器。下面介绍几款常用的集成功率放大器。

1. LM386 小功率放大器

LM386 是一种音频集成功率放大器，具有自身功耗低、电压增益可调整、电源电压范围大、外接元件少和总谐波失真小等优点，广泛应用于录音机和收音机之中。LM386 的电压增益内置为 20。但在其①脚和⑧脚之间增加一个外接电阻和电容，便可将电压增益调为任意值，直至 200。输入端以地为参考，同时输出端电压被自动偏置到电源电压的一半，在 6 V 电源电压下，它的静态功耗仅为 24 mW，使得其特别适用于电池供电的场合。

LM386 的封装形式有塑封 8 引线双列直插式和贴片式。LM386 的①脚为增益调整，②脚为反馈脚，③脚为输入脚，④脚接地，⑤脚为输出脚，⑥脚接 4～12 V 电源，⑦脚接滤波电容，⑧脚为增益调整。LM386 的典型应用如图 3.3 所示。

2. TDA2003 中功率放大器

TDA2003 的外接元件非常少，输出功率大，P_o=18 W（R_L=4 Ω）；采用超小型封装（TO-220），可提高组装密度。TDA2003 的开机冲击极小，内含短路保护、热保护、地线偶然开路、电源极性反接及负载泄放电压反冲等保护。TDA2030A 能在最低±6 V、最高±22 V 的电压下工作，在±19 V、8 Ω阻抗时能够输出 16 W 的有效功率，THD≤0.1%。

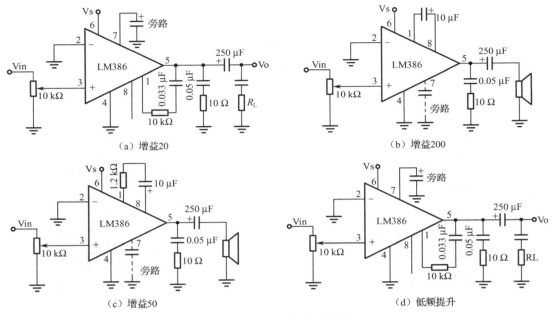

（a）增益20

（b）增益200

（c）增益50

（d）低频提升

图 3.3　LM386 的典型应用

TDA2003 的引脚情况：①脚是正相输入端；②脚是反向输入端；③脚是负电源输入端；④脚是功率输出端；⑤脚是正电源输入端。TDA2003 芯片及典型应用如图 3.4 所示。

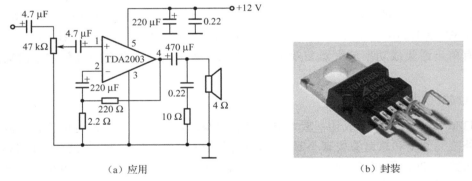

（a）应用

（b）封装

图 3.4　TDA2003 芯片及典型应用

3．TDA2822 双声道小功率放大器

TDA2822 是一款低电压、小功率集成功率放大器，由于其价格极为低廉，线路简单，因此在低档收录机及小音箱中得到了广泛应用。TDA2822 可以工作在立体声双声道，也可以连接成 BTL 形式。

TDA2822 采用双声道设计，其供电电压范围为 1.8～15 V，最大电流为 1.5 A，最小输入电阻为 100 kΩ，当输入电压为 9 V、负载为 4 Ω、频率为 1 kHz 时，每个声道的输出功率为 1.7 W。TDA2822 芯片的内电路如图 3.5（a）所示。

4．LA4100 集成功率放大器

4100 系列集成功率放大器的型号有 DL4100（北京）、TB4100（天津）、SF4100（上海）、

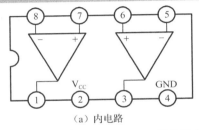

（a）内电路　　　　　　　（b）封装

图 3.5　TDA2822 芯片的内电路及封装

XG4100（四川）及 LA4100（日本三洋），属于该系列的还有 4101、4102 及 4112 等产品。下面以 LA4100 集成功率放大器为例进行介绍，LA4100 的内电路如图 3.6 所示。

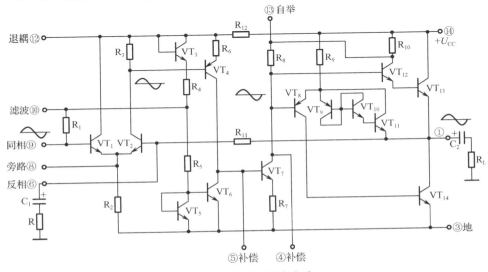

图 3.6　LA4100 的内电路

　　VT_1 和 VT_2 为差分输入级，能很好地克服温漂及提高共模抑制比。VT_1 的偏置由 R_1 提供，VT_2 的偏置由 R_{11} 提供，R_2 为共模负反馈电阻。信号由 VT_2 集电极输出，输入级电压增益约为 10 dB。偏置电路由 VT_3、VT_5、R_4 及 R_5 组成，VT_3 和 VT_5 是二极管接法，使⑩脚电位为 $+U_{CC}/2$，作为输出端电压的基准值。VT_4 和 VT_7 组成两级激励放大，VT_6 为 VT_4 的集电极有源负载。VT_4 的电压增益约为 35 dB，VT_7 的电压增益约为 10 dB。

　　由 VT_8 及 $VT_{12} \sim VT_{14}$ 四个管子构成复合互补对称式推挽放大电路，其中 VT_{12} 和 VT_{13} 组成一个 NPN 复合管，VT_8 和 VT_{14} 组成一个 PNP 复合管。$VT_9 \sim VT_{11}$ 均接成二极管方式，其作用是给复合推挽管提供甲乙类偏置电流，以消除交越失真。

　　R_{11} 是交直流负反馈电阻，它将输出端的直流电位负反馈到 VT_2 基极，可将输出端的电位稳定在 $U_{CC}/2$。交流负反馈的深浅由⑥脚外接电阻 R 决定，R 的阻值越小，负反馈越浅。闭环电压放大倍数的估算公式为 $A_{uf} = (R + R_{11}) / R$。

3.1.3　三端稳压芯片

　　将调整电路、取样电路、基准电路、放大电路、启动及保护电路集成在一块芯片上，便构成了集成稳压器。由于它只有输入、输出和公共地端（或调整端），故又称为三端集成稳压器。为便于自身散热和安装散热器，三端集成稳压器分为金属封装和塑料封装两种，其外形和电路符号如图 3.7 所示。

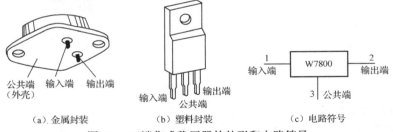

图 3.7　三端集成稳压器的外形和电路符号

1. 三端固定式稳压芯片

三端固定式集成稳压器的通用产品有 CW78×× （输出正电压）系列和 CW79×× （输出负电压）系列。型号的后两位数字×× 表示该稳压器的输出电压值，一般有±5 V、±6 V、±8 V、±12 V、±15 V、±18 V 及±24 V。可输出的额定电流有 0.1 A、0.5 A、1 A、1.5 A、3 A 及 5 A。

2. 三端可调式稳压芯片

三端可调式集成稳压器是在三端固定式集成稳压器的基础上发展起来的，它将稳压器中的取样电路引到集成芯片外面，得到应用更加灵活、输出精度更高的稳压器。

三端可调式集成稳压器种类很多，最常用的是 CW117、CW317 和 CW137、CW337 系列，前者可输出 1.25～37 V 连续可调正电压，后者可输出-1.25～-37 V 连续可调负电压。它们的基准电压分别为±1.25 V，输出额定电流有 0.1 A、0.5 A 和 1.5 A 三种。

3. LDO 低压差线性稳压芯片

LDO（Low Dropout Regulator）是指低压差线性稳压器，是相对于传统的线性稳压器来说的。传统的线性稳压器，如 CW78×× 系列的芯片要求输入电压比输出电压高 2～3 V 以上，否则就不能正常工作。但是在某些情况下，这样的条件太苛刻，如 5 V 转 3.3 V，输入与输出的压差只有 1.7 V，显然是不满足条件的。针对此情况，才有了 LDO 类芯片。

LDO 又称电源管理芯片，其调整管采用 P 沟道 MOSFET。LDO 的内电路及应用如图 3.8 所示。由于 LDO 不需要驱动电流，所以大大降低了器件本身消耗的电流；再由于 MOSFET 的导通电阻很小，因而导通压降非常低。压差（Dropout）、噪声（Noise）、电源抑制比（PSRR）、静态电流（I_q）是 LDO 的四大关键数据。新的 LDO 线性稳压器可达到以下指标：压差只有 100 mV，输出噪声为 30 μV，PSRR 为 60 dB，静态电流为 6 μA。

LDO 仅使用在降压应用中，也就是输出电压必须小于输入电压。LDO 的优点：稳定性好、负载响应快、输出纹波小。LDO 的缺点：效率低，输入/输出的电压差不能太大，且负载不能太大，目前最大的 LDO 为 5 A（但要保证 5 A 的输出还有很多的限制条件）。

LDO 产品的生产企业很多，国外的有 TI 美国德州仪器公司、Linear 凌力尔特公司、Onsemi 安森美半导体、Maxim 美国美信集成产品公司等；国内的有深圳科信威、美泰芯科技、杭州的士兰微电子、北京思旺电子等很多，中国台湾地区的有合泰，国产的性价比都很高。部分 LDO 芯片的性能参数如表 3.1 所示。

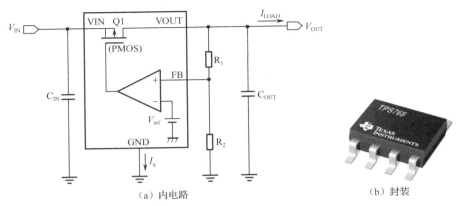

图 3.8　LDO 的内电路与应用

（a）内电路　　　　（b）封装

表 3.1　部分 LDO 芯片的性能参数

元件型号	VOUT 精度	1.8 V	2.5 V	3.0 V	3.3 V	5 V	可调	其他电压	电压差（V）	静态电流	输入电压范围
150 mA											
SP×1121	1%				√	√			0.30	150 μA	4.3～30 V
SP×2930	3%				√			3.5 V	0.30	400 μA	6～26 V
SP×2950	0.5%，1%				√				0.30	150 μA	4.3～30 V
SP×2951	0.5%，1%				√				0.30	150 μA	4.3～30 V
SP×5205	1%	√	√	√	√	√	√	2.0 V，2.8 V，3.5 V	0.21	70 μA	2.5～16 V
SP6223	2%						√		0.2	14 μA	1.6～4.5 V
SP6260	2%	√	√	√				1.5 V，2.8 V	0.165	25 μA	2～6 V

4．三端可调分流基准源 TL431 芯片

TL431 芯片如图 3.9 所示，它是一个有良好的热稳定性能的三端可调分流基准电压源。它的输出电压用两个外接取样电阻就可以设置为从 V_{ref}（2.5 V）到 36 V 范围内的任何值。该器件的典型动态阻抗为 0.2 Ω，在很多应用中可以用它代替齐纳二极管，如在开关电源中，它常与光电耦合器结合使用，以实现稳压功能。

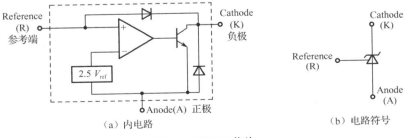

图 3.9　TL431 芯片

3.1.4 DC/DC 变换芯片

当电路需要多种不同的直流电压时，就需要用到直流/直流（DC/DC）变换电路。另外，DC/DC 电压变换也是开关电源电路的核心。DC/DC 电压变换的基本电路很多，有降压式变换、升压式变换、电压极性反转式变换等。从电路结构分类，有单开关管变换、双开关管（推挽式、半桥式）变换、四开关管（全桥式）变换。DC/DC 变换芯片有很多，如有 LT1073/1109、MAX660/639/640/653/856/679/887、MC33063A/34063A/35063A 及 LM2574/2575/2576/2577 等。下面介绍 MC34063A、MAX660/639/640/653 等变换芯片。

1. MC34063A 变换芯片

下面介绍 MC34063A 变换芯片，其内电路组成如图 3.10 所示。MC34063A 共有 8 个引脚，内有开关管 VT_1 及激励管 VT_2，有带温度补偿的 1.25 V 基准电压源，有比较器和能限制电流及控制周期的振荡器。其主要参数为：电源电压为 40 V，比较器输入电压范围为−0.3～40 V，驱动管集电极电流为 100 mA，开关电流为 1.5 A。

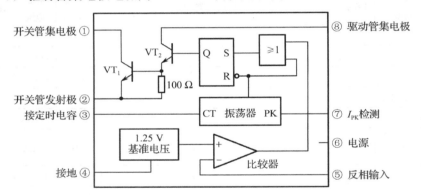

图 3.10　MC34063A 的内电路组成

2. MAX660/639/640/653 变换芯片

MAX660/639/640/653 芯片的引脚功能如图 3.11 所示。MAX660 既可以把正输入电压变换成负输出电压，也可以把负输入电压变换成正输出电压，还可以产生二倍压，即输出电压为输入电压的 2 倍。MAX639/640/653 是降压型变换器，输入电压为 4～11.5 V，输出电压分别为 5 V/3.3 V/3 V 可调。

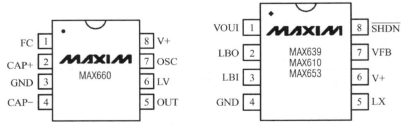

图 3.11　MX660/639/640/653 芯片的引脚功能

3. LM2574 变换芯片

LM2574 芯片的引脚功能如图 3.12 所示。它采用双列 8 引脚封装，宽输入电压为 40 V，可调输出电压范围为 1.23～37 V，输出电流为 0.5 A，待机电流仅为 50 μA，有过热关断保护。LM2574 系列稳压器是单片集成电路，提供作为降压开关稳压器应有的所有功能。LM2574 系列器件具有多种固定的电压输出：3.3 V、5 V、12 V、15 V 和一个可调节输出板。LM2574 系列器件使用简单，只需要极少的外部元件，且包含内置频率补偿和一个固定频率的晶振。

4. PT4105 变换芯片

PT4105 芯片包含一个 PWM 控制器、一个高精度的能带隙参考源、一个误差放大器及相位补偿电路、软启动电路、保护电路、IC 使能电路、输入电压检测电路、逻辑控制电路和功率 MOS 管。PT4105 芯片采用固定频率的电压模式来调节 LED 电流，其 200 mV 的低反馈电压可降低功耗和提高效率。此外，PT4105 芯片还含有限流功能及过热保护功能。PT4105 芯片的输入电压为 5～18 V，可驱动单个 1 W（350 mA）或 3 W（700 mA）白光或其他颜色的 LED，也可以驱动 3 个串联的 1 W 或 3 W 白光 LED，或者串-并组合驱动 3×3 个 1 W 白光 LED 等。

PT4105 芯片的引脚功能如图 3.13 所示。CE 脚为片选脚（高电平有效），VIN 脚为电源输入端，LX 脚为功率开关输出端，FB 脚为反馈输入端。

（a）引脚　　（b）封装	
图 3.12　LM2574 芯片的引脚功能	图 3.13　PT4105 芯片的引脚功能

5. PT4115 变换芯片

PT4115 芯片是高调光比 LED 恒流驱动器，用于驱动一个或多个串联 LED。PT4115 芯片的输入电压范围为 8～30 V，输出电流可调，最大可达 1.2 A。根据不同的输入电压和外部器件，PT4115 芯片可以驱动高达数十瓦的 LED。PT4115 芯片内置功率开关，采用高端电流采样设置 LED 平均电流，并且可以通过 DIM 引脚接受模拟调光的宽范围的 PWM 调光。当 DIM 的电压低于 0.3 V 时，功率开关关断，PT4115 芯片进入极低工作电流的待机状态。

PT4115 芯片采用 SOT89-5 封装和 ESOP8 封装，如图 3.14 所示。SW 脚为功率开关管漏极，DIM 脚为开关使能端（模拟 PWM 调光端），CSN 脚为电流采样端，VIN 脚为电源输入端。

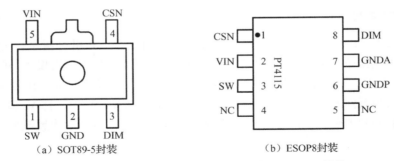

（a）SOT89-5封装　　　　　　　　（b）ESOP8封装

图 3.14　PT4115 芯片采用 SOT89-5 封装和 ESOP8 封装

3.1.5　集成模拟乘法器

模拟乘法器是对两个模拟信号（电压或电流）实现相乘功能的有源非线性器件。其主要功能是实现两个互不相关信号的相乘，即输出信号与两输入信号相乘的积成正比。它有两个输入端，即 X 和 Y 输入端。模拟乘法器的用途十分广泛，利用它可实现调幅、检波、混频、鉴相、鉴频及增益控制等功能。集成模拟乘法器的常见产品有 BG314、F1595、F1596、MC1495、MC1595、MC1496、MC1596、LM1595、LM1596 等。

1．MC1496/1596 芯片的引脚功能

如图 3.15 所示是 MC1496/1596 芯片的引脚功能，它是美国 Motorola 公司生产的单片集成模拟乘法器，国产型号为 F1496。⑧脚和⑩脚为第一输入端，①脚和④脚为第二输入端，⑥脚和⑫脚为输出端，负载电阻采用外接形式。在②脚和③脚之间接一个电阻可展宽第二输入信号的动态范围。⑤脚的外接电阻决定内部恒流源电流的大小。

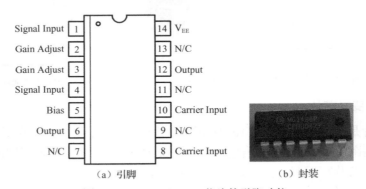

（a）引脚　　　　　　　　　　　　（b）封装

图 3.15　MC1496/1596 芯片的引脚功能

2．MC1495/1595 芯片的内电路

MC1495/1595 芯片的内电路如图 3.16 所示。MC1495/1595 芯片的基本特点是：宽频输入电压范围为 10 V，X 端最大输入误差为 1%，Y 端最大输入误差为 2%，具有良好的温度稳定性。

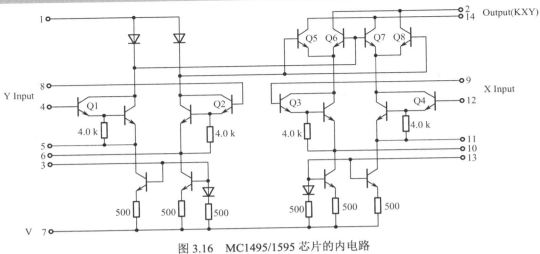

图 3.16　MC1495/1595 芯片的内电路

3.1.6　其他模拟集成电路

1. 红外线信号接收芯片 CX20106

CX20106 的内部框图及引脚功能如图 3.17 所示。①脚为红外（超声波）信号输入端，输入阻抗约为 40 kΩ。②脚外接 RC 串联网络，增大 R 或减小 C，将使负反馈量增大，放大倍数下降，反之则放大倍数增大，推荐参数为 $R=4.7\ \Omega$，$C=3.3\ \mu F$。③脚接检波电容，电容量大为平均值检波，瞬间响应灵敏度低；若电容量小，则为峰值检波，瞬间响应灵敏度高，但检波输出的脉冲宽度变动大，易造成误动作，推荐参数为 3.3 μF。④脚接地。⑤脚与电源端之间接一个电阻，以设置带通滤波器的中心频率 f_0，阻值越大，中心频率越低。例如，取 $R=200\ k\Omega$ 时，$f_0\approx42\ kHz$，若取 $R=220\ k\Omega$，则中心频率 $f_0\approx38\ kHz$。⑥脚接一个积分电容，标准值为 330 pF，如果该电容取得太大，会使探测距离变短。⑦脚为遥控信号输出端，必须接上一个上拉电阻到电源端，推荐阻值为 22 kΩ，没有接收信号时该端输出为高电平，有信号时则会下降。⑧脚接电源正极（4.5～5 V）。

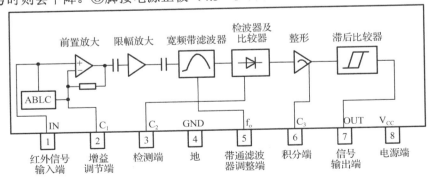

图 3.17　CX20106 的内部框图及引脚功能

2. 锁相环音调译码器 LM567

LM567 锁相环芯片内部包含一个压控振荡器（VCO）、一个鉴相器和一个反馈滤波器。LM567 的基本功能概述如下：当 LM567 的③脚输入音调幅度≥25 mV、频率位于所选定的窄频带内时，⑧脚由高电平变成低电平。当LM567 用作音调控制开关时，所检测的中心频率可以设定为 0.1～500 kHz 的任意值，检测带宽可以设定为中心频率 14%内的任意值。LM567 主要用于振荡、调制、解调、遥控编码、译码电路，如电力线载波通信、对讲机亚音频译码、遥控等。

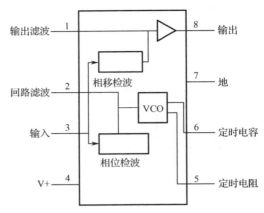

图 3.18　LM567 的内部框图及引脚功能

LM567 的内部框图及引脚功能如图 3.18 所示。①脚为输出滤波端，②脚为回路滤波端，③脚为输入端，④脚为正电源端（4.75～9 V），⑤脚和⑥脚外接定时电阻 R 和定时电容 C，振荡频率 $f \approx 1/1.1RC$，⑦脚为接地端，⑧脚为输出端。

3. 窄带调频接收 MC3361

MC3361 主要用于语音通信的调频无线接收，其内部框图如图 3.19 所示。它是低功耗窄带调频中放电路，内含混频器、振荡器、调频限幅中频放大器、检波器、滤波放大器、扫描控制和带延迟的静噪触发及开关回路。该电路的特点如下：

（1）工作电源电压范围低[$U_{CC(min)}$=2.5 V]；

（2）功耗低（当 U_{CC}=4.0 V 时，I_{CC}=4.0 mA）；

（3）灵敏度高（−3 dB 限幅灵敏度的典型值为 2.0 μV）；

（4）推荐工作电源电压范围 U_{CC}=2.5～7.0 V；

（5）采用双列直插 16 脚塑料封装（DIP16）和微型的双列 16 脚塑料封装（SOP16）。

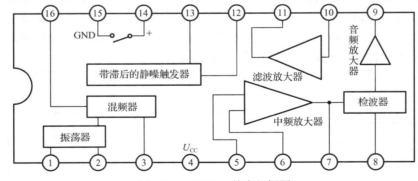

图 3.19　MC3361 的内部框图

MC3361 引脚功能：①、②脚为振荡回路，③脚为混频输出，④脚为电源，⑤脚为中频同相输入，⑥脚为中频反相输入，⑦脚为中频放大输出，⑧脚为 FM 检波，⑨脚为音频信号输出，⑩脚为滤波器输入，⑪脚为滤波器输出，⑫脚为静噪输入，⑬脚为扫描控制输出，⑭脚为静噪开关，⑮脚接地，⑯脚为混频输入。

4. 集成函数发生器 ICL8038

集成函数发生器 ICL8038 是一种多用途的波形发生器，可以产生正弦波、方波、三角波和锯齿波，其频率可以通过外加的直流电压进行调节，使用方便、性能可靠。

ICL8038 是性能优良的集成函数发生器。可用单电源供电，即将⑪脚接地，⑥脚接 $+U_{CC}$，U_{CC} 为 10～30 V；也可用双电源供电，即将⑪脚接 $-U_{EE}$，⑥脚接 $+U_{CC}$，它们的值为 ±5～±15 V。其频率可调范围为 0.001 Hz～300 kHz。输出矩形波的占空比可调范围为 2%～98%，输出三角波的非线性失真小于 0.05%，输出正弦波的失真度小于 1%。图 3.20 所示为 ICL8038 的外部引脚排列图。

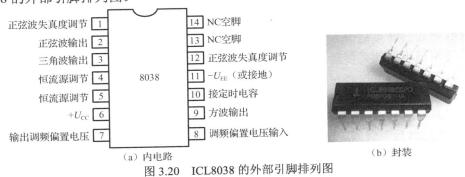

（a）内电路　　　　　　　　　　（b）封装

图 3.20　ICL8038 的外部引脚排列图

5. 集成宽带放大器 MC1590

MC1590 的内电路如图 3.21 所示。其输入级为差分式共发射极-共基极级联放大电路，VT_1 和 VT_2 接成共发射极电路，VT_3 和 VT_4 接成共基极电路，该级联放大电路可提供较高的增益和足够宽的频带。信号从 VT_3 和 VT_4 集电极双端输出，再经 VT_7 和 VT_8 缓冲放大及 VT_9 和 VT_{10} 差分放大后输出。

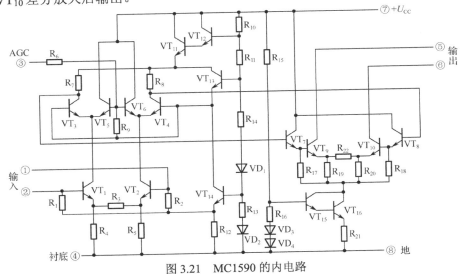

图 3.21　MC1590 的内电路

VT_5 和 VT_6 为自动增益控制管，AGC 电压经 R_6 加到 VT_5 和 VT_6 基极，通过改变 VT_5 和 VT_6 的静态电流来改变 VT_3 和 VT_4 的静态电流，从而达到改变 VT_3 和 VT_4 的增益之目的。

MC1590 的主要参数有：频带宽度 BW=0～150 MHz，功率增益 $A_P \geqslant 40$ dB，最大功耗 $P_{CM}=200$ mW，噪声系数 NF $\leqslant 6$ dB。它采用单电源供电，金属壳 8 脚封装，是一种射频/中频专用集成宽带高增益放大器。

3.2 数字集成电路

数字集成电路是将元器件和连线集成于同一半导体芯片上而制成的数字逻辑电路或系统。数字集成电路的种类很多，若按电路结构来分，可分成 TTL 和 MOS 两大系列。TTL 数字集成电路是利用电子和空穴两种载流子导电的，因此又叫作双极性电路。MOS 数字集成电路是只用一种载流子导电的电路，其中用电子导电的称为 NMOS 电路，用空穴导电的称为 PMOS 电路，如果是用 NMOS 及 PMOS 复合起来组成的电路，则称为 CMOS 电路。CMOS 数字集成电路的工作电压范围宽、静态功耗低、抗干扰能力强、输入阻抗高、成本低，应用更加广泛。

国家标准型号中的第一个字母"C"代表中国；第二个字母为"T"代表 TTL，为"C"代表 CMOS，如 CT 就是中国的 TTL 数字集成电路，CC 就是中国的 CMOS 数字集成电路。其后的部分与国际通用型号完全一致。

3.2.1 集成编码器

1. 8 线-3 线优先编码器 74LSl48

图 3.22 所示是 8 线-3 线优先编码器 74LSl48 的引脚排列图和逻辑功能示意图，$\overline{I_0} \sim \overline{I_7}$ 是编码输入端，低电平有效。$\overline{Y_2}\overline{Y_1}\overline{Y_0}$ 是编码输出端，也是低电平有效。编码的优先级别从 $\overline{I_7}$ 至 $\overline{I_0}$ 递降，当 $\overline{I_7}=0$ 时，不管 $\overline{I_0} \sim \overline{I_6}$ 处于何种状态，输出代码 $\overline{Y_2}\overline{Y_1}\overline{Y_0}$ 都等于 0。

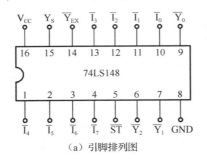
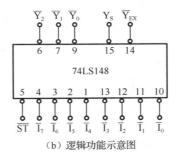

（a）引脚排列图　　　　　　　　　　（b）逻辑功能示意图

图 3.22　8 线-3 线优先编码器 74LSl48

2. 10 线-4 线优先编码器 74LSl47

10 线-4 线优先编码器 74LSl47 如图 3.23 所示，其中第 15 脚 NC 为空，还有 9 个输入端和 4 个输出端。编码器的输入端和输出端都是低电平有效，即当某一个输入端为低电平 0 时，4 个输出端就以低电平 0 的形式输出其对应的 8421 BCD 编码。当 9 个输入全为 1 时，4 个输出也全为 1，代表输入十进制数 0 的 8421 BCD 编码输出。

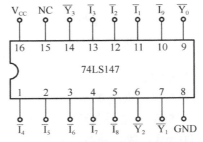

图 3.23　10 线-4 线优先编码器 74LSl47

3.2.2 集成译码器

1. 二进制译码器 74LS138

图 3.24 所示是带选通控制端的集成 3 线-8 线译码器 74LS138 的引脚排列图和逻辑功能示意图，其中 $A_2A_1A_0$ 为二进制译码输入端，$\overline{Y}_7 \sim \overline{Y}_0$ 为译码输出端（低电平有效），$G_1 \overline{G}_{2A} \overline{G}_{2B}$ 为选通控制端。当 $G_1=1$、$\overline{G}_{2A}+\overline{G}_{2B}=0$ 时，译码器处于工作状态；当 $G_1=0$、$\overline{G}_{2A}+\overline{G}_{2B}=1$ 时，译码器处于禁止状态。

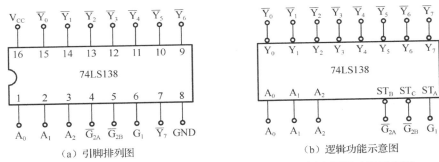

（a）引脚排列图　　　　　　　　　　　（b）逻辑功能示意图

图 3.24 集成 3 线-8 线译码器 74LS138 的引脚排列图和逻辑功能示意图

2. 二-十进制译码器 74LS42

图 3.25 所示是 8421BCD 输入的集成 4 线-10 线译码器 74LS42 的引脚排列图和逻辑功能示意图。74LS42 的输出为反变量，即为低电平有效，并且采用完全译码方案。

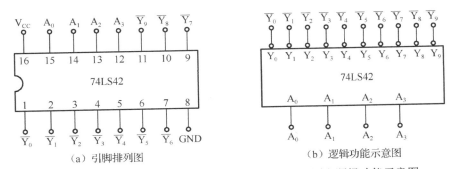

（a）引脚排列图　　　　　　　　　　　（b）逻辑功能示意图

图 3.25 集成 4 线-10 线译码器 74LS42 的引脚排列图和逻辑功能示意图

3. 七段显示译码器

常用的集成七段译码驱动器属于 TTL 型的有 74LS47、74LS48 等，属于 CMOS 型的有 CD4055 液晶显示驱动器等。74LS47 为低电平有效，用于驱动共阳极的 LED 显示器，而且因为 74LS47 为集电极开路输出结构，所以工作时必须外接集电极电阻。74LS48 为高电平有效，用于驱动共阴极的 LED 显示器，其内部电路的输出级有集电极电阻，使用时可直接接显示器。74LS48 的引脚排列与封装如图 3.26 所示。

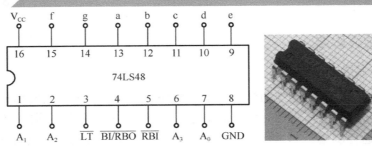

图 3.26　74LS48 的引脚排列与封装

3.2.3　集成数据选择器

1.　双 4 选 1 数据选择器 74LSl53

集成数据选择器的规格品种较多，图 3.27 所示为双 4 选 1 数据选择器 74LS153。74LS153 包含两个 4 选 1 数据选择器，两者共用一组地址选择信号 A_1A_0，这样可以利用一片 74LS153 实现 4 路 2 位的二进制信息传送。此外，为了扩大芯片的功能，在 74LS153 中还设置了选通控制端 $\overline{S}$，利用它可控制选择器处于工作或禁止状态，选通端 $\overline{S}$ 为低电平有效。当 $\overline{S}=1$ 时，选择器被禁止，无论地址码是什么，Y 总是等于 0；当 $\overline{S}=0$ 时，选择器被选中，处于工作状态，由地址码决定选择哪一路输出。

2.　8 选 1 数据选择器 74LSl51

8 选 1 数据选择器 74LS151 如图 3.28 所示。它有 8 个数据输入端 $D_0 \sim D_7$，3 个地址输入端 $A_2A_1A_0$，两个互补的输出端 Y 和 $\overline{Y}$，1 个选通控制端 $\overline{S}$。

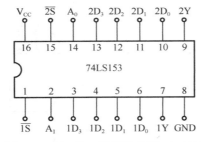

图 3.27　双 4 选 1 数据选择器 74LSl53

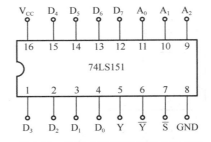

图 3.28　8 选 1 数据选择器 74LSl51

3.2.4　集成触发器

1.　集成基本 RS 触发器

图 3.29（a）所示是 TTL 集成基本 RS 触发器 74LS279。74LS279 内部集成了 4 个相互独立的由与非门构成的基本 RS 触发器，其中有两个触发器的 $\overline{S}$ 端为双输入端，两个输入端的关系为与逻辑关系，即 $\overline{S}=\overline{S}_A\overline{S}_B$。

图 3.29（b）所示是 CMOS 集成基本 RS 触发器 CC4044。CC4044 内部也集成了 4 个相互独立的由与非门构成的基本 RS 触发器，并且采用了具有三态特点的传输门输出，当控制端信号 EN=1 时，传输门工作；当 EN=0 时，传输门被禁止，输出端 0 为高阻态。

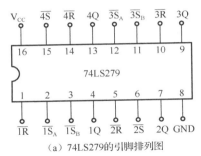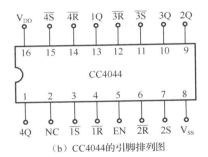

（a）74LS279的引脚排列图　　　　　　　（b）CC4044的引脚排列图

图 3.29　集成基本 RS 触发器 74LS279 和 CC4044

2. 集成 D 触发器

图 3.30（a）所示是 TTL 集成同步 D 触发器 74LS375 的引脚排列图。74LS375 内部集成了 4 个同步 D 触发器单元，其中 1G 端是单元 1、2 的共用时钟 $CP_{1、2}$ 的输入端，2G 端是单元 3、4 的共用时钟 $CP_{3、4}$ 的输入端。

图 3.30（b）所示是 CMOS 集成同步 D 触发器 CC4042 的引脚排列图。CC4042 内部也集成了 4 个同步 D 触发器单元，4 个单元共用一个时钟 CP。与 74LS375 不同的是，CC4042 增加了一个极性控制信号 POL，当 POL=1 时，有效的时钟条件是 CP=1，锁存的内容是 CP 下降沿时 D 的值；当 POL=0 时，有效的时钟条件是 CP=0，锁存的内容是 CP 上升沿时 D 的值。

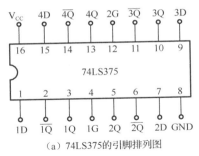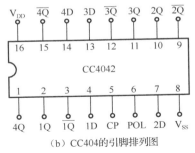

（a）74LS375的引脚排列图　　　　　　　（b）CC404的引脚排列图

图 3.30　集成 D 触发器 74LS279 和 CC4044

3. 集成边沿 D 触发器

图 3.31（a）所示为 TTL 集成边沿 D 触发器 74LS74 的引脚排列图。图 3.31（b）所示为 CMOS 集成边沿 D 触发器 CC4013 的引脚排列图。74LS74 内部包含两个带有清零端 $\overline{R}_D$ 和预置端 $\overline{S}_D$ 的触发器，它们都是 CP 上升沿触发的边沿 D 触发器，异步输入端 $\overline{R}_D$ 和 $\overline{S}_D$ 为低电平有效。CC4013 内部也包含两个带有清零端 R_D 和预置端 S_D 的触发器，它们都是 CP 上升沿触发的边沿 D 触发器。值得注意的是，CC4013 的异步输入端 R_D 和 S_D 为高电平有效。

4. 集成主从 JK 触发器

图 3.32 所示为 TTL 集成主从 JK 触发器 74LS76 和 7472 的引脚排列图。74LS76 内部集成了两个带有清零端 $\overline{R}_D$ 和预置端 $\overline{S}_D$ 的触发器，它们都是 CP 下降沿触发的主从 JK 触发器，异步输入端 $\overline{R}_D$ 和 $\overline{S}_D$ 为低电平有效。

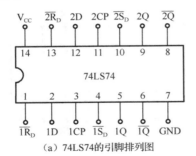 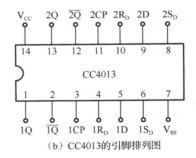

图 3.31　集成边沿 D 触发器 74LS74 和 CC4013

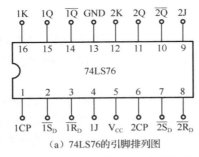 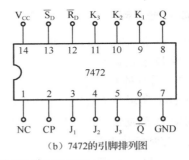

图 3.32　集成主从 JK 触发器 74LS76 和 7472

5. 集成边沿 JK 触发器

集成边沿 JK 触发器属于 TTL 电路的有 74LS112，属于 CMOS 电路的有 CC4027，它们的引脚排列如图 3.33 所示。74LS112 内部集成了两个带有清零端 $\overline{R}_D$ 和预置端 $\overline{S}_D$ 的边沿 JK 触发器，它们都是 CP 下降沿触发，异步输入端 $\overline{R}_D$ 和 $\overline{S}_D$ 为低电平有效。

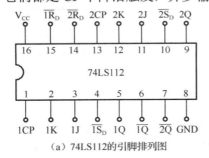 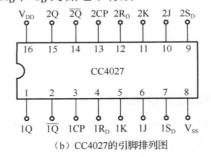

图 3.33　集成边沿 JK 触发器 74LS112 和 CC4027

3.2.5　集成计数器

1. 74LS161：4 位二进制同步加法计数器

图 3.34 所示为集成 4 位二进制同步加法计数器 74LS161 的引脚排列图和逻辑功能示意图。图中的 CP 是输入计数脉冲，也就是加到各个触发器的时钟信号端的时钟脉冲；$\overline{CR}$ 是清零端；$\overline{LD}$ 是置数控制端；CT_P 和 CT_T 是两个计数器的工作状态控制端；$D_0 \sim D_3$ 是并行输入数据端；CO 是进位信号输出端；$Q_0 \sim Q_3$ 是计数器状态输出端。

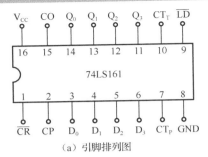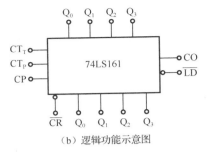

图 3.34　集成计数器 74LS161

2. CC4520：双 4 位二进制同步加法计数器

CC4520 是双 4 位二进制同步加法计数器，属于 CMOS 电路。图 3.35 所示是它的引脚排列图和逻辑功能示意图。EN 既是使能端，也可以作为计数脉冲输入端；CP 既是计数脉冲输入端，也可以作为使能端；CR 是清零端，高电平有效。CC4520 是具有异步清零、既可以上升沿触发也可以下降沿触发的双 4 位二进制同步加法计数器。CMOS 电路中有 4 位二进制同步减法计数器，其型号是 CC4526。

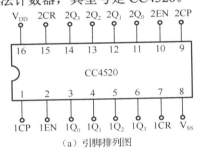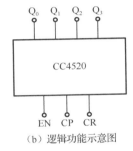

图 3.35　集成计数器 CC4520

3. 74LS191：4 位二进制同步可逆计数器

单时钟集成 4 位二进制同步可逆计数器 74LS191 的引脚排列图和逻辑功能示意图如图 3.36 所示。$\overline{U}/D$ 是加减计数控制端；$\overline{CT}$ 是使能端；$\overline{LD}$ 是异步置数控制端；$D_0 \sim D_3$ 是并行数据输入端；$Q_0 \sim Q_3$ 是计数器状态输出端；CO/BO 是进位/借位信号输出端；$\overline{RC}$ 是多个芯片级联时级间串行计数使能端。

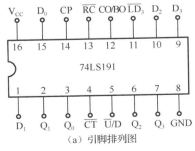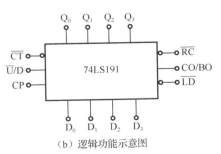

图 3.36　集成可逆计数器 74LS191

4. 74LS193：双时钟4位二进制同步可逆计数器

图 3.37 所示是双时钟集成 4 位二进制同步可逆计数器 74LS193 的引脚排列图和逻辑功能示意图。CR 是异步清零端，高电平有效；CP_U 是加法计数脉冲输入端；CP_D 是减法计数脉冲输入端；$\overline{CO}$ 是进位脉冲输出端；$\overline{BO}$ 是借位脉冲输出端；$D_0 \sim D_3$ 是并行数据输入端；$Q_0 \sim Q_3$ 是计数器状态输出端。$\overline{CO}$、$\overline{BO}$ 是供多个双时钟可逆计数器级联时使用的。

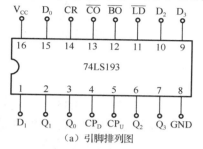
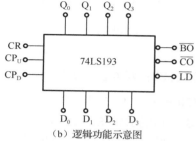

图 3.37　集成可逆计数器 74LS193

5. 74LS197：4位二进制异步加法计数器

图 3.38 所示是集成 4 位二进制异步加法计数器 74LS197 的引脚排列图和逻辑功能示意图。$\overline{CR}$ 是异步清零端；$CT/\overline{LD}$ 是计数和置数控制端；CP_0 是触发器 FF_0 的时钟输入端；CP_1 是触发器 FF_1 的时钟输入端；$D_0 \sim D_3$ 是并行数据输入端；$Q_0 \sim Q_3$ 是计数器状态输出端。

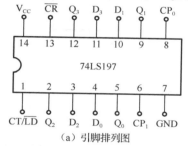
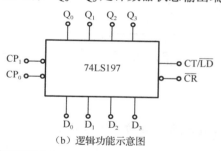

图 3.38　集成计数器 74LS197

6. 74LS90：十进制异步计数器

74LS90 是一种典型的集成异步计数器，可实现二-五-十进制计数。74LS90 具有五种基本工作方式：五分频、十分频（8421 码）、六分频、九分频、十分频（5421 码）。图 3.39 所示是 74LS90 的引脚排列图和逻辑功能示意图。

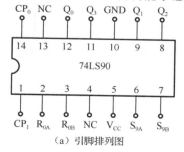
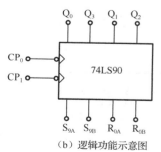

图 3.39　集成异步计数器 74LS90

3.2.6 D/A 与 A/D 变换

1. D/A 转换芯片 DAC0832

D/A 转换芯片 DAC0832 的内部框图如图 3.40 所示，它是 8 分辨率的 D/A 转换集成芯片，与微处理器完全兼容。该芯片以其价格低廉、接口简单、转换控制容易等优点，在单片机应用系统中得到了广泛的应用。D/A 转换器由 8 位输入锁存器、8 位 DAC 寄存器、8 位 D/A 转换电路及转换控制电路构成。

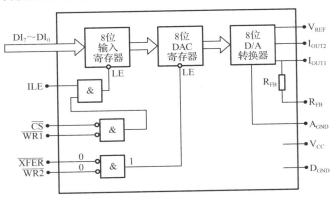

图 3.40　D/A 转换芯片 DAC0832 的内部框图

DAC0832 的技术参数：分辨率为 8 位；功耗为 20 mW；电流建立时间为 1 μs；精度为 ±1LSB；线性误差为±0.1%。$DI_0 \sim DI_7$ 为数据输入线，TLL 电平；I_{LE} 为数据锁存允许控制信号输入线，高电平有效；I_{out1} 为电流输出线，当输入全为 1 时 I_{out1} 最大；I_{out2} 为电流输出线，其值与 I_{out1} 之和为一常数；R_{fb} 为反馈信号输入线，芯片内部有反馈电阻；V_{CC} 为电源输入线（5～15 V）；V_{REF} 为基准电压输入线（−10～10 V）；$\overline{CS}$ 为片选信号输入线，低电平有效；$\overline{WR1}$ 为输入寄存器的写选通信号；$\overline{XFER}$ 为数据传送控制信号输入线，低电平有效；$\overline{WR2}$ 为 DAC 寄存器写选通输入线。

2. A/D 转换芯片 MC14433

MC14433 是 CMOS 型 A/D 转换芯片，其互换兼容芯片有 5G14433、C14433、FMC14433、SG14433、TSC14433 等。

MC14433 的电源电压为±5 V，典型模拟电压输入为 ±2 V，典型模拟输入电阻为 1 000 MΩ，有两档量程电压（200 mV、2 V），时钟频率为 66 kHz，转换速度为 3～10 次/秒。MC14433 采用 24 引脚双列直插式封装，如图 3.41 所示，$Q_0 \sim Q_3$ 为 8421BCD 码输出端；$DS_1 \sim DS_4$ 为位选通信号输出端，分别对应个位、十位、百倍、千位的选通信号；V_X 为模拟电压输入端；V_{REF} 为基准电压端。

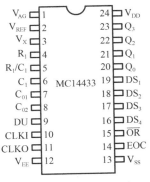

图 3.41　A/D 转换芯片
MC14433 的引脚图

3.2.7 555 定时器

555 定时器是一种模拟和数字功能相结合的中规模集成器件。一般用双极型（TTL）工艺制作的称为 555，用互补金属氧化物（CMOS）工艺制作的称为 7555，除单定时器外，还有对应的双定时器 556/7556。由于输出驱动电流约为 200 mA，因而其输出可与 TTL、CMOS 或模拟电路电平兼容。

555 定时器的内电路如图 3.42 所示，它的内部包括两个电压比较器、三个等值串联电阻、一个 RS 触发器、一个放电管 V 及功率输出级。在电源与地之间加上电压 U_{CC}，当⑤脚悬空时，电压比较器 C_1 的同相输入端的电压为 $2U_{CC}/3$，C_2 的反相输入端的电压为 $U_{CC}/3$。若触发输入端 $\overline{TR}$ 的电压小于 $U_{CC}/3$，则比较器 C_2 的输出为 0，可使 RS 触发器置 1，使输出端 OUT=1。如果阈值输入端 TH 的电压大于 $2U_{CC}/3$，同时 TR 端的电压大于 $U_{CC}/3$，则 C_1 的输出为 0，比较器 C_2 的输出为 1，可将 RS 触发器置 0，使输出为低电平。

555 定时器成本低，性能可靠，只需要外接几个电阻、电容，就可以实现多谐振荡器、单稳态触发器及施密特触发器等脉冲产生与变换电路。它也常作为定时器广泛应用于仪器仪表、家用电器、电子测量及自动控制等方面。

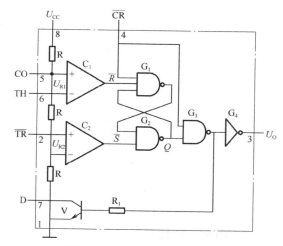

图 3.42　555 定时器的内电路

555 定时器的各个引脚功能如下。

①脚：外接电源负端 U_{SS} 或接地，一般情况下接地。

②脚：低触发端 TR。

③脚：输出端 U_O。

④脚：直接清零端。当此端接低电平，则时基电路不工作，此时不论 TR、TH 处于何电平，时基电路输出均为"0"，该端不用时应接高电平。

⑤脚：控制电压端。若此端外接电压，则可改变内部两个比较器的基准电压，当该端不用时，应将该端串入一个 0.01 μF 电容接地，以防引入干扰。

⑥脚：高触发端 TH。

⑦脚：放电端。该端与放电管集电极相连，用于定时器时电容的放电。

⑧脚：外接电源 U_{CC}，双极型时基电路 U_{CC} 的范围是 4.5～16 V，CMOS 型时基电路 U_{CC} 的范围为 3～18 V。一般采用 5 V。

3.2.8 施密特触发器

1. 施密特触发器及应用

施密特触发器也有两个稳定状态，但与一般触发器不同的是，施密特触发器采用电位触发方式，其状态由输入信号电位维持。施密特触发器有两个阈值电压，在输入信号从低电平上升到高电平的过程中使电路状态发生变化的输入电压称为正向阈值电压，在输入信号从高电平下降到低电平的过程中使电路状态发生变化的输入电压称为负向阈值电压。正向阈值电压与负向阈值电压之差称为回差电压。

施密特触发器的应用如下。

（1）波形变换：可将三角波、正弦波、周期性波等变成矩形波。

（2）脉冲波的整形：数字系统中，矩形脉冲在传输中经常发生波形畸变，出现上升沿和下降沿不理想的情况，可用施密特触发器整形后，获得较理想的矩形脉冲。

（3）脉冲鉴幅：幅度不同、不规则的脉冲信号施加到施密特触发器的输入端时，能选择幅度大于预设值的脉冲信号进行输出。

（4）构成多谐振荡器：幅值不同的信号在通过加上一个合适电容的施密特触发器后会产生矩形波脉冲，矩形波脉冲信号常用作脉冲信号源及时序电路中的时钟信号。

2. 施密特触发器的常用芯片

施密特触发器的常用芯片有：74LS18 双四输入与非门（施密特触发）；TC4584、74LS14 六反相器（施密特触发）；74132、74LS132、74S132、74F132、74HC132 四 2 输入与非施密特触发器触发器；74221、74LS221、74 HC221、74C221 双单稳态多谐振荡器（施密特触发），由 555 定时器也可以构成施密特触发器。

TC4584 和 74HC14 都是六反相施密特触发器、CMOS 器件，两芯片引脚排列一样。TC4584 的电源工作电压范围是 3～18 V，74HC14 的电源工作电压范围是 2～6 V。TC4584 的引脚图如图 3.43 所示，它采用双列 12 脚封装，互换兼容芯片有 CC4584、CC15484、CD4584、DG4584、MC14584、SL4584、MSM4584、HD14584 等。

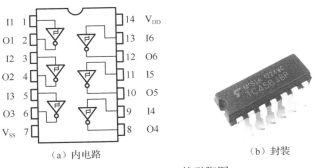

（a）内电路

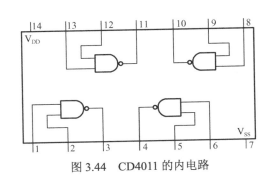

（b）封装

图 3.43　TC4584 的引脚图

3.2.9　与非门、或非门及反相器

1. 与非门

CD4011（TC4011）的内电路如图 3.44 所示。CD4011 是 2 输入四与非门，电源电压范围为 3～15 V，功耗为 700 mW（普通封装）；500 mW（小外形封装）。利用 CD4011 芯片可以组装成 7 种逻辑电路；可以将 2 输入端连接

图 3.44　CD4011 的内电路

在一起，成为反相器，然后再并联使用，增加反相器的输出驱动。

2. 或非门

CD4001（TC4001）的内电路如图 3.45 所示。CD4001 是 2 输入四或非门，V_{DD} 的最高电压为 20 V，通常 5 V、10 V 和 15 V 为额定值，输出电流为 4.2 mA，每个或非门输出三极管的耗散功率为 100 mW。

3. 反相器

反相器（非门）可以将输入信号的相位反转 180°，在电子线路设计中，经常要用到反相器。04 系列为六组反相器，共有 54/7404、54/74HC04、54/74S04、54/74LS04 四种线路结构。六反相器 74HC04 的内电路如图 3.46 所示。

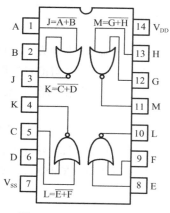

图 3.45　CD4001 的内电路

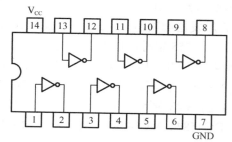

图 3.46　六反相器 74HC04 的内电路

3.2.10　单片机芯片

单片机型号繁多，最为广泛应用的是 Intel 公司的 MSC-51 系列，如 80C31、80C32、80C51、80C52、87C51、87C52 等。20 世纪 90 年代，Atmel 公司的 AT89 系列取代了 MSC-51 系列，如 AT89C51、AT89C52、AT89C2051、AT89S51、AT89S52 等。本节介绍 89C51、STC12C5A60AD 两种型号。

1. 89C51 芯片

89C51 是一种带 4K 字节闪烁可编程、可擦除只读存储器（Flash Programmable and Erasable Read Only Memory，FPEROM）的低电压、高性能 CMOS 八位微处理器，俗称单片机，该芯片与工业标准的 MCS-51 指令集和输出引脚相兼容。

89C51 的主要特性：4K 字节可编程 FLASH 存储器，1 000 写/擦循环，数据保留时间 10 年，全静态工作 0～24 MHz，三级程序存储器锁定，128×8 位内部 RAM，32 可编程 I/O 线，2 个 16 位定时器/计数器，5 个中断源，可编程串行通道，低功耗的闲置和掉电模式，片内振荡器和时钟电路。89C51 的引脚图如图 3.47 所示，其主要引脚功能说明如下。

P0 口：P0 口为一个 8 位漏级开路双向 I/O 口，每脚可吸收 8 个 TTL 门电流。当 P0 口的引脚第一次写 1 时，被定义为高阻输入。P0 能够用于外部程序数据存储器，它可以被定

义为数据/地址的低 8 位。当 FIASH 编程时，P0 口作为原码输入口；当 FIASH 进行校验时，P0 口输出原码，此时 P0 外部必须被拉高。

P1 口：P1 口是一个内部提供上拉电阻的 8 位双向 I/O 口，P1 口缓冲器能接收、输出 4 个 TTL 门电流。P1 口的引脚写入 1 后，被内部上拉为高，可用作输入；P1 口被外部下拉为低电平时，将输出电流，这是由于内部上拉的缘故。在 FLASH 编程和校验时，P1 口作为低 8 位地址接收。

P2 口：P2 口为一个内部提供上拉电阻的 8 位双向 I/O 口，P2 口缓冲器可接收、输出 4 个 TTL 门电流，当 P2 口被写 1 时，其引脚被内部上拉电阻拉高，且作为输入。作为输入时，P2 口的引脚被外部拉低，将输出电流。P2 口当用于外部程序存储器或 16 位地址外部数据存储器进行存取时，输出地址的高 8 位。在给出地址

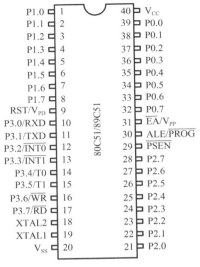

图 3.47　89C51 的引脚图

1 时，它利用内部上拉优势，在对外部 8 位地址数据存储器进行读写时，输出其特殊功能寄存器的内容。P2 口在 FLASH 编程和校验时接收高 8 位地址信号和控制信号。

P3 口：P3 口是 8 个带内部上拉电阻的双向 I/O 口，可接收、输出 4 个 TTL 门电流。当 P3 口写入 1 后，它们被内部上拉为高电平，并用作输入。作为输入，由于外部下拉为低电平，P3 口将输出电流（ILL），这是由于上拉的缘故。P3 口也可作为特殊功能口，说明如下：P3.0/RXD（串行输入口），P3.1/TXD（串行输出口），P3.2/$\overline{\text{INT0}}$（外部中断 0），P3.3/$\overline{\text{INT1}}$（外部中断 1），P3.4/T0（计时器 0 外部输入），P3.5/T1（计时器 1 外部输入），P3.6/$\overline{\text{WR}}$（外部数据存储器写选通），P3.7/$\overline{\text{RD}}$（外部数据存储器读选通）。P3 口同时为闪烁编程和编程校验接收一些控制信号。

RST：复位输入。当振荡器复位器件时，要保持 RST 脚两个机器周期的高电平时间。

ALE/$\overline{\text{PROG}}$：当访问外部存储器时，地址锁存允许的输出电平用于锁存地址的地位字节。在 FLASH 编程期间，此引脚用于输入编程脉冲。平时 ALE 端以不变的频率周期输出正脉冲信号，此频率为振荡器频率的 1/6。因此，它可用作对外部输出的脉冲或用于定时目的。然而要注意的是：每当用作外部数据存储器时，将跳过一个 ALE 脉冲。如果想禁止 ALE 的输出可在 SFR8EH 地址上置 0。此时，ALE 只有在执行 MOVX、MOVC 指令时才起作用。另外，该引脚被略微拉高。如果微处理器在外部执行状态则 ALE 禁止，置位无效。

$\overline{\text{PSEN}}$：外部程序存储器的选通信号。在由外部程序存储器取指期间，每个机器周期两次 $\overline{\text{PSEN}}$ 有效。但在访问外部数据存储器时，这两次有效的 $\overline{\text{PSEN}}$ 信号将不出现。

$\overline{\text{EA}}$/V$_{\text{PP}}$：当 $\overline{\text{EA}}$ 保持低电平时，在此期间为外部程序存储器（0000H～FFFFH），不管是否有内部程序存储器读取外部 ROM 数据。注意，加密方式 1 时，$\overline{\text{EA}}$ 将内部锁定为 RESET；当 $\overline{\text{EA}}$ 端保持高电平时，单片机读取内部程序存储器。在 FLASH 编程期间，此引脚也用于施加 12 V 编程电源（VPP）。

XTAL1：反向振荡放大器的输入及内部时钟工作电路的输入。

XTAL2：来自反向振荡器的输出。

2. STC12C5A60AD 芯片

STC12C5A60AD 采用宏晶最新第六代加密技术，超强抗干扰，超强抗静电，整机可轻松过 2 万伏静电测试；速度快，1 个时钟/机器周期，可使用低频晶振，大幅降低 EMI；输入/输出口多，最多有 40 个 I/O，复位脚如当 I/O 口使用，可省去外部复位电路。STC12C5A60AD 的特性如下。

（1）高速：1 个时钟/机器周期，增强型 8051 内核，速度比普通 8051 快 8～12 倍。

（2）宽电压：5.5～3.3 V，2.2～3.6 V（STC12LE5A60S2 系列）。

（3）增加第二复位功能脚（高可靠复位，可调整复位门槛电压，当频率<12 MHz 时，无须此功能）。

（4）增加外部掉电检测电路，可在掉电时及时将数据保存进 EEPROM，正常工作时无须操作 EEP。

（5）低功耗设计：空闲模式（可由任意一个中断唤醒）。

（6）低功耗设计：掉电模式（可由外部中断唤醒），可支持下降沿/上升沿和远程唤醒。

（7）工作频率：0～35 MHz，相当于普通 8051 的 0～420 MHz。

（8）时钟：外部晶体或内部 RC 振荡器可选，在 ISP 下载编程用户程序时设置。

（9）8/16/20/32/40/48/52/56/60/62K 字节片内 Flash 程序存储器，擦写次数达 10 万次以上的 1280 字节片内 RAM 数据存储器。

（10）芯片内 EEPROM 功能，擦写次数达 10 万次以上。

（11）ISP / IAP，在系统可编程/在应用可编程，无须编程器/仿真器。

（12）8 通道，10 位高速 ADC，速度可达 25 万次/秒，2 路 PWM 还可当 2 路 D/A 使用。

（13）2 通道捕获/比较单元（PWM/PCA/CCP），也可用来实现 2 个定时器或 2 个外部中断（支持上升沿/下降沿中断）。

（14）4 个 16 位定时器，兼容普通 8051 的定时器 T0/T1，2 路 PCA 实现 2 个定时器。

（15）可编程时钟输出功能，T0 在 P3.4 输出时钟，T1 在 P3.5 输出时钟，BRT 在 P1.0 输出时钟。

（16）硬件看门狗（WDT）。

（17）高速 SPI 串行通信端口。

（18）全双工异步串行口（UART），兼容普通 8051 的串口。

（19）先进的指令集结构，兼容普通 8051 指令集，有硬件乘法/除法指令。

（20）通用 I/O 口（36/40/44 个），复位后为准双向口/弱上拉（普通 8051 传统 I/O 口），可设置成四种模式：准双向口/弱上拉，推挽/强上拉，仅为输入/高阻，开漏。每个 I/O 口的驱动能力均可达到 20 mA，但整个芯片最大不得超过 100 mA。

STC12C5A60AD 最主要的特点是带 A/D 转换功能，其引脚图如图 3.48 所示。

1	P1.0/AD0	VCC	40
2	P1.1/AD1	P0.0	39
3	P1.2/AD2	P0.1	38
4	P1.3/AD3	P0.2	37
5	P1.4/AD4	P0.3	36
6	P1.5/AD5	P0.4	35
7	P1.6/AD6	P0.5	34
8	P1.7/AD7	P0.6	33
9	RST/P4.7	P0.7	32
10	P3.0(RXD)	EA/NA/P4.6	31
11	P3.1(TXD)	ALE/P4.5	30
12	P3.2(INT0)	NA/P4.4	29
13	P3.3(INT1)	P2.7/AD15	28
14	P3.4(T0)CLKOUT0	P2.6/AD14	27
15	P3.5(T1)CLKOUT1	P2.5/AD13	26
16	P3.6(WR)	P2.4/AD12	25
17	P3.7(RD)	P2.3/AD11	24
18	XTAL2	P2.2/AD10	23
19	XTAL1	P2.1/AD9	22
20	GND	P2.0/AD8	21

图 3.48　STC12C5A60AD 的引脚图

第4章 其他常用元器件

4.1 继电器

继电器是一种电子控制器件，它具有控制系统（又称输入回路）和被控制系统（又称输出回路），通常应用于自动控制电路中。它实际上是用较小的电流去控制较大电流的一种"自动开关"，在电路中起着自动调节、安全保护、转换电路等作用。

4.1.1 继电器类型与参数

1．继电器类型

（1）按工作原理或结构特征分类：电磁继电器、固体继电器、温度继电器、舌簧继电器、时间继电器、高频继电器、极化继电器等。

（2）按外形尺寸分类：微型继电器、超小型微型继电器、小型微型继电器。

（3）按负载分类：微功率继电器、弱功率继电器、中功率继电器、大功率继电器。

（4）按防护特征分类：密封继电器、封闭式继电器、敞开式继电器。

（5）按动作原理分类：电磁型继电器、感应型继电器、整流型继电器、电子型继电器、数字型继电器等。

（6）按照反应的物理量分类：电流继电器、电压继电器、功率方向继电器、阻抗继电器、频率继电器、气体（瓦斯）继电器。

（7）按照在保护回路中的作用分类：启动继电器、量度继电器、时间继电器、中间继电器、信号继电器、出口继电器。

2. 继电器的主要特性参数

（1）额定工作电压：是指继电器正常工作时线圈所需要的电压。根据继电器的型号不同，它既可以是交流电压，也可以是直流电压。

（2）直流电阻：是指继电器中线圈的直流电阻，可以通过万用表测量。

（3）吸合电流：是指继电器能够产生吸合动作的最小电流。正常使用时，给定的电流必须略大于吸合电流，这样继电器才能稳定地工作。而对于线圈所加的工作电压，一般不要超过额定工作电压的 1.5 倍，否则会产生较大的电流而把线圈烧毁。

（4）释放电流：是指继电器产生释放动作的最大电流。当继电器吸合状态的电流减小到一定程度时，继电器就会恢复到未通电的释放状态。这时的电流远远小于吸合电流。

（5）触点切换电压和电流：是指继电器允许加载的电压和电流。它决定了继电器能控制的电压和电流的大小，使用时不能超过此值，否则很容易损坏继电器的触点。

3. 继电器的触点形式

继电器的触点有以下三种基本形式。

（1）动合型（H 型）：线圈不通电时两个触点是断开的，通电后两个触点就闭合；用合字的拼音字头"H"表示。

（2）动断型（D 型）：线圈不通电时两个触点是闭合的，通电后两个触点就断开；用断字的拼音字头"D"表示。

（3）转换型（Z 型）：是触点组型。这种触点组共有三个触点，即中间是动触点，上下各一个静触点。线圈不通电时，动触点和其中一个静触点断开、另一个静触点闭合；线圈通电后，动触点就移动，使原来断开的成闭合状态，原来闭合的成断开状态，进而达到转换的目的。这样的触点组称为转换触点，用"转"字的拼音字头"Z"表示。

4.1.2 继电器的选用

选用继电器，首先要了解必要的条件，如控制电路的电源电压，能提供的最大电流；被控制电路中的电压和电流；被控电路需要几组、什么形式的触点。其次要查阅有关资料，找出需要的继电器的型号和规格号。再次要注意器具的容积，对于小型电器，如玩具、遥控装置则应选用超小型继电器产品。

1. 电磁继电器

电磁继电器结构如图 4.1 所示。它一般由铁芯、线圈、衔铁、触点簧片等组成。只要在线圈两端加上一定的电压，线圈中就会流过一定的电流，从而产生电磁效应，衔铁就会在电磁力吸引的作用下克服返回弹簧的拉力吸向铁芯，从而带动衔铁的动触点与静触点（常开触点）吸合。当线圈断电后，电磁的吸力也随之消失，衔铁就会在弹簧的反作用力下返回原来的位置，使动触点与原来的静触点（常闭触点）释放。这样吸合、释放，便达到了在电路中导通、切断的目的。对于继电器的"常开、常闭"触点，可以这样来区分：继电器线圈未通电时处于断开状态的静触点，称为"常开触点"；处于接通状态的静触点称为"常闭触点"。电磁继电器是传统继电器，体积大、动作慢。

2. 干簧管继电器

干簧管继电器是一种新型经常性电器，目前已经被广泛应用于自动控制系统的诸多领域，如机械、汽车、电子、电力、石油、化工、办公自动化、通信等工程中。高压干簧管继电器是与国防现代化武器装备配套的关键元器件。

干簧管是一种气密式密封的磁控机械开关，其结构如图 4.2 所示。一对由磁性材料制造的弹性磁簧被密封于充有惰性气体的玻璃管中，在无磁场作用时，玻璃管中的两个簧片是分开的，当有磁性物质靠近玻璃管时，在磁场磁力线的作用下，管内的两个簧片被磁化而互相吸引接触，使两个引脚所接的电路连通。外磁力消失后，两个簧片由于本身的弹性而分开，线路也就断开了。干簧管继电器的激励线圈可以套在干簧管的外面，利用线圈内的磁场驱动干簧管；也可以放在干簧管的旁边，利用线圈的外磁场驱动干簧管。

这种继电器的特点是：接点与大气隔离，管内又充有惰性气体，因而可防止外界有机蒸汽和接点的腐蚀，且可大大减少接点火花引起的接点氧化或炭化；簧片既轻又短，固有频率高，接点通断动作时间一般仅为 1～3 ms，比一般电磁式继电器快 3～10 倍；体积小，质量轻。其缺点是开关容量较小，接点电阻较大且容易产生抖动。

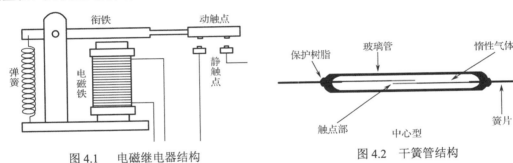

图 4.1 电磁继电器结构　　　　图 4.2 干簧管结构

3. 固态继电器（SSR）

固态继电器（SSR）是一种全部由固态电子元件组成的新型无触点开关器件，它利用了电子元件（如开关三极管、双向可控硅等半导体器件）的开关特性，可达到无触点无火花地接通和断开电路的目的，因此又被称为"无触点开关"。固态继电器是一种四端有源器件，如图 4.3 所示。其中两个端子为输入控制端，另外两个端子为输出受控端，它既有放大驱动作用，又有隔离作用，很适合驱动大功率开关式执行机构，较之电磁继电器可靠性更高，且无触点、寿命长、速度快，对外界的干扰也小，已得到广泛应用。固态继电器的三部分组成如下。

（1）输入电路：按输入电压的不同类别，输入电路可分为直流输入电路、交流输入电路和交直流输入电路三种。

（2）隔离耦合：固态继电器的输入与输出电路的隔离和耦合方式有光电耦合和变压器耦合两种。

（3）输出电路：固态继电器的功率开关直接接入电源与负载端，实现对负载电源的通

断切换。主要使用的有大功率晶体三极管、单向可控硅、双向可控硅、功率场效应管、绝缘栅双极型晶体管。

光电耦合交流型固态继电器结构如图 4.4 所示。图中的部件为交流 SSR 的主体，工作时只要在 A、B 上加上一定的控制信号，就可以控制 C、D 两端之间的"通"和"断"，实现"开关"的功能。

图 4.3　固态继电器

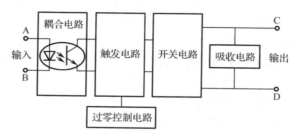

图 4.4　光电耦合交流型固态继电器结构

4. 时间继电器

时间继电器如图 4.5 所示。它是一种利用电磁原理或机械原理实现延时控制的控制电器。它的种类很多，有空气阻尼型、电动型和电子型等。时间继电器也算是一种计时仪器，当加入或去掉一些动作信号后，其输出电路需要经过规定准确的时间才能产生跳跃式变化。

（1）空气阻尼式时间继电器又称气囊式时间继电器，它是根据空气压缩产生的阻力来进行延时的，其结构简单，价格便宜，延时范围大（0.4～180 s），但延时精确度低。

（2）电磁式时间继电器延时时间短（0.3～1.6 s），但它的结构比较简单，通常用在断电延时场合和直流电路中。

（3）电动式时间继电器的原理与钟表类似，它是由内部电动机带动减速齿轮转动而获得延时的。这种继电器延时精度高，延时范围宽（0.4～72 h），但结构比较复杂，价格很贵。

图 4.5　时间继电器

（4）晶体管式时间继电器又称电子式时间继电器，它是利用延时电路来进行延时的。这种继电器精度高，体积小。

4.2　显示器件

显示器件是直观显示数字、图像的器件。常用的显示器件有半导体数码管、荧光数码管、液晶显示器、辉光数码管。

4.2.1　半导体数码管

1. 七段式数码管

七段式数码管如图 4.6 所示，它是由 LED 构成的能够显示字符和数字的器件，又称

LED 数码管，显示数字时，由 a～g 七个二极管的亮段组成显示数字 0～9，h 显示小数点，因此它又称七段式数码管，分为共阴极和共阳极二种。数码管类价格便宜，使用简单，以数字方式显示时间、日期、温度等，在电器特别是家电领域应用得极为广泛，如显示屏、空调、热水器、冰箱等。

2. LED 点阵屏

LED 点阵屏如图 4.7 所示。它由 LED 亮灭来显示文字、图片、动画、视频等，是各部分组件都模块化的显示器件。大屏幕显示系统一般是将由多个 LED 点阵组成的小模块以搭积木的方式组合而成的，每一个小模块都有自己独立的控制系统，组合在一起后只要引入一个总控制器控制各模块的命令和数据即可，这种方法既简单而且具有易装、易维修的特点。LED 点阵显示系统中各模块的显示方式有静态和动态显示两种。LED 点阵屏有单色和双色、全彩三类，可显示红、黄、绿、橙等。LED 点阵有 4×4、4×8、5×7、5×8、8×8、16×16、24×24、40×40 等多种。

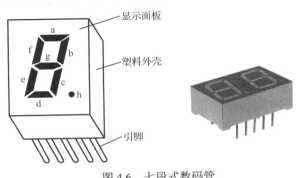

图 4.6　七段式数码管

图 4.7　LED 点阵屏

4.2.2　液晶显示模块

液晶显示模块又称 LCD 显示模块，属于被动显示型，具有工作电压低、体积小、省电等优点。但其响应速度慢、工作温度范围窄。液晶显示模块是用于数字型钟表和许多便携式计算机的一种显示器类型。字符型液晶显示模块如图 4.8 所示，带中文字库的液晶显示模块如图 4.9 所示。

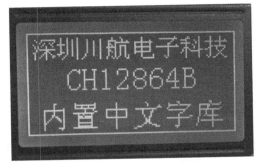

图 4.8　字符型液晶显示模块

图 4.9　带中文字库的液晶显示模块

4.3 保险丝

保险丝又名熔断丝。当电路发生故障或异常时，伴随着电流不断升高，升高的电流有可能损坏电路中的某些重要器件或贵重器件，也有可能烧毁电路甚至造成火灾，若电路中正确地安置了保险丝，保险丝就会在电流异常升高到一定的高度和热度时自身熔断切断电流，从而起到保护电路安全运行的作用。

4.3.1 保险丝类型与参数

1. 保险丝的类型

（1）按保护形式分类：过流保险丝、过热保险丝。过流保险丝又分为直流保险丝和交流保险丝；过热保险丝一般称为"温度保险丝"，在电吹风、电熨斗、电饭锅、电炉、变压器、电动机中应用。

（2）按使用范围分类：电力保险丝、机床保险丝、电器仪表保险丝（电子保险丝）、汽车保险丝。

（3）按形状分类：平头管状保险丝、尖头管状保险丝、铡刀式保险丝、螺旋式保险丝、插片式保险丝、平板式保险丝、裹敷式保险丝、贴片式保险丝。

（4）按熔断速度分类：特慢速保险丝（TT）、慢速保险丝（T）、中速保险丝（M）、快速保险丝（F）、特快速保险丝（FF）。

（5）按类型分类：电流保险丝（贴片、微型、插片、管状）、温度保险丝（RH 方块型、RP 电阻型、RY 金属壳）、自恢复保险丝（插件、叠片、贴片）。

（6）按外形分：条丝状、片状（裸片状）、玻璃管状、陶瓷管状、塑胶片状、带金属片状、贴片状、圆柱体状（插件式）。

2. 保险丝的主要参数

（1）电压额定值：保险丝的电压额定值必须大于或等于断开电路的最大电压。一般贴片保险丝的标准电压额定值系列为 24 V、32 V、48 V、63 V、125 V。

（2）电流额定值：电流额定值表明了保险丝在一套测试条件下的电流承载能力。每个保险丝都会注明电流额定值，这个值可以是数字、字母或颜色标记。

（3）分断能力：分断能力就是指在额定电压下，保险丝能够安全断开电路并且不发生破损时的最大电流值。保险丝的分断能力必须等于或大于电路中可能发生的最大故障电流。

（4）环境温度：环境温度是直接接触在保险丝周围的空气温度，不是指室温。保险丝的电特性在 25 ℃ 环境温度中是额定的标准值。无论高于或低于这个温度都会影响保险丝的断开时间和电流承载特性。

（5）快断保险丝和慢断保险丝：快断是指 10 倍额定电流时，在 0.001～0.01 s 内断开；超快断是指 10 倍额定电流时在小于 0.001 s 内断开。慢断是指 10 倍额定电流时，在 0.01～0.1 s 内断开；超慢断是指 10 倍额定电流时在 0.1～1 s 内断开。

（6）浪涌和脉冲电流特性：有些使用场合会产生浪涌电流，这样就要求保险丝能够使这些浪涌电流通过而不发生误断。

4.3.2 常用保险丝

1. 电流保险丝

电流保险丝如图 4.10 所示。最常用的电流保险丝主要有玻璃管与陶瓷管两种，在电子产品的电源电路中大量采用。陶瓷管保险丝的防爆等性能比玻璃管保险丝更好一些。两者的外形基本相同，但不能互换使用。

2. 温度保险丝

温度保险丝能感应电器电子产品非正常运作中产生的过热，从而切断回路以避免火灾的发生。它常用于电吹风、电熨斗、电饭锅、电炉、变压器、电动机、饮水机、咖啡壶等中。温度保险丝运作后无法再次使用，只在熔断温度下动作一次。

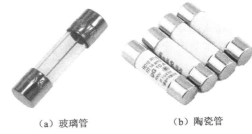

（a）玻璃管　　　　（b）陶瓷管

图 4.10　电流保险丝

通常有三种温度保险丝：有机物型温度保险丝、瓷管型温度保险丝、方壳型温度保险丝，如图 4.11 所示。

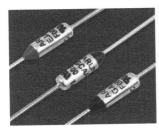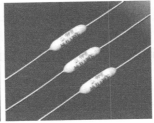

（a）有机物型　　　　　　　　（b）瓷管型　　　　　　　　　（c）方壳型

图 4.11　温度保险丝

3. 汽车保险丝

汽车保险丝是电流保险丝的一种，当电路电流超过保险丝额定电流的 2 倍时就会在几秒内熔断，起到电路保护的作用。它常用于汽车电路的过流保护，也用于工业设备的过流保护。

汽车保险丝有插片式保险丝［见图 4.12（a）］、叉栓式保险丝［见图 4.12（b）］及玻璃管保险丝三种，每种保险丝又分为小号、中号、大号。

（a）插片式　　　　　　　　　　（b）叉栓式

图 4.12　汽车保险丝

4. 自恢复保险丝

自恢复保险丝由聚合树脂及分布在里面的导电粒子组成。自恢复保险丝串接在电路中，正常情况下呈低阻状态，保证电路正常工作，当电路发生短路或窜入异常大电流时，元件的自热使其阻抗增加，把电流限制到足够小，起到过电流保护作用。同时，当外界环境温度急升时，环境到达产品的开关温度后，可起到过温保护作用。当故障排除后，自恢复保险丝重新冷却，恢复为低阻状态，从而完成对电路的保护，无须人工更换。习惯上把聚合物正温度系数 PPTC 也叫作自恢复保险丝。

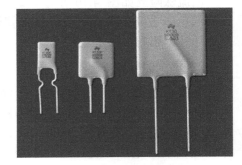

图 4.13　自恢复保险丝

自恢复保险丝如图 4.13 所示。自恢复保险丝的用途十分广泛，如用于镇流器、变压器、扬声器、锂电池的自恢复保护。

4.4　电声器件

电声器件是指电和声相互转换的器件，它是利用电磁感应、静电感应或压电效应等来完成电声转换的，包括扬声器、蜂鸣器、耳机、驻极体传声器等。随着人类进入信息时代，信息传播离不开"视"和"听"，"听"就离不开电声器件。

4.4.1　扬声器

1. 扬声器的分类

扬声器俗称喇叭，是一种将电信号转换成声音的电子元器件。扬声器种类如下。

（1）按电-声换能方式分：电动式、电磁式、静电式、压电陶瓷式。

（2）按扬声器工作频带分：高频扬声器、中频扬声器、低频扬声器、全频扬声器。

（3）按扬声器振膜形状分：锥形、球顶形、平板形。

（4）按扬声器振动膜（盆）的制作材料分：纸盆、碳纤维盆、PP 盆、玻璃纤维盆、防弹布盆、钛膜、丝绸扬声器。

（5）按扬声器膜边缘使用材料分：纸边、布边、橡皮边、泡沫边。

2. 扬声器的主要参数

（1）额定功率：扬声器的功率有标称功率和最大功率之分。标称功率又称额定功率、不失真功率，它是指扬声器在额定不失真范围内容许的最大输入功率，在扬声器的商标、技术说明书上标注的功率即为该功率值。最大功率是指扬声器在某一瞬间所能承受的峰值功率。为保证扬声器工作的可靠性，要求扬声器的最大功率为标称功率的 2～3 倍。

（2）额定阻抗：扬声器的阻抗一般和频率有关。额定阻抗是指音频为 400 Hz 时，从扬声器输入端测得的阻抗。它一般是音圈直流电阻的 1.2～1.5 倍。一般动圈式扬声器常见的阻抗有 4 Ω、8 Ω、16 Ω、32 Ω等。

（3）频率响应：给一个扬声器加上相同电压而不同频率的音频信号时，其产生的声压将会产生变化。一般中音频时产生的声压较大，而低音频和高音频时产生的声压较小。当声压下降为中音频的某一数值时的高、低音频率范围，叫作扬声器的频率响应特性。理想的扬声器频率特性应为 20 Hz～20 kHz，这样就能把全部音频均匀地重放出来，然而这是做不到的。每一个扬声器只能较好地重放音频的某一部分。

（4）失真：扬声器不能把原来的声音逼真地重放出来的现象叫作失真。失真有两种：频率失真和非线性失真。频率失真是由于对某些频率的信号放音较强，而对另一些频率的信号放音较弱造成的，失真破坏了原来高低音响度的比例，改变了原声音色。而非线性失真是由于扬声器振动系统的振动和信号的波动不够完全一致造成的，在输出的声波中增加了一个新的频率成分。

（5）指向特性：用来表征扬声器在空间各方向辐射的声压分布特性，频率越高指向性越狭，纸盆越大指向性越强。

3. 常用扬声器介绍

（1）电动式扬声器：电动式扬声器是被广泛采用的一种扬声器。它的特点是电气性能优良、成本低、结构简单、品种齐全、音质柔和、低音丰满、频率特性的范围较宽等，是家用电器中采用最多的一种扬声器。电动式扬声器又分为纸盆式、号筒式和球顶形三种。纸盆式电动式扬声器如图 4.14 所示，由磁铁、音圈、纸盆等组成。若通过音圈的电流为音频电流，则音圈就受到一个大小与音圈电流成正比、方向随音频电流变化而变化的力，从而产生振动，音圈又带动纸盆振动发出声音来。

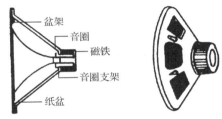

图 4.14　纸盆式电动式扬声器

（2）电磁式扬声器：电磁式扬声器如图 4.15 所示，电磁式扬声器也叫舌簧式扬声器，它是利用电磁感应原理，使声源信号电流通过音圈后把用软铁材料制成的舌簧磁化，磁化了的可振动舌簧与磁体相互吸引或排斥，产生驱动力，使振膜振动而发音。电磁式扬声器音质圆润、音色丰满、声场均衡、发声清脆、发音清晰、音层分明、低音动感。电磁式扬声器的应用最广泛，常应用于电子电器、钟表、通信、低压电器、电子玩具、家庭影院、多媒体音响、笔记本电脑、游戏机等各方面。

（3）静电式扬声器：静电式扬声器如图 4.16 所示，它是指极薄的振膜在静电力的作用下作前后移动的扬声器。静电式扬声器的振膜质量极轻，因而解析力极佳，能捕捉音乐信号中极为细微的变化，充分表现音乐的神韵。静电式扬声器的主要缺陷是需要极化电压，其次是面积较大。这是静电式扬声器难以进入便携式系统的主要原因。

（4）压电陶瓷式扬声器：压电陶瓷式扬声器如图 4.17 所示，它简称压电喇叭，也叫晶体式喇叭，主要由压电陶瓷片、纸盆及喇叭架组成。压电陶瓷片发声很小，如同蚊子"嗡嗡"叫。但如果在其周边粘接纸盆，压电陶瓷片驱动纸盆振动，声音会显著增大。

图 4.15　电磁式扬声器

图 4.16　静电式扬声器

（a）压电陶瓷高音扬声器

（b）压电陶瓷蜂鸣器

图 4.17　压电陶瓷式扬声器

4.4.2　蜂鸣器

蜂鸣器是一种一体化结构的电子讯响器，采用直流电压供电，广泛应用于计算机、打印机、复印机、报警器、电子玩具、汽车电子设备、电话机、定时器等电子产品中作为发声器件。蜂鸣器分有源和无源两种类型，有源的内部有一个振荡器，通电就响，标有正负极；而无源的需要由 2～5 kHz 方波信号驱动，没有正负极。蜂鸣器按原理分类，又主要分为压电式蜂鸣器和电磁式蜂鸣器两种类型。

1. 压电式蜂鸣器

压电式蜂鸣器如图 4.18 所示，它主要由多谐振荡器、压电蜂鸣片、阻抗匹配器及共鸣箱、外壳等组成。有的压电式蜂鸣器外壳上还装有发光二极管。

多谐振荡器由晶体管或集成电路构成。当接通电源后（1.5～15 V 直流工作电压），多谐振荡器起振，输出 1.5～2.5 kHz 的音频信号，阻抗匹配器推动压电蜂鸣片发声。压电蜂鸣片由锆钛酸铅或铌镁酸铅压电陶瓷材料制成。在陶瓷片的两面镀上银电极，经极化和老化处理后，再与黄铜片或不锈钢片粘在一起。

压电式蜂鸣器具有体积小、灵敏度高、耗电省、可靠性好、造价低廉的特点和良好的频率特性。

2. 电磁式蜂鸣器

电磁式蜂鸣器如图 4.19 所示，它由振荡器、电磁线圈、磁铁、振动膜片及外壳等组成。接通电源后，振荡器产生的音频信号电流通过电磁线圈，使电磁线圈产生磁场。振动膜片在电磁线圈和磁铁的相互作用下，周期性地振动发声。

图 4.18　压电式蜂鸣器

图 4.19　电磁式蜂鸣器

4.4.3　驻极体传声器

驻极体传声器是一种声/电转换器件，如图 4.20 所示，其作用是将声音信号转换成电信号，通常又称为话筒（MIC）。它的突出特点是体积小、质量轻、结构简单、使用方便、寿命长、频率响应范围宽、灵敏度高，且价格比较低廉，因而被广泛应用于盒式录音机、无线话筒、声控开关、手机、电话机、MP3/MP4、数码相机、摄像机、语音识别系统、计算机等电子产品中。驻极体传声器的检测通常有电阻测量法和灵敏度测量法两种。

图 4.20　驻极体传声器

1. 驻极体传声器的结构与原理

驻极体传声器由声电转换和阻抗转换两部分组成，如图 4.21（a）所示。声电转换部分的关键元件是驻极体振动膜，它是一个极薄的塑料膜片，在它上面蒸发一层纯金薄膜，然后经高压电场驻极后，两面分别驻有异性电荷。膜片的蒸金膜面向外与金属外壳相连通，膜片的另一面用薄的绝缘垫圈隔开，这样蒸金膜面与金属极板之间就形成了一个电容器。阻抗转换任务由场效应管担任，它的主要作用就是把几十兆欧的阻抗转变为与放大器匹配的阻抗。场效应管的 G 极接金属极板，通过 D 极或 S 极输出音频信号，电路形式如图 4.21（b）所示。

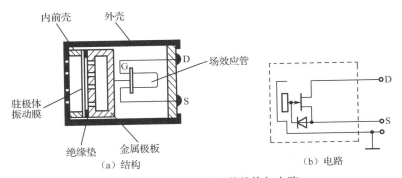

图 4.21　驻极体传声器的结构与电路

2. 驻极体传声器的参数

（1）工作电压：典型值有 1.5 V、3 V 和 4.5 V 这 3 种。

（2）工作电流：通常为 0.1～1 mA。

（3）灵敏度：其单位通常用 mV/Pa（毫伏/帕）表示，一般驻极体话筒的灵敏度多在 0.5～10 mV/Pa 范围内。

（4）频率响应：频率响应一般较为平坦，普通产品的频率响应较好，为 100 Hz～10 kHz，质量较好的话筒为 40 Hz～15 kHz，优质话筒可达 20 Hz～20 kHz。

（5）输出阻抗：输出阻抗一般小于 3 kΩ。

（6）指向性：是指话筒灵敏度随声波入射方向变化而变化的特性。话筒的指向性分为单向性、双向性和全向性 3 种。

3．驻极体传声器测试

（1）电阻测量法：通过测量驻极体传声器引线间的电阻，可以判断其内部是否开路或短路。测量时，将万用表置于 R×100 Ω或 R×1 kΩ挡，红表笔接驻极体话筒的芯线或信号输出端，黑表笔接引线的金属外皮或话筒的金属外壳。一般所测阻值应在 500 Ω～3 kΩ范围内，若测得阻值接近零，表明驻极体话筒有短路性故障，若所测阻值为无穷大，则说明驻极体话筒开路。如果阻值比正常值小得多或大得多，都说明被测话筒性能变差或已经损坏。

（2）灵敏度测量法：将万用表置于 R×100 挡，红表笔接驻极体话筒的芯线或信号输出端，黑表笔接引线的金属外皮或话筒的金属外壳。此时，万用表指针应有一阻值（如 1 kΩ），然后正对着驻极体话筒吹一口气，仔细观察指针，应有较大幅度的摆动。万用表指针摆动的幅度越大，说明驻极体话筒的灵敏度越高，若指针摆动幅度很小，则说明驻极体话筒灵敏度很低，使用效果不佳。假如发现指针不动，可交换表笔位置再次吹气试验，若指针仍然不摆动，则说明驻极体话筒已经损坏。另外，如果在未吹气时，指针指示的阻值便出现漂移不定的现象，则说明驻极体话筒的热稳定性很差，这样的驻极体话筒不宜继续使用。

4.5　超声波传感器

超声波传感器是将超声波信号转换成其他能量信号（通常是电信号）的传感器。超声波是振动频率高于 20 kHz 的机械波。它具有频率高、波长短、绕射现象小，特别是方向性好、能够成为射线而定向传播等特点。超声波对液体、固体的穿透本领很大，尤其是在阳光不透明的固体中。超声波碰到杂质或分界面会产生显著反射形成反射回波，碰到活动物体能产生多普勒效应。超声波传感器广泛应用在工业、国防、生物医学等方面。

4.5.1　超声波传感器类型与参数

1．超声波传感器类型

（1）按材料分类：分为压电晶体（电致伸缩）及镍铁铝合金（磁致伸缩）两类。压电晶体超声波传感器最为常用，是一种可逆传感器，可以将电能转变成机械振荡而产生超声波，同时它接收到超声波时，也能转变成电能，因此它可以分成发送器或接收器。

（2）发送型与接收型：发送与接收略有差别，发送型适用于在空气中传播，其工作频率一般为 23～25 kHz 及 40～45 kHz。这类传感器适用于测距、遥控、防盗等用途。该类型有 T/R-40-16、T/R-40-12 等（其中 T 表示发送，R 表示接收，40 表示频率为 40 kHz，16 及

12 表示其外径尺寸，以毫米计）。也有发送和接收一体化的传感器。

（3）按谐振频率分类：有 23 kHz、40 kHz、75 kHz、200 kHz、400 kHz。超声波在空气中传播时衰减很大，衰减程度与频率成正比，但谐振频率越高分辨率越高。因此，短距离测量选用频率高的传感器，长距离测量选用频率低的传感器。

（4）透射型与反射型：当超声波发射器和接收器分别置于被测物体两侧时，称为透射型，可用于遥控器、防盗报警器、自动门、接近开关等；当超声波发射器和接收器置于被测物体同侧时称为反射型，可用于测距、接近开关、测液位或料位、材料探伤、测厚等。

（5）按探头结构分类：直探头（纵波）、斜探头（横波）、表面波探头（表面波）、兰姆波探头（兰姆波）、双探头（一个探头发射、一个探头接收）等。

2．超声波传感器的主要参数

（1）谐振（工作）频率。工作频率就是压电晶片的共振频率。当加到它两端的交流电压的频率和晶片的共振频率相等时，输出的能量最大，灵敏度也最高。

（2）工作温度。由于压电材料的居里点一般比较高，特别是诊断用超声波探头的使用功率较小，所以其工作温度比较低，可以长时间地工作而不失效。医疗用的超声探头的温度比较高，需要单独的制冷设备。

（3）发射声压，即传感器发射音量大小的参数，用下列公式表示：

$$\text{SPL}=20\log P/P_{\text{re}}\text{（dB）}$$

式中，P 为有效声压，P_{re} 为参考声压（$2\times10^{-4}\text{ubar}$）。一般发射声压≥100 dB。

（4）接收灵敏度。它主要取决于制造晶片本身。机电耦合系数大，灵敏度高；反之，灵敏度低。超声波传感器的灵敏度通常为-60～-85 dB。

（5）指向性。它是指超声波传感器探测的范围。

4.5.2　T/R40 系列超声波传感器

T/R40 系列超声波传感器如图 4.22 所示。它主要应用于家用电器及其他电子设备的超声波遥控装置；超声测距、汽车倒车防撞装置、液面探测、超声波接近开关及其他应用的超声波发射与接收。T/R40 系列超声波传感器的参数如表 4.1 所示。

图 4.22　T/R40 系列超声波传感器

表 4.1　T/R40 系列超声波传感器的参数

型　　号		T/R40-12	T/R40-16	T/R40-18A	T/R40-24A
谐振频率		40±1 kHz	40±1 kHz	40±1 kHz	40±1 kHz
发射声压最小电平		112 dB	115 dB	115 dB	115 dB
接收最小灵敏度		−67 dB	−64 dB	−64 dB	−64 dB
最小带宽	发射头	5/100 kHz/dB	6/103 kHz/dB	6/100 kHz/dB	6/103 kHz/dB
	接收头	5/−75 kHz/dB	6/−71 kHz/dB	6/−71 kHz/dB	6/−71 kHz/dB
静电电容（pF）		2 500（1±25%）	2 400（1±25%）	2 400（1±25%）	2 400（1±24%）

4.6 开关

开关是控制电源通断和信号输入与切断的部件。开关种类很多，通常可分为机械式开关、电子式开关、薄膜开关、按钮开关等类型。继电器也是一种机械式开关。

1. 机械式开关

机械式开关如图4.23所示，通常有钮子开关、船型开关、琴键开关、拨动开关等。

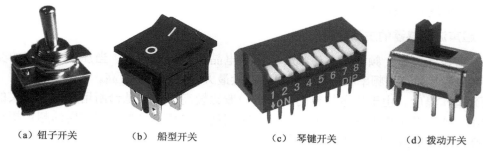

（a）钮子开关　　（b）船型开关　　（c）琴键开关　　（d）拨动开关

图4.23　机械式开关

2. 电子式开关

电子式开关是用于信号通断的电子器件，它是集成电路芯片，具有功耗低、速度快、体积小、无机械触点及使用寿命长等优点。

（1）CD4066：这是四双向模拟开关，如图4.24所示，其内部有4个独立的模拟开关，每个模拟开关有输入（IN）、输出（OUT）、控制（CONTROL）三个端子，其中输入端和输出端可互换。CD4066主要用于模拟或数字信号的多路传输。

（2）CD4051/CC4051：这是单个8通道（8选1）数字控制模拟电子开关，有3个二进控制输入端A、B、C和INH输入。INH为"0"通道被选。

（3）CD4052/CC4052：这是两个4通道（4选1）数字控制模拟开关，有A、B两个二进制控制输入端和INH输入。INH为"0"通道被选。

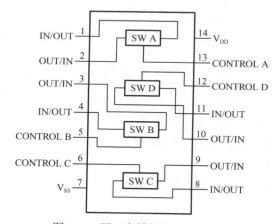

图4.24　四双向模拟开关 CD4066

（4）CD4053/CC4053：这是三个2通道（2选1）数字控制模拟开关，有3个独立的数字控制输入端A、B、C和INH输入。INH为"0"通道被选。

3. 薄膜开关

薄膜开关是集按键功能、指示元件、仪器面板为一体的一个操作系统，由面板、上电

路、隔离层、下电路四部分组成。按下薄膜开关，上电路的触点向下变形，与下电路的极板接触导通，手指松开后，上电路触点反弹回来，电路断开，回路触发一个信号。

按键较多且排列整齐有序的薄膜开关，人们习惯称之为薄膜键盘，如图 4.25 所示。薄膜键盘是近年来国际流行的一种集装饰性与功能性为一体的操作系统。薄膜键盘外形美观、新颖，体积小、质量轻，密封性强，具有防潮、防尘、防油污、耐酸碱、抗震及使用寿命长等特点。它广泛应用于医疗仪器、计算机控制、数码机床、电子衡器、邮电通信、复印机、电冰箱、微波炉、电风扇、洗衣机、电子游戏机等领域。

4. 按钮开关

按钮开关如图 4.26 所示。它是指利用按钮推动传动机构，使动触点与静触点接通或断开并实现电路换接的开关。按钮开关是一种结构简单、应用十分广泛的电器。在电气自动控制电路中，按钮开关用于手动发出控制信号以控制接触器、继电器、电磁启动器等。

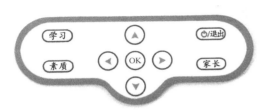

图 4.25　薄膜开关

图 4.26　按钮开关

第2篇

单元电路设计

电子产品通常由常用单元电路组成，常用单元电路有基本放大电路、集成放大电路、滤波电路、信号产生电路、信号处理电路、功率驱动电路、电源电路等。本篇将介绍这些常用单元电路的设计要点及具体应用。

第5章

放大电路设计

5.1 基本放大电路

共发射极放大电路、共集电极放大电路及共基极放大电路是最基本的三极管放大电路，本章将介绍这些基本放大电路的结构、特点、应用场合及简单设计计算。另外，本章将介绍由场效应管组成的基本放大电路，如共源极放大电路、共漏极放大电路及共栅极放大电路。

5.1.1 共发射极放大电路

1. 电路结构与特点

固定分压偏置的共发射极放大电路如图 5.1 所示。信号从基极输入，从集电极输出，发射极交流接地，因此得名共发射极放大。共发射极放大电路的主要特点有：

（1）反相放大；

（2）对信号电流、信号电压均有放大；

（3）基极静态电压由 R_{b1}、R_{b2} 对 U_{CC} 分压决定，因而得名固定分压偏置；

（4）电压放大倍数与静态电流有关，与 β 关系不大；

（5）是最常用的小信号电压放大电路。

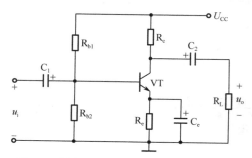

图 5.1　固定分压偏置的共发射极放大电路

2. 静态工作点计算

通常 U_{BQ} 由 R_{b1} 和 R_{b2} 对 U_{CC} 分压决定，于是有：

$$U_{BQ} \approx \frac{R_{b2}}{R_{b1} + R_{b2}} U_{CC} \tag{5.1}$$

$$I_{CQ} \approx I_{EQ} = \frac{U_{BQ} - U_{BEQ}}{R_e} \tag{5.2}$$

$$I_{BQ} = \frac{I_{CQ}}{\beta} \tag{5.3}$$

$$U_{CEQ} \approx U_{CC} - I_{CQ}(R_c + R_e) \tag{5.4}$$

3. 动态计算

输出端的交流负载 R_L' 为 R_e 与 R_L 并联，于是有 $R_L' = R_e // R_L$，根据电压放大倍数的定义，可得：

$$A_u = -\beta \frac{R_L'}{r_{be}} \tag{5.5}$$

输入电阻为

$$R_i = R_{b1} // R_{b2} // r_{be} \tag{5.6}$$

输出电阻为

$$R_o = R_c \tag{5.7}$$

4. 设计要点

三极管放大电路的关键问题在于直流工作点的设计。设计时只要掌握下面几个基本要求，设计就变得非常容易了。

（1）一般取 I_{CQ}=0.5～3 mA，尽量取 U_{CEQ}=(U_{CC}～U_E)/2；如果没有 C_e，则 U_{CEQ}=U_{CC}/2，R_{b1}、R_{b2} 的取值在几十千欧至几百千欧之间；R_c 的取值在几千欧至十几千欧之间；R_e 的取值在几百欧至几千欧之间。

（2）在深度负反馈的情况下（无 C_e，且 R_e 为几百欧以上，β 够大），则电路放大倍数为

$$A_u = -\frac{R_c}{R_e} \tag{5.8}$$

（3）如果三极管选用类似于 9018 等的高频三极管，则电路将变成高频小功率宽带放大

器，算法同上，R_c 一般会取几百欧至几千欧。

关于故障处理问题：U_{BE} 为 0.6～0.7 V（硅管），U_{CE} 在 U_{CC} / 2 附近则工作正常，如果 U_{BE}<0.6 V 则偏置电阻有问题，U_{BE}>0.8 V 则可能三极管的 be 极开路了，U_{CEQ} 过低则可能饱和，过大则趋于截止，然后对症处理即可。

> ⚠提示：本电路是最基本的三极管放大电路，性能稳定，调试方便。设计者根据放大倍数、性能等要求选择是否选用 C_e。在有 C_e 的情况下，放大器的放大倍数受静态工作电流 I_C、三极管的放大系数 β 的影响较大，适当增加 I_C 可以增加电路的放大倍数。

5. 自给偏置

对于要求较低的场合，可以选用图 5.2 所示的自给偏置方式。当然，在更低要求的情况下，R_e 和 C_e 都可以去掉。

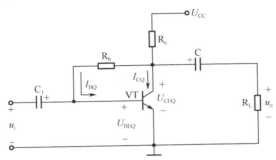

图 5.2　自给偏置放大电路

β 值增大会引起 I_{CQ} 增大，而 I_{CQ} 增大会使 U_{CEQ} 下降，I_{BQ} 下降，I_{CQ} 就减小，从而减小 I_{CQ} 随 β 变化的程度。主要靠集电极的电压并联负反馈来改善静态工作点的稳定性。该电路适用于要求不是很高的场合。

> ⚠提示：本电路相比固定分压偏置电路简单一些，但参数计算复杂一些，而且静态工作点受三极管的放大系数 β 影响很大，设计时可以通过电路调试，调整 R_b 来调整电路的静态工作点。每次更换三极管等，都需要调整反馈电阻 R_b，以确保工作点偏离在允许范围内。

5.1.2 共集电极放大电路

1. 电路结构与特点

共集电极放大电路如图 5.3 所示。信号从基极输入，从发射极输出，集电极直接接电源，即交流接地，故称为共集电极放大电路，又称为射极输出器。共集电极放大电路的特点是：

（1）同相放大；

（2）电压放大倍数 $A_u \approx 1$；

（3）输入电阻 R_i 很大；

（4）输出电阻 R_o 很小；

（5）对交流信号无电压放大作用，但对信号电流（功率）有放大作用。

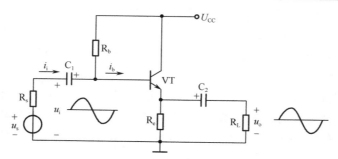

图 5.3 共集电极放大电路

共集电极放大电路主要应用在信号电压不需要放大而信号电流、功率需要放大的场合，如小信号缓冲放大、推挽功率放大电路。

2. 静态工作点

方程 $I_{BQ}R_b + U_{BEQ} + I_{EQ}R_e = U_{CC}$ 经移项后有下列静态工作点计算公式：

$$I_{BQ} = \frac{U_{CC} - U_{BEQ}}{R_b + (1+\beta)R_e} \tag{5.9}$$

$$I_{CQ} = \beta I_{BQ} \tag{5.10}$$

$$U_{CEQ} = U_{CC} - I_{EQ}R_e \tag{5.11}$$

3. 动态计算

输出端的交流负载 R_L' 为 R_e 与 R_L 并联，于是有 $R_L' = R_e // R_L$，根据电压放大倍数的定义，可得：

$$A_u = \frac{u_o}{u_i} = \frac{(1+\beta)R_L'}{r_{be} + (1+\beta)R_L'} \approx 1 \tag{5.12}$$

输入电阻为

$$R_i = R_b // R_i' = R_b //[r_{be} + (1+\beta)R_L'] \tag{5.13}$$

输出电阻为

$$R_o = R_e // \frac{r_{be} + R_b // R_s}{1+\beta} \tag{5.14}$$

5.1.3 共基极放大电路

1. 电路结构与特点

共基极放大电路如图 5.4 所示。直流通路采用的是分压式偏置，因此静态工作点的计算方法与前面介绍的相同。交流信号经 C_1 耦合到发射极，放大后从集电极经 C_2 耦合输出，C_b 为基极旁路电容，它使基极交流接地，故称其为共基极放大电路。其主要特点有：

（1）同相放大；

（2）电压放大倍数的计算与共发射极放大电路相同；

（3）输入电阻 R_i 很小；

（4）输出电阻 R_o 很大；

（5）对交流信号无电流放大作用，但对信号电压（功率）有放大作用；

（6）工作频率高。

共集电极放大电路主要应用在高频放大电路中，如无线电信号接收中的第一级高频放大。

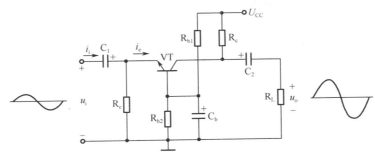

图 5.4　共基极放大电路

2. 静态工作点计算

共基极放大电路的静态工作点计算与共发射极放大电路相同，于是有

$$U_{BQ} \approx \frac{R_{b2}}{R_{b1} + R_{b2}} U_{CC} \tag{5.15}$$

$$I_{CQ} \approx I_{EQ} = \frac{U_{BQ} - U_{BEQ}}{R_e} \tag{5.16}$$

$$I_{BQ} = \frac{I_{CQ}}{\beta} \tag{5.17}$$

$$U_{CEQ} \approx U_{CC} - I_{CQ}(R_c + R_e) \tag{5.18}$$

3. 动态计算

输出端的交流负载 R_L' 为 R_e 与 R_L 并联，于是有 $R_L' = R_e // R_L$，根据电压放大倍数的定义，可得：

$$A_u = \beta \frac{R_L'}{r_{be}} \tag{5.19}$$

放大管的输入电阻 r_{eb} 为

$$r_{eb} = \frac{r_{be}}{1 + \beta} \tag{5.20}$$

放大电路的输入电阻 R_i 为

$$R_i = \frac{u_i}{i_i} = R_e // r_{eb} \tag{5.21}$$

输出电阻为

$$R_o = R_c \tag{5.22}$$

5.1.4　场效应管放大电路

场效应管与三极管比较，最突出的优点是可以组成高输入电阻的放大电路。此外，由于它具有低噪声、温度稳定性好及抗辐射能力强等优于三极管的特点，所以多级放大电路的第一级往往采用场效应管。另外，场效应管的制造工艺简单、功耗小，易于将放大电路集成化。

1. 自偏压共源极放大电路

图 5.5 所示是一个 N 沟道结型场效应管共源极（以下简称共源）放大电路。为了使场效应管能够正常工作，必须在栅极与源极之间加上适当的负偏压。该电路是利用漏极电流在源极电阻 R_s 上产生的压降来获得偏置电压的，因此称其为自偏压放大电路。另外，R_s还具有直流负反馈稳定静态工作点的作用。C_s是源极旁路电容，它将 R_s 上的交流信号旁路到地，从而使源极交流接地。

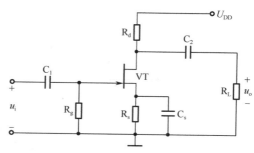

图 5.5 自偏压共源极放大电路

设计要点：

（1）静态时的栅源极加负压，此负压由 R_s 上产生的压降来获得，计算公式为

$$U_{GSQ}=-I_{DQ}R_s \tag{5.23}$$

（2）电压放大倍数为

$$A_u=-g_m(R_d//R_L) \tag{5.24}$$

（3）R_g 的阻值应选大一些，才能体现高输入电阻特点。输入电阻为

$$R_i=R_g \tag{5.25}$$

（4）输出电阻近似为

$$R_o \approx R_d \tag{5.26}$$

2. 分压式偏置共源极放大电路

图 5.6 所示是一个 N 沟道增强型场效应管共源极放大电路。与图 5.5 所示电路不同的是，该电路增加了对电源电压 U_{DD} 进行分压的电阻 R_1 和 R_2，栅极电阻 R_g 不再接地，而是接到 R_2 上。此时栅极静态电压 U_{GQ} 就是 R_2 上的电压，改变 R_1 或 R_2 的阻值，可使增强型场效应管的栅极获得不同的正偏压。

设计要点：

（1）电压放大倍数为

$$A_u=-g_m(R_d//R_L) \tag{5.27}$$

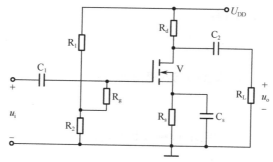

图 5.6 分压式偏置共源极放大电路

（2）R_1、R_2 及 R_g 的阻值应大一些，才能体现高输入电阻特点。输入电阻为

$$R_i = R_g + R_1//R_2 \tag{2.28}$$

（3）输出电阻近似为

$$R_o \approx R_d \tag{5.29}$$

3. 共漏极放大电路

共漏极放大电路又称源极输出器，电路如图 5.7 所示。由于场效应管的漏极直接接到电源上，即漏极交流接地，故称其为共漏极放大电路。共漏极放大电路与共发射极放大电路一样，具有同相放大、电压放大倍数小于 1、输入电阻特高及输出电阻低等特点。

设计要点：

（1）电压放大倍数为

$$A_u = \frac{u_o}{u_i} = \frac{g_m R'_L}{1 + g_m R'_L} \approx 1 \qquad (5.30)$$

（2）输入电阻为

$$R_i = R_g + R_1 // R_2 \qquad (5.31)$$

（3）输出电阻为

$$R_o = R_s // \frac{1}{g_m} \qquad (5.32)$$

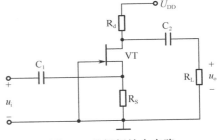

图 5.7　共漏极放大电路

4. 共栅极放大电路

N 沟道结型场效应管共栅极放大电路如图 5.8 所示。由于场效应管的栅极直接接地，故称其为共栅极放大电路。与共基极放大电路一样，共栅极放大电路具有同相放大、输入电阻低及输出电阻高等特点。

图 5.8　共栅极放大电路

设计要点：

（1）电压放大倍数为

$$A_u = \frac{u_o}{u_i} = g_m R'_L \qquad (5.33)$$

（2）输入电阻为

$$R_i = \frac{1}{g_m} // R_s \qquad (5.34)$$

（3）输出电阻近似为

$$R_o \approx R_d \qquad (5.35)$$

5.2　集成运算放大电路

运算放大器的两个基本特性为：①输入阻抗非常高（看作无穷大）；②开环增益大（看成无穷大）。由于输入阻抗无穷大，意味着运算放大器的输入电流为 $I_+ = I_- = 0$，实际运放的输入偏置电流在 μA 级甚至 nA 级，实际分析时这样考虑没有问题，称为"虚断"；放大倍数

大，而输出电压有限，意味着输入电压小，接近零，因此 $V_+ = V_-$，即同相端电压等于反相端电压，称为"虚短"。以后分析所有关于运算放大器制作的放大电路，只要记住 $V_+ = V_-$，$I_+ = I_- = 0$ 就完全能够分析电路了。

补充说明：在没有说明的情况下或者没有画出供电电路的情况下，本书所述的电路中的运算放大器皆由双电源供电。

5.2.1 反相放大电路

图 5.9 所示为反相输入放大电路。输入信号 u_i 经过电阻 R_1 加到集成运算放大器的反相端，反馈电阻 R_F 接在输出端和反相输入端之间，构成电压并联负反馈，则集成运算放大器工作在线性区；同相端加平衡电阻 R_2，主要是使同相端与反相端外接电阻相等，即 $R_2 = R_1 // R_F$，以保证运算放大器处于平衡对称的工作状态，从而消除输入偏置电流及其温度漂移的影响。

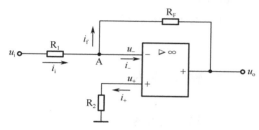

图 5.9 反相输入放大电路

根据虚断的概念，$i_+ = i_- \approx 0$，得 $u_+ = 0$，$i_i = i_f$。又根据虚短的概念，$u_- \approx u_+ = 0$，故称 A 点为虚地点。电压放大倍数：

$$A_u = \frac{u_o}{u_i} = -\frac{R_F}{R_1} \quad (5.36)$$

5.2.2 同相放大电路

在图 5.10 中，输入信号 u_i 经过电阻 R_2 接到集成运算放大器的同相端，反馈电阻接到其反相端，构成了电压串联负反馈。

根据虚断概念，$i_+ \approx 0$，可得 $u_+ = u_i$。又根据虚短概念，有 $u_+ \approx u_-$，可得电压放大倍数：

$$A_u = \frac{u_o}{u_i} = 1 + \frac{R_F}{R_1} \quad (5.37)$$

当 $R_F = 0$ 或 $R_1 \to \infty$ 时，如图 5.11 所示，此时 $u_o = u_i$，即输出电压与输入电压大小相等、相位相同，该电路称为电压跟随器。

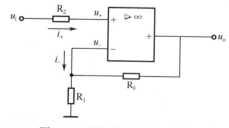

图 5.10 同相输入比例运算电路

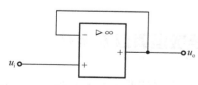

图 5.11 电压跟随器

5.2.3　差分放大电路

差分放大电路如图 5.12 所示。u_{i2} 经 R_1 加到反相输入端，u_{i1} 经 R_2 加到同相输入端。

根据叠加定理，可得：

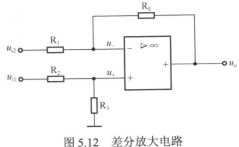

图 5.12　差分放大电路

$$u_o = u_{o1}+u_{o2}=\left(1+\frac{R_F}{R_1}\right)\left(\frac{R_3}{R_2+R_3}\right)u_{i1}-\frac{R_F}{R_1}u_{i2} \quad (5.38)$$

当 $R_1=R_2$，$R_3=R_F$ 时，有

$$u_o=(u_{i1}-u_{i2})\frac{R_F}{R_1} \quad\quad\quad (5.39)$$

此差分放大电路具有输入电阻低和增益调整难两大缺点。为满足高输入电阻及增益可调的要求，工程上常采用高精度测量放大电路。

5.2.4　高精度测量放大电路

测量放大器又称仪器放大器、三运放放大电路，它是数据采集、精密测量及工业自动控制系统中的重要组成部分，通常用于对传感器输出的微弱信号进行放大，具有高增益、高输入阻抗和高共模抑制比的特点。具体的测量放大电路多种多样，但是很多电路都由图 5.13 所示的基本电路演变而来。

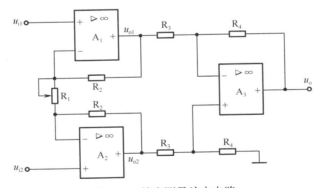

图 5.13　基本测量放大电路

图中的 A_1 和 A_2 构成了两个特性参数完全相同的同相输入放大电路，由于串联负反馈，故其输入电阻很高。A_3 为第二级差分放大电路，具有抑制共模信号的能力。

利用虚短特性可得到可调电阻 R_1 上的电压降为 $u_{i1}-u_{i2}$。鉴于理想运算放大器的虚断特性，流过 R_1 上的电流 $(u_{i1}-u_{i2})/R_1$ 就是流过电阻 R_2 的电流，这样有

$$\frac{u_{o1}-u_{o2}}{R_1+2R_2}=\frac{u_{i1}-u_{i2}}{R_1}$$

故得

$$u_{o1}-u_{o2}=\left(1+\frac{2R_2}{R_1}\right)(u_{i1}-u_{i2})$$

输出与输入的关系式为

$$u_o = -\frac{R_4}{R_3}(u_{o1} - u_{o2}) = -\frac{R_4}{R_3}\left(1 + \frac{2R_2}{R_1}\right)(u_{i1} - u_{i2}) \tag{5.40}$$

可见，该电路保持了差分放大的功能，而且通过调节单个电阻 R_1 的大小就可自由调节其增益。目前，这种测量放大器已有多种型号的单片集成电路，如 LH0036 就是其中的一种。

> **提示**：本测量放大电路是目前性能最好的电路：具有最优的共模信号抑制能力、高输入阻抗，放大倍数也比较高。它适用于高性能的放大电路中，用于如心电信号、脑电信号、潜水艇的声呐接收信号等微弱信号的放大。

5.2.5 单电源运算放大电路

双电源集成运算放大器采用单电源供电时，该集成运算放大器内部各点对地的电位都将相应提高，因而输入为零时，输出不再为零，这是通过调零电路无法解决的。为了使双电源集成运算放大器在单电源供电下也能正常工作，必须将输入端的电位提升，并采用电容来隔断直流、允许通交流，如图 5.14 所示。其中，图 5.14（a）适用于反相输入交流放大，图 5.14（b）适用于同相输入交流放大，图中的 $R_1 = R_2$。

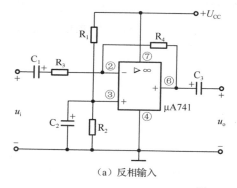
（a）反相输入

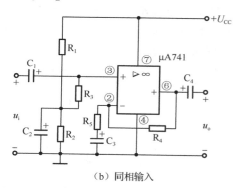
（b）同相输入

图 5.14 单电源供电电路

设计要点：

（1）为使运算放大器的工作动态范围尽可能大，直流偏置是电源电压的一半，即 $U_+ = U_- = U_{CC}/2$，则图 5.14 电路中的偏置电阻 $R_1 = R_2$，从而使同相端有 $U_+ = U_{CC}/2$，而反相端反馈电阻 R_4 完成偏置，使 $U_- = U_{CC}/2$。图 5.14 所示电路的电压放大倍数计算与前同。

（2）信号输入、输出应采用电容器耦合，如图 5.14（a）中的 C_1、C_3，图 5.14（b）中的 C_1、C_4，容量大小视信号频率而定。

（3）必须加旁路电容，如图 5.14（a）中的 C_2，图 5.14（b）中的 C_2、C_3。

在电子产品设计与研发过程中，如何检测电路工作是否正常呢？只要 $U_+ = U_- = U_{CC}/2$、且 $U_0 = U_{CC}/2$，即说明偏置正常。注意，这里的电压指直流电压。

> **提醒**：经常看到初学者虽然采用了运放设计放大器，但不是信号放大出现失真就是信号没有输出，其原因是静态偏置没有设计好，或者在单电源供电电路中，运放电路却是双电源供电，进而导致运放因同相端没有供电而不能够正常工作。

5.2.6 其他放大电路

图 5.15 所示为 CMOS 非门传输特性曲线，非门输出电压在发生高低电平临界翻转时，存在一个具有一定变化斜率的转折区。在此区域内，输入电压的微小变化就会使输出电压大幅度变化，这与运放的线性传输特性非常相似，因此可实现高电压增益的线性放大。一般 CMOS 非门的低电平 U_L 接近 0 V，高电平 U_H 略低于芯片的供电电压 U_{DD}。将静态工作点 Q 设置在 $1/2U_{DD}$ 附近，非门就能较好地工作在线性放大区。

图 5.16 所示是 CMOS 非门放大电路。非门在开环工作时放大倍数很高，因此必须引入负反馈 R 以降低电路增益，提高工作稳定性。R_F 有两个作用：一是偏置，将非门输入端静态置于 $1/2U_{DD}$，可保证放大电路的静态工作点 Q 落在良好的放大区；二是构成并联负反馈，降低放大倍数，稳定增益。为配合 CMOS 非门很高的输入阻抗，R_F 的取值很大，可在数百千欧至数十兆欧范围内选取。当 $R_F=10$ MΩ时，电路增益在 20～30。为防止高频自激，还可在 R_F 两端并接一个数十皮法至数百皮法的旁路电容 C_3。

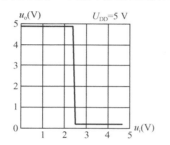

图 5.15 CMOS 非门传输特性曲线

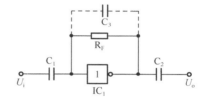

图 5.16 CMOS 非门放大电路

为获得到更大的增益，可将 3 个或更多（一定为奇数）非门串联使用，如图 5.17 所示，此时电路增益达 60 dB 以上。R_1 可降低放大倍数，以防自激，一般 R_1 取数十千欧至数百千欧不等，电路增益 $A_u=R_F/R_1$，R_2、C_3 用于高频补偿，C_4 用于抑制寄生振荡。

如果需要向负载提供较大电流（功率），可将多个相同类型的 CMOS 非门并联使用，电路如图 5.18 所示。实验证明，如果将一个芯片中的六个反相器（如 CD4049、CD4069）全部并联在一起，可轻松驱动 32 Ω耳塞机或小功率扬声器。

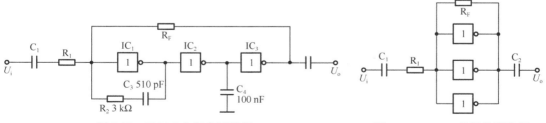

图 5.17 CMOS 非门串联使用　　　　　图 5.18 CMOS 非门并联使用

第6章

信号产生电路设计

6.1 正弦波产生电路

正弦波产生电路又称正弦波振荡电路。根据振荡频率（选频网络元件）的不同，正弦波振荡电路通常分为低频正弦波（RC）振荡电路、高频正弦波（LC、石英晶体）振荡电路。

6.1.1 低频正弦波产生电路

正弦波是电路中最基本、最重要的信号，产生正弦波有很多种方法，图 6.1 所示是比较典型的、应用最为广泛的正弦波信号发生电路。文氏电桥由德国物理学家 Max.Wien 发明，并以他的名字命名。图中的 R_1、C_1，R_2、C_2 构成选频回路，工作频率为

$$f = \frac{1}{2\pi\sqrt{R_1 C_1 R_2 C_2}} \tag{6.1}$$

A 点的反馈信号与 C 点的输出信号同相，只要放大器的增益合适，电路就能够起振产生正弦波。通常，选 $R_1=R_2=R$，$C_1=C_2=C$，对应的振荡频率就变成：

$$f_0 = \frac{1}{2\pi\sqrt{RC}} \tag{6.2}$$

对于振荡频率，此时的 A 点信号是 C 点信号幅度的 1/3，放大器增益理论上大于 3 就可以产生振荡，为了使减少信号失真，放大器的放大倍数为 4~6 倍比较合适。该回路中的 D_1、D_2 和 R_5、R_4、R_3 构成反相放大器的反馈回路，当输出信号由于各种原因增大，使 R_5 上的压降超过二极管的导通电压时，二极管 D_1、D_2 就分流，降低了回路阻抗，相应的增益也减小，起到了自动幅度限制的效果。

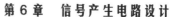

在实际的信号发生器中，往往需要在比较大的频率变化范围内输出信号，最好能够保证 R_1、R_2 同步变化，否则差异一大，可能会停振。图 6.2 所示是一个实用的信号发生电路的 RC 选频回路，通过波段开关选择工作频段（粗调），调节双联电位器 R_W 来细调振荡信号频率。

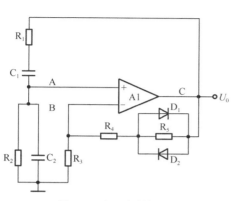

图 6.1　文氏电桥振荡器

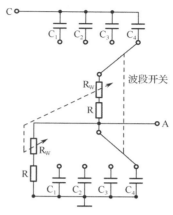

图 6.2　宽范围调节的选频回路

6.1.2　高频正弦波产生电路

高频正弦波信号发生器有电容三点式、电感三点式、变压器反馈的 LC 振荡器、晶体振荡器、DDS 等几种。其实在晶体振荡器里，晶体相当于一个具有非常高 Q 值的电感线圈，使得电路振荡的频率稳定性很高。

图 6.3 所示是电容三点式石英晶体振荡器。它的直流偏置设计与放大器一样，C_{11} 使三极管成为共基极放大电路，由 C_{17}、C_{13}、C_{14}、Y_1 构成选频回路，振荡频率主要由晶体 Y_1 的工作频率所决定。只要 C_{17}、C_{13}、C_{14} 比例合适，满足起振所需的放大倍数就可以了。

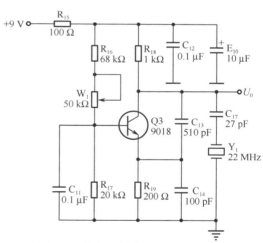

图 6.3　电容三点式石英晶体振荡器

6.2　矩形波产生电路

6.2.1　运放构成的方波产生电路

图 6.4 所示的运放构成的方波产生电路。R_1 和 R_2 形成正反馈，R_F 和 C 形成充放电式负反馈。双向稳压管 VD_Z 限定了输出为 $\pm U_Z$。

设在刚接通电源时，电容 C 上的电压为零，输出为正饱和电压 $+U_Z$，则同相端的电压为

$$u'_+ = \frac{R_2}{R_1 + R_2} U_Z \qquad (6.3)$$

输出电压$+U_Z$通过电阻R_F向C充电，充电电流经过电阻R_F，如图6.4（a）中的实线所示。当充电电压u_c升至u'_+值时，由于运算放大器输入端$u_->u_+$，于是电路翻转，输出电压由$+U_Z$翻至$-U_Z$，同相端电压变为

$$u''_+ = -\frac{R_2}{R_1 + R_2} U_Z \qquad (6.4)$$

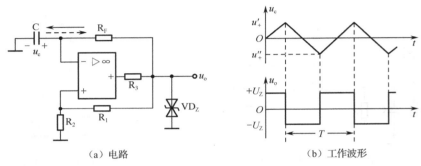

（a）电路　　　　　　　　　　　　　（b）工作波形

图6.4　运放构成的方波产生电路

此时，电容C通过电阻R_F开始放电，u_c开始下降，放电电流如图6.4（a）中的虚线所示。当电容电压u_c降至u''_+值时，由于$u_-<u_+$，于是输出电压又翻转到$u_o=+U_Z$。如此周而复始，在集成运算放大器的输出端便得到了如图6.4（b）所示的u_o方波波形。

设计要点：

（1）方波周期T取决于时间常数R_FC，而且与R_1、R_2有关。周期为

$$T = 2R_F C \ln\left(1 + \frac{2R_2}{R_1}\right) \qquad (6.5)$$

（2）如果选$R_1=1.164R_2$，则振荡周期可简化为$T=2R_FC$，或振荡频率为

$$f = \frac{1}{T} = \frac{1}{2R_F C} \qquad (6.6)$$

6.2.2　非门构成的方波产生电路

图6.5所示是非门构成的方波产生电路，是由电容C_5通过R_t充、放电使非门不断反转来实现的。在器件选择上，R_s的值要远大于R_t的值，R_t的值在几千欧至几百千欧，C_5的值在几百皮法至几百微法。图中的$t_1=t_2$，具体的振荡周期计算如下：

$$T = 2.21R_t \times C_5 \qquad (6.7)$$

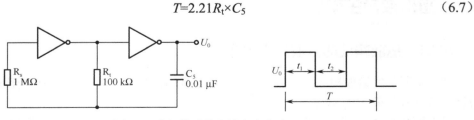

图6.5　非门构成的方波产生电路

在实际产品设计过程中，需要调整输出波形的占空比（或高、低电平时间），则 R_t 可以采用二极管串电阻的方式，然后反向并联（见图 6.6），这样可单独控制充、放电时间。

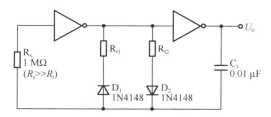

图 6.6 高、低电平可控的方波发生电路

6.2.3 施密特触发器构成的方波产生电路

施密特触发器构成的方波产生电路非常简单，仅需外接一个电阻 R 和一个电容 C，如图 6.7 所示。图中采用了施密特触发器 TC4584 芯片（详见第 3 章），电阻 R 跨接在输入端与输出端之间，与电容 C 构成充放电回路，决定多谐振荡器的振荡频率。在图 6.7 中，U_{OH} 为输出高电平电压；U_{OL} 为输出低电平电压；U_{T+} 为施密特触发器的正阈值电压；U_{T-} 为施密特触发器的负阈值电压。通常有 $U_{OH} \approx U_{DD}$，$U_{OL} \approx 0$，则振荡周期计算公式为

$$T = RC\ln\left(\frac{U_{DD}-U_{T-}}{U_{DD}-U_{T+}} \cdot \frac{U_{T+}}{U_{T-}}\right) \tag{6.8}$$

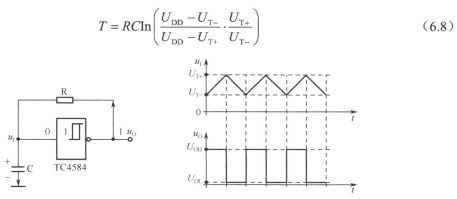

图 6.7 施密特触发器构成方波产生电路

6.2.4 时钟发生电路

图 6.8 所示是标准的时钟发生电路，广泛应用在单片机、DSP 等时钟电路中。由于采用了晶体，因此其频率稳定度很高。通常非门 B、C 及 R_2 集成在单片机等芯片内部。

> **⚠️注意**：C_3、C_4 是小容量瓷片电容，其具体值一般在 $15 \sim 33$ pF，具体与晶体负载电容有关，当然，若对频率偏差的要求不是很高，33 pF 也是可以使用的。

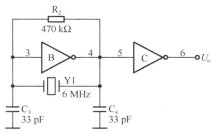

图 6.8 时钟发生电路

6.2.5 555 构成的矩形波产生电路

1. 555 矩形波产生电路

矩形波发生器及其波形如图 6.9 所示。刚加电时，由于 C 来不及充电，导致③脚为高电平，⑦脚内部放电管截止。此时 U_{CC} 通过 R_A、R_B 对电容 C 充电，U_C 从 0 V 开始上升，③脚仍为高电平，当 C 充电到 $U_C=2/3U_{CC}$ 时，③脚由高电平变为低电平，电容 C 经 R_B 和⑦脚内部放电管放电。当放电到 $U_C=1/3U_{CC}$ 时，③脚又由低电平变为高电平。此时电容 C 再次充电，这种过程周而复始地进行下去，形成自激振荡，③脚输出矩形波。

设计要点：

输出矩形波周期由电容 C 的充放电时间决定，充电时间常数为$(R_A+R_B)\times C$，放电时间常数为 $R_B\times C$。设 T_H、T_L 分别为输出矩形波高、低电平的宽度，有 $T_H=0.7(R_A+R_B)\times C$，$T_L=0.7R_B\times C$，则振荡周期为

$$T= T_H + T_L=0.7(R_A+2R_B)\times C \tag{6.9}$$

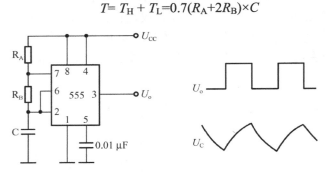

图 6.9 矩形波发生器及其波形

2. 555 方波发生电路

由于图 6.9 中的 T_H 与 T_L 不相等，所以不能产生方波。若需要产生对称的方波，合适的两种改进电路如图 6.10 所示。在图 6.10（a）中，充电时间常数为 $R_A\times C$，放电时间常数为 $R_B\times C$，只要 $R_A=R_B$，就成为方波发生电路。在图 6.10（b）中，充电时间常数为 $R_1\times C$，放电时间常数为 $R_2\times C$，只要 $R_1=R_2$，就成为方波发生电路。

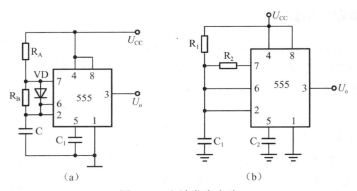

图 6.10 方波发生电路

3. 555 单稳态电路

由于 555 芯片价格低、性能好、输出功率大，所以其应用十分广泛。除了用于振荡电路外，其另一个应用就是单稳电路。图 6.11 所示是一个典型的单稳电路在触摸控制中的应用。R_1、R_2、C_1、D_1 组成微分电路，用于将输入的脉冲信号变成触发信号，D_1 将正向脉冲钳位。平时③脚输出低电平，输入的下降沿信号经过微分电路转换成负的脉冲，触发②脚，使输出变为高电平，电源通过 R 向 C 充电，当电压超过 $2/3U_{CC}$ 时，输出再次变成低电平，暂态结束，电容 C 上的电荷向⑦脚放电，电路进入等候触发状态。图中 555 的④脚外加外部信号，可以同时起到使能控制用途。

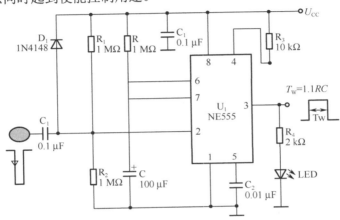

图 6.11 单稳电路（触摸电路）

设计要点：

（1）③脚输出暂态脉冲的宽度：$T_W=1.1RC$。通过改变 R、C 的组合值，可以改变定时时间。通常电阻 R 为几千欧至几兆欧，C 为几百皮法至几千微法。

（2）当电容 C 达到几千微法时，建议在⑦脚加串电阻（几百欧），以便在电容 C 放电时起到限流的作用，提高 555 的使用寿命。

6.3 三角波、锯齿波产生电路

6.3.1 三角波产生电路

三角波产生电路及其波形如图 6.12 所示。集成运算放大器 A_2 构成一个积分器。集成运算放大器 A_1 构成电压比较器，其反相端接地，其同相端的电压由 u_o 和 u_{o1} 共同决定，为

$$u_+ = u_{o1}\frac{R_2}{R_1+R_2} + u_o\frac{R_1}{R_1+R_2} \tag{6.10}$$

当 $u_+>0$ 时，$u_{o1}=+U_Z$；当 $u_+<0$ 时，$u_{o1}=-U_Z$。

当电源刚接通时，假设电容器的初始电压为零，集成运算放大器 A_1 的输出电压为 $+U_Z$，即积分器输入为 $+U_Z$，电容 C 开始充电，输出电压 u_o 开始减小，u_+ 也随之减小。当 u_o 减小到 $-U_ZR_2/R_1$ 时，u_+ 由正值变为零，比较器 A_1 翻转，集成运算放大器 A_1 的输出 $u_{o1}=-U_Z$，

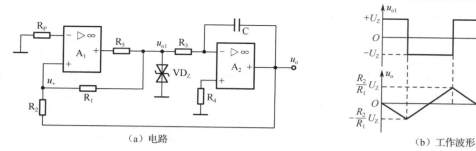

（a）电路　　　　　　　　　　　　　（b）工作波形

图 6.12　三角波产生电路及其波形

当 $u_{o1}=-U_z$ 时，积分器输入负电压，输出电压 u_o 开始增大，u_+ 值也随之增大。当 u_o 增加到 $U_z R_2 / R_1$ 时，u_+ 由负值变为零，滞回比较器 A_1 翻转，集成运算放大器 A_1 的输出 $u_{o1}=+U_z$。

此后，前述过程不断重复，便在 A_1 的输出端得到幅值为 U_z 的矩形波，在 A_2 的输出端得到三角波，波形如图 6.12（b）所示。

设计要点：

（1）三角波频率计算：$f_0 = R_1 / (4R_2 R_3 C)$。

（2）三角波幅度计算：$U_z R_2 / R_1$。

6.3.2　锯齿波产生电路

锯齿波产生电路能够提供一个与时间呈线性关系的电压或电流波形。这种信号在示波器和电视机的扫描电路及许多数字仪表中得到了广泛应用。

在图 6.12 所示的三角波产生电路中，输出是等腰三角形波。如果人为地使三角形两边不相等，这样的输出电压波形就是锯齿波了。简单的锯齿波产生电路及其波形如图 6.13 所示。

锯齿波产生电路的工作原理与三角波产生电路的工作原理基本相同，只是前者在集成运算放大器 A_2 的反相输入电阻 R_3 上并联了由二极管 VD_1 和电阻 R_6 组成的支路，这样积分器的正向积分和反向积分的速度明显不同。当 $u_{o1}=-U_z$ 时，VD_1 反偏截止，正向积分的时间常数为 $R_3 C$；当 $u_{o1}=+U_z$ 时，VD_1 正偏导通，负向积分的时间常数为 $(R_3 // R_6)C$。若取 $R_6 \ll R_3$，则负向积分时间小于正向积分时间，形成如图 6.13（b）所示的锯齿波。

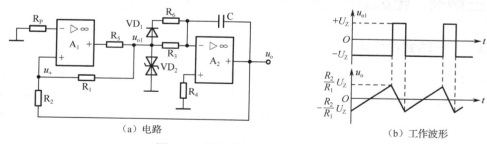

（a）电路　　　　　　　　　　　　　（b）工作波形

图 6.13　锯齿波产生电路及其波形

设计要点：

（1）锯齿波周期计算：$T = \dfrac{2R_2}{R_1}(R_3 // R_6)C + \dfrac{2R_2}{R_1} R_3 C$。

（2）锯齿波幅度计算：$U_z R_2 / R_1$。

第 **7** 章

RC 有源滤波电路设计

7.1 一阶有源滤波电路

一阶有源滤波器由一阶 RC 滤波器与运放组成，若信号频率超过截止频率 f_C，则滤波器的幅频特性以 -20 dB/十倍频程的速率下降。

7.1.1 一阶低通有源滤波器

图 7.1 所示是一阶低通有源滤波器。由于运放接成同相放大器形式，输入阻抗很高，所以传输特性完全由 R_1、C_1 组成的低通滤波器特性决定。随着输入信号频率的升高，电容 C_1 的阻抗下降，输出信号衰减增加，达到了低通滤波器的效果。滤波器的放大倍数由 R_F 和 R_2 决定，与截止频率无关。

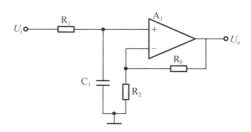

图 7.1　一阶低通有源滤波器

低通滤波的截止频率：

$$f_C = \frac{1}{2\pi R_1 C_1} \tag{7.1}$$

通带电压放大倍数：

$$A_u = \frac{R_2 + R_F}{R_2} \tag{7.2}$$

7.1.2 一阶高通有源滤波器

图 7.2 所示是一阶高通有源滤波器。由于运放接成同相放大器形式，输入阻抗很高，所以传输特性完全由 R_1、C_1 组成的高通滤波器特性决定。随着输入信号频率的升高，电容 C_1 的阻抗下降，输出信号衰减小，达到了高通滤波器的效果。滤波器的放大倍数由 R_F 和 R_2 决定，与截止频率无关。

电路的截止频率和通带电压放大倍数与一阶低通滤波器相同，见式（7.1）和式（7.2）。

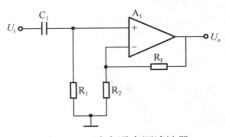

图 7.2　一阶高通有源滤波器

7.2　二阶有源滤波电路

二阶有源滤波器由二阶 RC 滤波器与运放组成，若信号频率超过截止频率 f_C，则滤波器的幅频特性以-40 dB/十倍频程的速率下降，滤波效果比一阶滤波更好。

7.2.1　二阶低通有源滤波电路

常用的二阶低通有源滤波器有多种形式：压控电压源二阶低通滤波器、无限增益多路反馈二阶低通滤波器、LC 低通滤波器（一般用在高频、甚高频电路中）等。

1. 压控电压源二阶低通滤波电路

图 7.3 所示是压控电压源的二阶低通滤波电路。该滤波电路的增益容易调整、输入阻抗高、输出阻抗低。要求运放的输入电阻 $R_i>10(R_1+R_2)$，输入端到地有直流通路，在截止频率处，运放的开环增益至少应是滤波器增益的 50 倍。

截止频率计算公式：

$$\omega_C^2 = \frac{1}{R_1 R_2 C C_1} \tag{7.3}$$

通带电压放大倍数：

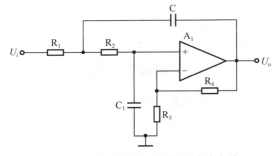

图 7.3　压控电压源二阶低通滤波电路

$$A_u = 1 + \frac{R_4}{R_3} \quad (A_u \leqslant 2 \text{ 时电路稳定}) \tag{7.4}$$

现代计算机发展很快，已经把整个电路的复杂计算全完成了，如表 7.1 所示。设计时只需要查表就可以了，大大减少了工作量。这里给出整个设计过程的步骤，并举例说明。

（1）根据给定的截止频率 f_C，选择合适的电容 C，使其满足：

$$K = \frac{100}{f_C \times C} \tag{7.5}$$

式中，C 的单位为 μF；一般 K 的取值为 $1 \leqslant K \leqslant 10$。$K$ 的增大会使电阻的取值增大，进而增加引入的误差。

表 7.1　压控电压源二阶低通滤波电路（巴特沃斯响应）设计表

A_u	1	2	4	6	8	10
R_1 (kΩ)	1.422	1.126	0.824	0.617	0.521	0.462
R_2 (kΩ)	5.339	2.250	1.537	2.051	2.429	2.742
R_3 (kΩ)	开路	6.752	3.148	3.203	3.372	4.560
R_4 (kΩ)	0	6.752	9.444	16.012	23.602	32.038
C_1	0.33C	C	2C	2C	2C	2C

注：表中为参数 $K=1$ 时的电阻值。

（2）选择相应的电路（压控电压源电路或无限增益多路反馈电路），查出与已知 A_u 对应的电容值及 $K=1$ 时的电阻值，计算电阻值：$K=1$ 时的查表电阻值乘以 K。

（3）组装电路，测试滤波电路性能。

（4）绘制幅频特性。如果偏差大，看是否运放性能太差、阻抗不够高、参数误差太大？检查排除之。

实例 1　设计一个截止频率为 3.4 kHz，$A_u=1$ 的二阶压控电压源低通滤波器。

（1）根据 f_C 选择 C。根据经验取 $C=0.01\ \mu F$，则根据式（7.5）计算得 $K=2.941$，满足 $1 \leqslant K \leqslant 10$ 的要求。

（2）选择压控电压源电路及查表。查表得 $R_1=1.422$ kΩ，$R_2=5.399$ kΩ，$R_3=\infty$，$R_4=0$。根据 $K=2.941$，则实际元件为：$R_1=4.182$ kΩ$\approx$3.9 kΩ+270 Ω，$R_2=15.880$ kΩ$\approx$15 kΩ+910 Ω，$R_3=\infty$，$R_4=0$。

2. 无限增益多路反馈二阶低通滤波电路

无限增益多路反馈二阶低通滤波电路如图 7.4 所示。该滤波器有倒相作用，输出阻抗低。要求运放的输入电阻 $R_i>10(R_2+R_1//R_F)$，同相端 R_3 可改为接一个可调电阻，以减小失调。

滤波器的截止频率计算公式：

$$\omega_C^2 = \frac{1}{R_F R_2 C_1 C_2} \qquad (7.6)$$

通带电压放大倍数：

$$A_u = -\frac{R_F}{R_1} \qquad (7.7)$$

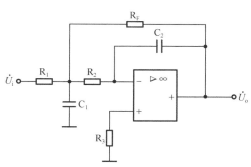

图 7.4　无限增益多路反馈二阶低通滤波电路

无限增益多路反馈二阶低通滤波电路设计表如表 7.2 所示。设计时只需要查表就可以了，大大减少了工作量。其设计步骤和查表方法与压控电压源二阶低通滤波电路相同。

❓设计经验：设计时选 $A_u=1$ 会比较合适，一方面对运放的要求会低一些，另一方面电阻可以省两个，加工成本可以降低；K 的取值保留适当的位数，以确保电阻计算误差不影响电路性能，而电容 C 则尽量选择 1 系列的，这样 C_1 取 0.33C 就有标称电容可以选择而不用并联实现了。

表7.2　无限增益多路反馈二阶低通滤波电路（巴特沃斯响应）设计表

A_u	1	2	6	10
R_1（kΩ）	3.111	2.565	1.697	1.625
R_F（kΩ）	3.111	5.130	10.180	16.252
R_2（kΩ）	4.072	3.292	4.977	4.723
C_2	$0.2C_1$	$0.15C_1$	$0.05C_1$	$0.033C_1$

注：表中为参数 $K=1$ 时的电阻值。

7.2.2　二阶高通有源滤波电路

常用的二阶高通有源滤波器有多种形式：压控电压源二阶高通滤波器、无限增益多路反馈二阶高通滤波器、LC 高通滤波器（一般用在高频、甚高频电路中）等。

1.　压控电压源二阶高通滤波电路

压控电压源二阶高通滤波电路如图 7.5 所示。要求运放输入电阻 $R_i>10R_2$，R_3、R_4 的选取要考虑对失调的影响，在截止频率处，运放的开环增益至少是滤波器增益的 50 倍。

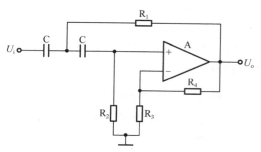

图 7.5　压控电压源二阶高通滤波电路

滤波器的截止频率计算公式：

$$\omega_C^2 = \frac{1}{R_1 R_2 C^2} \tag{7.8}$$

通带电压放大倍数：

$$A_u = 1 + \frac{R_4}{R_3} \tag{7.9}$$

压控电压源二阶高通滤波电路设计表如表 7.3 所示，其设计方法与前相同。

表7.3　压控电压源二阶高通滤波电路（巴特沃斯响应）设计表

A_u	1	2	4	6	8	10
R_1（kΩ）	1.125	1.821	2.592	3.141	3.593	3.985
R_2（kΩ）	2.251	1.391	0.977	0.806	0.705	0.636
R_3（kΩ）	开路	2.782	1.303	0.968	0.806	0.706
R_4（kΩ）	0	2.782	3.910	4.838	5.640	6.356

注：表中为参数 $K=1$ 时的电阻值。

实例 2　设计一个截止频率 f_C 为 300 Hz，滤波器增益 $A_u=1$ 的压控电压源二阶高通滤波器。

（1）根据 f_C 选择 C。根据经验取 $C=0.1\ \mu F$，则根据式（7.5）可得 $K=3.333$，满足 $1 \leqslant K \leqslant$

10 的要求。

（2）选择压控电压源电路及查表。查表得 $R_1=1.125$，$R_2=2.251$，$R_3=\infty$，$R_4=0$。根据 $K=3.333$，则实际元件为 $R_1=3.75$ kΩ=3.6 kΩ+150 Ω，$R_2=7.503$ kΩ≈7.5 kΩ，$R_3=\infty$，$R_4=0$。

2. 无限增益多路反馈二阶高通滤波电路

无限增益多路反馈二阶高通滤波电路如图 7.6 所示。要求 $C_1=C_2=C$，若 $R_3=R_2$，则可减小失调，微调 C_F 可对增益实现调整。

滤波器的截止频率计算公式：

$$\omega_C^2 = \frac{1}{R_1 R_2 C^2} \qquad (7.10)$$

通带电压放大倍数：

$$A_u = -\frac{C_1}{C_F} \qquad (7.11)$$

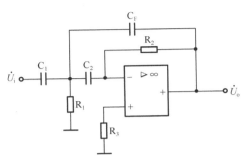

图 7.6　无限增益多路反馈二阶高通滤波电路

无限增益多路反馈二阶高通滤波电路设计表如表 7.4 所示，其设计方法与前相同。

表 7.4　无限增益多路反馈二阶高通滤波电路（巴特沃斯响应）设计表

A_u	1	2	5	10
R_1（kΩ）	0.750	0.900	1.023	1.072
R_2（kΩ）	3.376	5.627	12.379	23.634
C_F	C	$0.5C$	$0.2C$	$0.1C$

注：表中为参数 $K=1$ 时的电阻值。

7.2.3　二阶带通有源滤波电路

常用的二阶带通有源滤波器有：压控电压源二阶带通滤波器、无限增益多路反馈二阶带通滤波器、LC 带通滤波器（一般用在高频、甚高频电路中）等。

1. 压控电压源二阶带通滤波电路

压控电压源二阶带通滤波电路如图 7.7 所示。调节 R_4、R_5 的阻值可调整放大倍数，调整时不影响中心频率 f_o，但影响带宽 $BW=f_o/Q$。要求 $BW \ll f_o$。

滤波器的中心频率计算公式：

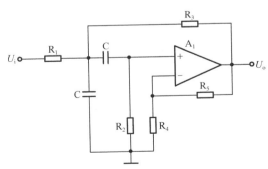

图 7.7　压控电压源二阶带通滤波电路

$$\omega_o^2 = \frac{1}{R_2 C^2}\left(\frac{1}{R_1}+\frac{1}{R_3}\right) \qquad (7.12)$$

通带电压放大倍数：

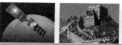

$$A_\mathrm{u} = 1 + \frac{R_5}{R_4} \tag{7.13}$$

压控电压源二阶带通滤波电路设计表如表 7.5 所示，其设计方法与前相同。不同的是：电路元件参数选择与滤波电路的品质因数 Q 有关，Q 值不同，电路元件参数也不同。

表 7.5　压控电压源二阶带通滤波电路（巴特沃斯响应）设计表

	A_u	1	2	4	6	8	10
$Q=4$	R_1（kΩ）	12.732	6.366	3.183	2.122	1.592	1.273
	R_2（kΩ）	2.251	2.549	2.925	3.456	4.039	4.667
	R_3（kΩ）	1.235	1.229	1.189	1.120	1.035	0.946
	R_4、R_5（kΩ）	4.502	4.918	5.850	6.912	8.078	9.334
$Q=6$	R_1（kΩ）	19.099	9.549	4.775	3.183	2.387	1.191
	R_2（kΩ）	2.251	2.387	2.684	3.010	3.363	3.741
	R_3（kΩ）	1.196	1.194	1.176	1.144	1.100	1.049
	R_4、R_5（kΩ）	4.502	4.774	5.368	6.020	6.726	7.482
$Q=10$	R_1（kΩ）	31.831	15.915	7.958	5.305	3.979	3.183
	R_2（kΩ）	2.251	2.332	2.502	2.684	2.876	3.078
	R_3（kΩ）	1.167	1.166	1.160	1.148	1.131	1.110
	R_4、R_5（kΩ）	4.502	4.664	5.004	5.368	5.752	6.156

注：表中为参数 $K=1$ 时的电阻值。

实例 3　设计一个中心频率 $f_0=1\,\mathrm{kHz}$，滤波器增益 $A_\mathrm{u}=2$，品质因数 $Q=6$ 的压控电压源二阶带通滤波器。

（1）根据 f_0 选择 C。根据经验取 $C=0.1\,\mu\mathrm{F}$，则根据式（7.5）得 $K=1$，满足 $1 \leqslant K \leqslant 10$ 的要求。

（2）选择压控电压源电路及查表。查表得 $R_1=9.549$，$R_2=2.387$，$R_3=1.194$，$R_4=R_5=4.774$。由于 $K=1$，则实际元件为 $R_1=9.549\,\mathrm{k\Omega} \approx 9.1\,\mathrm{k\Omega}+430\,\Omega+20\,\Omega$，$R_2=2.387\,\mathrm{k\Omega} \approx 2.2\,\mathrm{k\Omega}+180\,\Omega$，$R_3=1.194\,\mathrm{k\Omega} \approx 1.2\,\mathrm{k\Omega}$，$R_4=R_5=4.774\,\mathrm{k\Omega} \approx 4.7\,\mathrm{k\Omega}+75\,\Omega$。

❓设计经验：使用表 7.5 的前提是滤波器是窄带滤波器，也就是中心频率大于带宽，否则不适用。改进的方法是采用低通滤波器后接高通滤波器来实现，其中低通滤波器的截止频率大于高通滤波器。

2. 无限增益多路反馈二阶带通滤波电路

无限增益多路反馈二阶带通滤波电路如图 7.8 所示。调节 R_1 可调整增益，但影响中心频率 f_0，调节 R_3 将影响带宽 $\mathrm{BW}=f_0/Q$。同相端与地之间应接一个等于 R_3 的电阻，使直流失调减至最小。

滤波器的中心频率计算公式：

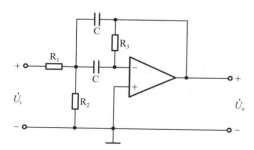

图 7.8　无限增益多路反馈二阶带通滤波电路

$$\omega_o^2 = \frac{R_1 + R_2}{R_2 R_2 R_3 C^2} \tag{7.14}$$

通带电压放大倍数：

$$A_u = -\frac{R_3}{2R_1} \tag{7.15}$$

无限增益多路反馈二阶带通滤波电路设计表如表 7.6 所示，其设计方法与前相同。不同的是：电路元件参数选择与滤波器的品质因数 Q 有关，Q 值不同，电路元件参数也不同。

表 7.6　无限增益多路反馈二阶带通滤波电路（巴特沃斯响应）设计表

	A_u	1	2	4	6	8	10
	R_1（kΩ）	7.958	3.979	1.989	1.326	0.995	0.796
Q=5	R_2（kΩ）	0.162	0.166	0.173	0.181	0.189	0.199
	R_3（kv）	15.915	15.915	15.915	15.915	15.915	15.915
	R_1（kΩ）	11.141	5.570	2.785	1.857	1.393	1.114
Q=7	R_2（kΩ）	0.115	0.116	0.119	0.121	0.124	0.127
	R_3（kΩ）	22.282	22.282	22.282	22.282	22.282	22.282
	R_1（kΩ）	15.915	7.958	3.979	2.653	1.989	1.592
Q=10	R_2（kΩ）	0.080	0.080	0.081	0.082	0.083	0.084
	R_3（kΩ）	31.831	31.831	31.831	31.831	31.831	31.831

注：表中为参数 $K=1$ 时的电阻值，Q 为品质因数。

7.2.4　二阶带阻有源滤波电路

常用的二阶带阻有源滤波器有：压控电压源二阶带阻滤波器、无限增益多路反馈二阶带阻滤波器、LC 带阻滤波器（一般用在高频、甚高频电路中）等。

1.　压控电压源二阶带阻滤波电路

压控电压源二阶带阻滤波电路如图 7.9 所示。改变 R_1 可调整 f_o，且 BW=f_o/Q 保持不变，缺点是增益 A_u=1。若条件 $1/R_3=(1/R_1+1/R_2)$ 成立，则中心频率计算公式为：

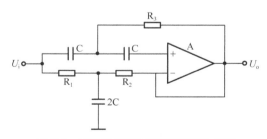

图 7.9　压控电压源二阶带阻滤波电路

$$\omega_o^2 = \frac{1}{R_1 R_2 C^2} \tag{7.16}$$

压控电压源二阶带阻滤波电路设计表如表 7.7 所示，其设计方法与前相同。

表 7.7　压控电压源二阶带阻滤波电路（巴特沃斯响应）设计表

R_1（kΩ）	R_2（kΩ）	R_3（kΩ）
0.796/Q	3.183Q	R_2/（4Q^2+1）

注：表中为参数 $K=1$ 时的电阻值，Q 为品质因数。

实例 4 设计一个中心频率 f_o=50 Hz，增益 A_u=1，品质因数 $Q>6$ 的压控电压源二阶带阻滤波器。

（1）根据 f_o 选择 C。根据经验取 C=1 μF，取 Q=10，根据式（7.5）得 K=2，满足 $1 \leqslant K \leqslant 10$ 的要求。

（2）选择压控电压源电路及查表。查表得 R_1=0.796 kΩ/Q=79.6 Ω，R_2=3.183 kΩ×Q=31.83 kΩ，R_3=R_2/($4Q^2$+1)=79.4 Ω。K=2，则实际元件为 R_1=159.2 Ω≈150 Ω+9.1 Ω，R_2=63.66 kΩ≈62 kΩ+1.6 kΩ，R_3=158.8 Ω≈160 Ω。

> **❓设计经验：** 类似于带通滤波器的设计，宽带的带阻滤波器在设计时可以采用低通滤波器后接高通滤波器来实现，其中低通滤波器的截止频率小于高通滤波器。

2. 无限增益多路反馈二阶带阻滤波电路

无限增益多路反馈二阶带阻滤波电路如图 7.10 所示。它由两个运放组成，A_u=−R_6/R_3，改变 R_6 可改变增益，改变 R_4 可调整带宽 BW 而不影响中心频率 f_o。

若条件 R_3R_4=$2R_1R_6$ 成立，则中心频率计算公式为：

$$\omega_o^2 = \left(\frac{1}{R_1} + \frac{1}{R_2} \right) \frac{1}{R_4 C^2} \qquad (7.17)$$

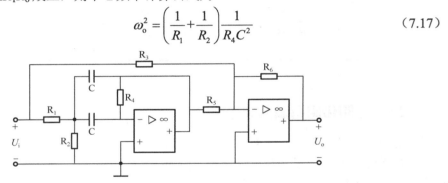

图 7.10　无限增益多路反馈二阶带阻滤波电路

无限增益多路反馈二阶带阻滤波电路设计表如表 7.8 所示，其设计方法与前相同。

表 7.8　无限增益多路反馈二阶带阻滤波电路（巴特沃斯响应）设计表

R_1（kΩ）	R_2（kΩ）	R_3（kΩ）	R_4（kΩ）	R_5（kΩ）	R_6（kΩ）
$0.796Q$	R_1/（Q^2−1）	1.0	$4R_1$	2.0	A_uR_3

注：表中为参数 K=1 时的电阻值，Q 为品质因数。

7.3　开关电容滤波器

前面介绍的有源滤波器由 RC 分立元件及运算放大器组成，难以完全集成化。由 MOS 开关电容和运算放大器组成的开关电容滤波器 SCF（Switched-Capacitor Filters），易制成大规模集成电路。自 1975 年发展至今，开关电容滤波器的性能已达到相当高的水平，大有取代一般有源滤波器的趋势。

7.3.1 开关电容的电阻等效原理

开关电容滤波器的实质就是用开关电容来代替有源滤波器中的电阻，这个等效电阻的阻值可以做得很大，以满足低频滤波需要。

开关电容网络有串联和并联两种形式，如图 7.11 所示。VT_1 和 VT_2 构成 MOS 开关，由同频反相 ϕ 和 $\bar{\phi}$ 采样时钟脉冲分别驱动，因而 VT_1 和 VT_2 交替接通或断开。当 VT_1 接通而 VT_2 断开时，电容 C_R 处于初始化状态，串联形式 C_R 上的电荷为零，并联形式 C_R 上的电荷为 $C_R u_i$。当 VT_2 接通而 VT_1 断开时，纯电荷 $C_R(u_i-u_o)$ 向输出端传送。如果每次采样间隔为 T（由时钟频率 f_{CLK} 决定），且 T 比输入信号的周期短得多，则认为有信号电流 $I=C_R(u_i-u_o)/T$ 向输出端流去，于是得到模拟的电阻值为：

$$R = \frac{u_i - u_o}{I} = \frac{T}{C_R} \tag{7.18}$$

由以上分析可知，开关电容的作用就是将电荷从一个端点传送到另一个端点，而单位时间内传送的电荷量（I）正比于电容器的容量大小及时钟频率，因而开关电容可等效为电阻。C_R 的容量很小，即使采样时钟频率很高，得到的等效电阻 R 仍很大。

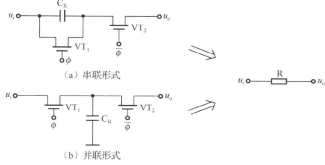

（a）串联形式

（b）并联形式

图 7.11 开关电容等效电阻原理

7.3.2 集成开关电容滤波器

采用开关电容可构成不同阶数的低通、高通和带通等滤波器，这些滤波器都已集成化。反相输入一阶有源低通开关电容滤波器及其等效电路如图 7.12 所示。图 7.12（a）中的 C_1、VT_1 和 VT_2 等效为图 7.12（b）中的 R_1，图 7.12（a）中的 C_F、VT_3 和 VT_4 等效为图 7.12（b）中的 R_F。开关电容滤波器的滤波特性取决于时钟频率，因此它具有高精度和高稳定度的特点，同时便于集成。

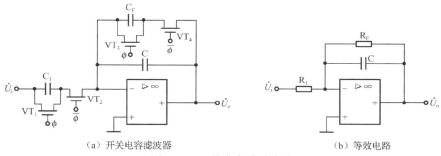

（a）开关电容滤波器

（b）等效电路

图 7.12 开关电容滤波电路

自 1978 年以来，国外已批量生产了各种开关电容滤波器，在脉冲编码调制通信、语音信号处理等领域得到了广泛应用。目前，美国有多家公司生产各种开关电容滤波器，如 Linear Technology 公司的 LTC1064 和 LTC1164 等系列通用型开关电容滤波器、MAXIM 公司的 MAX26X 和 MAX74XX 系列开关电容滤波器。MAX7400/7403/7404/7407 电路如图 7.13 所示。

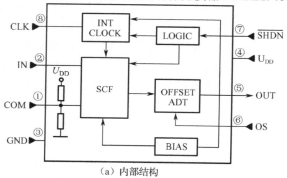

（a）内部结构

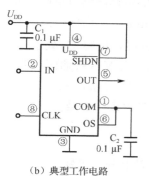

（b）典型工作电路

图 7.13　MAX7400/7403/7404/7407 电路

MAX7400/7403/7404/7407 是八阶低通开关电容滤波器，共有 8 个引脚，各引脚的功能如下。

①脚是普通模式偏置输入，若以内部 $U_{DD}/2$ 为偏置，则可在①脚与地之间接 0.1 μF 电容；若不采用内部偏置，则可外加电压。

⑥脚为补偿调整输入，若不需要调整，则可将此脚与①脚连接起来。

⑦脚为关闭输入，低电平为关闭模式，此时芯片电流为 0.2 μA；正常工作时接 U_{DD}，此时芯片电流为 2 mA。

⑧脚为时钟输入，若不采用内部时钟，则可在此脚输入外部时钟；若采用内部时钟，则可在此脚与地之间接定时电容。当⑧脚与地之间接一个 1 000 pF 电容时，7400/7403 的时钟频率典型值为 38 kHz，7404/7407 的时钟频率典型值为 34 kHz。低通滤波截止频率 f_P 与时钟频率 f_{CLK} 之间的关系是 $f_P = f_{CLK}/100$。滤波截止频率范围为 1 Hz～10 kHz。

另外，②脚为滤波输入；⑤脚为滤波输出；③脚为接地；④为电源输入，7400/7403 采用+5 V 单电源供电，7404/7407 采用+3 V 单电源供电。

7.3.3　MAX26X 系列可编程开关电容滤波器

1. MAX26X 系列芯片的功能特点

MAX263/264/267/268 是 MAXIM 公司新推出的开关电容滤波器。MAX263/264 不需要外部元件就能做成巴特沃兹、契比雪夫、贝塞尔等各种带通、低通、高通、陷波、全通滤波器。这 4 种芯片使用方便、滤波精确、设置方便，中心频率、Q 和运行模式均可通过引脚编码输入进行选择。和传统的 RC 滤波器比较，它避免了 R、C 元件选配的麻烦。

图 7.14 所示为该系列滤波器的内部方框图，器件封装如图 7.15 所示。该系列滤波器由两个二阶开关电容滤波器、f_0（中心频率）逻辑控制器、品质因数 Q 逻辑控制、工作模式（MODE）处理、时钟二分频、时钟 CMOS 反相器及缓冲运算放大器（仅 MAX267/268 有）

等部分组成。该系列开关电容滤波器具有如下特点。

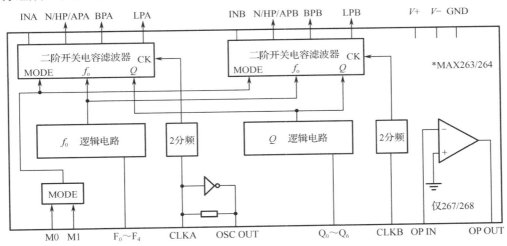

图 7.14　MAX263/264/267/268 的内部方框图

（1）两个二阶滤波器可以串接级联，电路的总品质因数为 Q^2。

（2）信号输入分别为 IN_A 和 IN_B，滤波输出有 5 种：N（陷波）、HP（高通）、AP（全通）、BP（带通）、LP（低通）。

（3）M_0、M_1 为 4 种工作模式选择端。MAX263/264 可以工作在 4 种模式，通过模式选择输入 M_0、M_1 的二进制编码 00、01、10、11 分别选择模式 1～4；MAX267/268 仅为带通滤波。

模式 1：用于构成低通、带通滤波器及低阶陷波滤波器。

模式 2：和模式 1 类似，不同之处是能获得更高的 Q 值和更低的输出噪声。但可利用的 f_{CLK}/f_0 值比模式 1 小 $\sqrt{2}$ 倍，且不能用于陷波滤波。

模式 3：用于构成高通滤波器。

模式 3A：用于构成高阶陷波滤波器，如椭圆滤波器。

模式 4：是全通输出模式，也用于低通和带通滤波器，但增益和模式 1 不同。

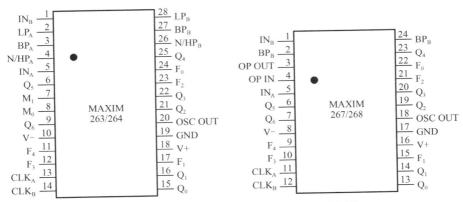

图 7.15　MAX263/264/267/268 PDIP 的器件封装

（4）输入时钟 f_{clk} 和一个 5 位编程输入 F_0～F_4 准确设置滤波器的中心角频率 f_0，典型 f_{clk}

与 f_o 的限制范围如表 7.9 所示。对于 MAX263/267，在模式 1、3、4 下，有 $f_{CLK}/f_o=\pi(N+32)$，其中 N 为 $F_0\sim F_4$ 引脚电平对应的十进制数值，如 $F_4\sim F_0=00011B$，即 $N=3$。对于 MAX 264/268，在模式 1、3、4 下，$f_{CLK}/f_o=\pi(N+13)$；在模式 2 下，所有 f_{CLK}/f_o 均除以 $\sqrt{2}$。

（5）$F_0\sim F_4$ 引脚的接法：将选取的 f_{CLK}/f_o 值代入相应的编码公式，算出 N 值，再将其化为 5 位二进制数 $F_4\sim F_0$，并按 "1" 接 V+、"0" 接 V-对各引脚进行连接。

（6）$Q_0\sim Q_6$ 为品质因数编程端，其设置范围为 0.5～64，Q 的编码公式：在模式 1、3、4 下，$Q=64/(128-N)$，$N=0,1,\cdots,127$；在模式 2 下，Q 值均乘以 $\sqrt{2}$。$Q_0\sim Q_6$ 引脚的接法类似 $F_0\sim F_4$ 脚。Q 编程表如表 7.10 所示。

（7）外部时钟可由 CLK_A、CLK_B 引入，也可由 CLK_A、OSC、OUT 外接晶体产生。

（8）有相应的滤波器设计软件。

（9）可以采用单电源或双电源±5 V 供电。若单电源供电，Q_n、F_n 低电平接地；若双电源供电，Q_n、F_n 低电平接-5 V。

表 7.9　MAX263/264/267/268 的 f_{clk}、f_o 范围

MAX263/267				MAX264/268			
Q	模　式	f_{clk}	f_o	Q	模　式	f_{clk}	f_o
1	1	40 Hz～4.0 MHz	0.4 Hz～40 kHz	1	1	40 Hz～4.0 MHz	10 Hz～100 kHz
1	2	40 Hz～4.0 MHz	0.5 Hz～57 kHz	1	2	40 Hz～4.0 MHz	1.4 Hz～140 kHz
1	3	40 Hz～4.0 MHz	0.4 Hz～40 kHz	1	3	40 Hz～4.0 MHz	1.0 Hz～100 kHz
1	4	40 Hz～4.0 MHz	0.4 Hz～40 kHz	1	4	40 Hz～4.0 MHz	1.0 Hz～100 kHz
8	1	40 Hz～2.7 MHz	0.4 Hz～27 kHz	8	1	40 Hz～2.5 MHz	1.0 Hz～60 kHz
8	2	40 Hz～2.1 MHz	0.5 Hz～30 kHz	8	2	40 Hz～1.4 MHz	1.4 Hz～50 kHz
8	3	40 Hz～1.7 MHz	0.4 Hz～17 kHz	8	3	40 Hz～1.4 MHz	1.0 Hz～35 kHz
8	4	40 Hz～2.7 MHz	0.4 Hz～27 kHz	8	4	40 Hz～2.5 MHz	1.0 Hz～60 kHz
64	1	40 Hz～2.0 MHz	0.4 Hz～20 kHz	64	1	40 Hz～1.5 MHz	1.0 Hz～37 kHz
64	2	40 Hz～1.2 MHz	0.4 Hz～18 kHz	64	2	40 Hz～0.9 MHz	1.4 Hz～32 kHz
64	3	40 Hz～1.2 MHz	0.4 Hz～12 kHz	64	3	40 Hz～0.9 MHz	1.0 Hz～22 kHz
64	4	40 Hz～2.0 MHz	0.4 Hz～20 kHz	64	4	40 Hz～1.5 MHz	1.0 Hz～37 kHz

表 7.10　Q 编程表

可编程 Q		编　　码								可编程 Q		编　　码							
模式 1、3、4	模式 2	N	Q6	Q5	Q4	Q3	Q2	Q1	Q0	模式 1、3、4	模式 2	N	Q6	Q5	Q4	Q3	Q2	Q1	Q0
Note4	Note4	0	0	0	0	0	0	0	0	1.00	1.4	64	1	0	0	0	0	0	0
0.504	0.713	1	0	0	0	0	0	0	1	1.02	1.4	65	1	0	0	0	0	0	1
0.508	0.718	2	0	0	0	0	0	1	0	1.03	1.5	66	1	0	0	0	0	1	0
0.512	0.724	3	0	0	0	0	0	1	1	1.05	1.5	67	1	0	0	0	0	1	1
0.516	0.730	4	0	0	0	0	1	0	0	1.07	1.5	68	1	0	0	0	1	0	0

0.520	0.736	5	0	0	0	0	1	0	1	1.08	1.5	69	1	0	0	0	1	0	1

续表

| 可编程Q | | 编　码 | | | | | | | | 可编程Q | | 编　码 | | | | | | | |
模式1、3、4	模式2	N	Q6	Q5	Q4	Q3	Q2	Q1	Q0	模式1、3、4	模式2	N	Q6	Q5	Q4	Q3	Q2	Q1	Q0
0.525	0.742	6	0	0	0	0	1	1	0	1.10	1.6	70	1	0	0	0	1	1	0
0.529	0.748	7	0	0	0	0	1	1	1	1.12	1.6	71	1	0	0	0	1	1	1
0.533	0.754	8	0	0	0	1	0	0	0	1.14	1.6	72	1	0	0	1	0	0	0
0.538	0.761	9	0	0	0	1	0	0	1	1.16	1.7	73	1	0	0	1	0	0	1
0.542	0.767	10	0	0	0	1	0	1	0	1.19	1.7	74	1	0	0	1	0	1	0
0.547	0.774	11	0	0	0	1	0	1	1	1.21	1.7	75	1	0	0	1	0	1	1
0.552	0.780	12	0	0	0	1	1	0	0	1.23	1.7	76	1	0	0	1	1	0	0
0.556	0.787	13	0	0	0	1	1	0	1	1.25	1.8	77	1	0	0	1	1	0	1
0.561	0.794	14	0	0	0	1	1	1	0	1.28	1.8	78	1	0	0	1	1	1	0
0.566	0.801	15	0	0	0	1	1	1	1	1.31	1.9	79	1	0	0	1	1	1	1
0.571	0.808	16	0	0	1	0	0	0	0	1.33	1.9	80	1	0	1	0	0	0	0
0.577	0.815	17	0	0	1	0	0	0	1	1.36	1.9	81	1	0	1	0	0	0	1
0.582	0.823	18	0	0	1	0	0	1	0	1.39	2	82	1	0	1	0	0	1	0
0.587	0.830	19	0	0	1	0	0	1	1	1.42	2	83	1	0	1	0	0	1	1
0.593	0.838	20	0	0	1	0	1	0	0	1.45	2.1	84	1	0	1	0	1	0	0
0.598	0.846	21	0	0	1	0	1	0	1	1.49	2.1	85	1	0	1	0	1	0	1
0.604	0.854	22	0	0	1	0	1	1	0	1.52	2.2	86	1	0	1	0	1	1	0
0.609	0.862	23	0	0	1	0	1	1	1	1.56	2.2	87	1	0	1	0	1	1	1
0.615	0.870	24	0	0	1	1	0	0	0	1.60	2.3	88	1	0	1	1	0	0	0
0.621	0.879	25	0	0	1	1	0	0	1	1.64	2.3	89	1	0	1	1	0	0	1
0.627	0.887	26	0	0	1	1	0	1	0	1.68	2.4	90	1	0	1	1	0	1	0
0.634	0.896	27	0	0	1	1	0	1	1	1.73	2.5	91	1	0	1	1	0	1	1
0.640	0.905	28	0	0	1	1	1	0	0	1.78	2.5	92	1	0	1	1	1	0	0
0.646	0.914	29	0	0	1	1	1	0	1	1.83	2.6	93	1	0	1	1	1	0	1
0.653	0.924	30	0	0	1	1	1	1	0	1.88	2.7	94	1	0	1	1	1	1	0
0.660	0.933	31	0	0	1	1	1	1	1	1.94	2.7	95	1	0	1	1	1	1	1
0.667	0.943	32	0	1	0	0	0	0	0	2.00	2.8	96	1	1	0	0	0	0	0
0.674	0.953	33	0	1	0	0	0	0	1	2.06	2.9	97	1	1	0	0	0	0	1
0.681	0.963	34	0	1	0	0	0	1	0	2.13	3	98	1	1	0	0	0	1	0
0.688	0.973	35	0	1	0	0	0	1	1	2.21	3.1	99	1	1	0	0	0	1	1
0.696	0.984	36	0	1	0	0	1	0	0	2.29	3.2	100	1	1	0	0	1	0	0
0.703	0.995	37	0	1	0	0	1	0	1	2.37	3.4	101	1	1	0	0	1	0	1
0.711	1.01	38	0	1	0	0	1	1	0	2.46	3.5	102	1	1	0	0	1	1	0

可编程Q 模式1、3、4	模式2	N	Q6	Q5	Q4	Q3	Q2	Q1	Q0	可编程Q 模式1、3、4	模式2	N	Q6	Q5	Q4	Q3	Q2	Q1	Q0
0.719	1.02	39	0	1	0	0	1	1	1	2.56	3.6	103	1	1	0	0	1	1	1

续表

可编程Q 模式1、3、4	模式2	N	Q6	Q5	Q4	Q3	Q2	Q1	Q0	可编程Q 模式1、3、4	模式2	N	Q6	Q5	Q4	Q3	Q2	Q1	Q0
0.727	1.03	40	0	1	0	1	0	0	0	2.67	3.8	104	1	1	0	1	0	0	0
0.736	1.04	41	0	1	0	1	0	0	1	2.78	4	105	1	1	0	1	0	0	1
0.744	1.05	42	0	1	0	1	0	1	0	2.91	4.1	106	1	1	0	1	0	1	0
0.753	1.06	43	0	1	0	1	0	1	1	3.05	4.3	107	1	1	0	1	0	1	1
0.762	1.08	44	0	1	0	1	1	0	0	3.20	4.5	108	1	1	0	1	1	0	0
0.771	1.09	45	0	1	0	1	1	0	1	3.37	4.8	109	1	1	0	1	1	0	1
0.780	1.10	46	0	1	0	1	1	1	0	3.56	5	110	1	1	0	1	1	1	0
0.890	1.12	47	0	1	0	1	1	1	1	3.76	5.3	111	1	1	0	1	1	1	1
0.800	1.13	48	0	1	1	0	0	0	0	4.00	5.7	112	1	1	1	0	0	0	0
0.810	1.15	49	0	1	1	0	0	0	1	4.27	6	113	1	1	1	0	0	0	1
0.821	1.16	50	0	1	1	0	0	1	0	4.57	6.5	114	1	1	1	0	0	1	0
0.831	1.18	51	0	1	1	0	0	1	1	4.92	7	115	1	1	1	0	0	1	1
0.842	1.19	52	0	1	1	0	1	0	0	5.33	7.5	116	1	1	1	0	1	0	0
0.853	1.21	53	0	1	1	0	1	0	1	5.82	8.2	117	1	1	1	0	1	0	1
0.865	1.22	54	0	1	1	0	1	1	0	6.40	9.1	118	1	1	1	0	1	1	0
0.877	1.24	55	0	1	1	0	1	1	1	7.11	10	119	1	1	1	0	1	1	1
0.889	1.26	56	0	1	1	1	0	0	0	8.00	11	120	1	1	1	1	0	0	0
0.901	1.27	57	0	1	1	1	0	0	1	9.14	13	121	1	1	1	1	0	0	1
0.914	1.29	58	0	1	1	1	0	1	0	10.7	15	122	1	1	1	1	0	1	0
0.928	1.31	59	0	1	1	1	0	1	1	12.8	18	123	1	1	1	1	0	1	1
0.941	1.33	60	0	1	1	1	1	0	0	16.0	23	124	1	1	1	1	1	0	0
0.955	1.35	61	0	1	1	1	1	0	1	21.3	30	125	1	1	1	1	1	0	1
0.969	1.37	62	0	1	1	1	1	1	0	32.0	45	126	1	1	1	1	1	1	0
0.985	1.39	63	0	1	1	1	1	1	1	64.0	91	127	1	1	1	1	1	1	1

2. MAX267 应用实例

由 MAX263 构成的 60～120Hz 带阻滤波器如图 7.16 所示。滤波器 A 是 f_{0A}=60 Hz 带阻滤波器，滤波器 B 是 f_{0B}=120 Hz 带阻滤波器，两个滤波器串接级联使用。滤波器 A 的时钟频率为 f_{CLKA}=10 kHz，滤波器 B 的时钟频率为 f_{CLKB}=20 kHz。根据公式 $f_{CLK}/f_0=\pi(N+32)$，可求得 $N_A=N_B\approx21$，则 $F_4\sim F_0$ 按 10101B 接法连接。M_1、M_0 均接−5 V，即 "00" 接法，使芯片工作在模式 1。品质因数值的编程端 $Q_6\sim Q_0$ 的接法是 1111000B。

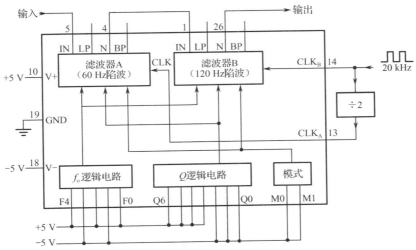

图 7.16　由 MAX263 构成的 60～120 Hz 带阻滤波器

第8章
信号处理电路设计

8.1 信号混合

信号的混合是一种比较常见的电路，早年流行的卡拉 OK 电路中的一部分就是把伴奏音乐和话筒声通过混合送功率放大器放大，再由扬声器播出。

1. 相加混合

反相输入相加混合电路如图 8.1 所示。这里不再推导输入/输出关系，仅给出输出与两个输入信号的关系，为：

$$u_\mathrm{o} = -u_1 \times \frac{R_\mathrm{f}}{R_1} - u_2 \times \frac{R_\mathrm{f}}{R_2} \tag{8.1}$$

如果 $R_1 = R_2 = R$，则变成了反相加法电路：

$$u_\mathrm{o} = -\frac{R_\mathrm{f}}{R} \times (u_1 + u_2) \tag{8.2}$$

设计要点：

（1）R_1、R_2、R_f 的阻值选几千欧至几十千欧，具体根据式（8.1）选择。

（2）R_p 应该尽量等于连接到反相的电阻（到输出端、到地、电源或者其他直流接地的节点）的并联值，如果偏差过大则会导致放大器工作不正常，或者信号变差，特别是对于放大小信号而言尤为重要。

2. 加减混合

信号加减混合电路如图 8.2 所示，u_{i1} 和 u_{i2} 从反相端输入，u_{i3} 和 u_{i3} 从同相端输入，输出电压 u_o 与 4 个输入混合信号有关。

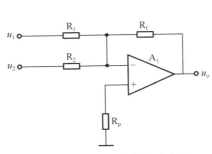

图 8.1　反相输入相加混合电路

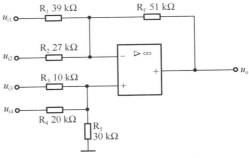

图 8.2　信号加减混合电路

设计要点：

（1）尽量使连接到反相端的总电阻与连接到同相端的总电阻相等。

（2）输出与各输入电压之间的关系可利用叠加法求之：

当 u_{i1} 单独输入、其他输入端接地时，有 $u_{o1} = -\dfrac{R_F}{R_1} u_{i1} \approx -1.3 u_{i1}$；

当 u_{i2} 单独输入、其他输入端接地时，有 $u_{o2} = -\dfrac{R_F}{R_2} u_{i2} \approx -1.9 u_{i2}$；

当 u_{i3} 单独输入、其他输入端接地时，有

$$u_{o3} = \left(1 + \frac{R_F}{R_1 // R_2}\right)\left(\frac{R_4 // R_5}{R_3 + R_4 // R_5}\right) u_{i3} \approx 2.3 u_{i3};$$

当 u_{i4} 单独输入、其他输入端接地时，有

$$u_{o4} = \left(1 + \frac{R_F}{R_1 // R_2}\right)\left(\frac{R_3 // R_5}{R_4 + R_3 // R_5}\right) u_{i4} \approx 1.15 u_{i4};$$

由此可得到 $u_o = u_{o1} + u_{o2} + u_{o3} + u_{o4} = -1.3 u_{i1} - 1.9 u_{i2} + 2.3 u_{i3} + 1.15 u_{i4}$。

8.2　积分电路

积分电路有两种：无源积分电路和有源积分电路。积分电路除了完成积分运算功能外，在高精度低速 A/D 电路中也得到了广泛使用，同时，它本身就是一个低通滤波器（LPF）。

8.2.1　无源积分电路

无源 RC 积分电路比较简单，只有一个电阻和一个电容，如图 8.3 所示。但其前提是积分时间常数 $RC \gg \tau$（积分信号的脉冲宽度）或 $RC \gg T$（积分信号的周期）。由于时间常数很大，积分时间短，所以电容充电的一小段完全可以看成直线，这样如果输入时为方波信

号，输出就变成了三角波。但积分时间常数太大，C 充电太慢，会使积分输出幅度减小。

一级 RC 积分难以调和积分效果和输出幅度之间的矛盾，因此可采用两级 RC 积分。电视机中的两级 RC 积分电路如图 8.4 所示，其作用是从复合同步信号中分离出场同步宽脉冲信号，滤除行同步窄脉冲信号。

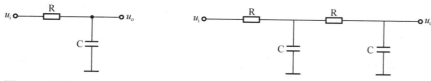

图 8.3　无源 RC 积分电路　　　图 8.4　两级 RC 积分电路

设计要点：

（1）时间常数 RC 要大于被积信号周期或被积信号脉冲宽度，但时间常数太大，C 充电很慢，积分后的输出幅度会很小。

（2）当输入为脉冲时，一般认为 $RC=$（3～5）τ 时，电容已基本充电完毕，此式是 RC 值的选择依据。

8.2.2　有源积分电路

积分运算电路的功能是实现电路的输出为输入信号的积分。它由运算放大器、积分电容 C 和相应的电阻组成。按输入信号在运算放大器的连接方式，分为反相输入式、同相输入式和差动输入式积分电路。

1. 反相输入式积分电路

反相输入式积分电路如图 8.5 所示。在满足深度负反馈的情况下，输入/输出呈积分关系：

$$u_o = -\frac{1}{RC}\int_0^t u_i dt + u_c(0) \qquad (8.3)$$

式中，$u_c(0)$ 为 $t=0$ 时电容 C 上的起始电压。

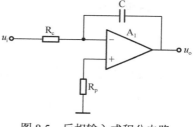

图 8.5　反相输入式积分电路

设计要点：

（1）运算精度。影响积分电路精度的因素有运算放大器的精度和稳定性、阻容元件的精度与稳定性、放大器的反馈深度。在设计中应选用与电路工作频率匹配的足够高速、低漂移及失调小的运放芯片。

（2）积分电路的动态范围。限定电流时，输入电压的最大值与积分电阻成正比；运放输出电压限定后，输入电压的允许幅度与工作频率成正比。

（3）积分时间常数 RC 很大的特殊电路。如果选用大电阻，阻值会不稳定，还有干扰问题；选用大电容，一方面体积会增大，另一方面电容漏电增加会导致运算误差增大。将电阻 R 改用 T 形电阻网络可以解决这个问题。图 8.6 所示是积分电阻为 T 形网络的积分电路。

T 形网络中各电阻与积分电阻的关系为：

$$\frac{1}{R} = \frac{R_2}{R_1^2 + 2R_1 R_2} \qquad (8.4)$$

（4）积分时间常数 RC 很小的特殊电路。如果选用小电阻，会导致反馈电流增加，负载电流减少，造成输入偏置电流过大和运算误差增加；选用小电容，则会增大分布电容的影响，也会产生大的运算误差。将电容 C 改用 T 形电容网络可以解决上述问题。图 8.7 所示是积分电容为 T 形网络的积分电路，T 形网络中各电容与积分电容的关系为：

$$C = \frac{C_1^2}{2C_1 + C_2} \tag{8.5}$$

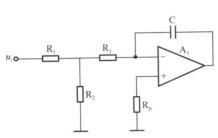

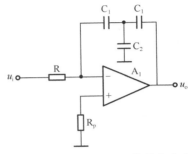

图 8.6　积分电阻为 T 形网络的积分电路　　图 8.7　积分电容为 T 形网络的积分电路

2. 同相输入式积分电路

同相输入积分电路如图 8.8 所示，是将输入信号和积分电容均接于运算放大器的同相输入端的积分电路。输出电压 $u_o(t)$ 与输入电压 $u_i(t)$ 的积分关系为：

$$u_o(t) = \frac{n+1}{RC} \int_0^t u_i(t)\mathrm{d}t + u_o(0) \tag{8.6}$$

3. 差分输入式积分电路

如果要积分两个电压之差，则可采用图 8.9 所示的差分输入式积分电路。该电路在基本积分器的同相侧，按平衡对称结构加上 R、C 组成差动积分器，它的输出电压与两个输入电压之差的积分成比例，即：

$$u_o(t) = \frac{1}{RC} \int_0^t (u_2(t) - u_1(t))\mathrm{d}t \tag{8.7}$$

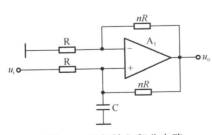

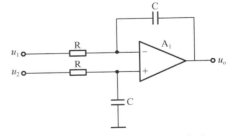

图 8.8　同相输入积分电路　　　　　　图 8.9　差分输入式积分电路

8.3　微分电路

微分电路可把矩形波转换为尖脉冲波，此电路的输出波形只反映输入波形的突变部分，即只有输入波形发生突变的瞬间才有输出，而对恒定部分则没有输出。微分电路主要用于脉冲电路、模拟计算机和测量仪器中。同时，微分电路就是一个高通滤波器（HPF）。

8.3.1 无源微分电路

无源微分电路比较简单，只有一个电阻和一个电容，如图 8.10 所示。但其前提是：$RC \ll \tau$（微分信号的脉冲宽度）或 $RC \ll T$（微分信号的周期）。

由于时间常数 RC 远远小于信号脉冲宽度，所以开始的输出电压为 0 V，外部矩形波输入，输入电压突然升高，由于电容二端电压不能够突变，所以输出电压也提高到脉冲的峰值。由于时间常数 RC 很小，电容充电很快完成，输出电压也随之降为 0 V，输出就变成了脉冲波。因此，无源微分电路常常用来提取矩形波的上、下降沿脉冲。

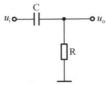

图 8.10 无源微分电路

设计要点：

输出的尖脉冲波形的宽度与时间常数 RC 有关，RC 越小，尖脉冲波形越尖，反之则宽。此电路的 RC 必须小于输入波形的宽度，否则就失去波形变换的作用，变为一般的 RC 耦合电路了。一般 RC 小于或等于输入波形宽度的 1/10 就可以了。

> ❓**教学经验：** 实际教学中，可以把方波信号输入模拟示波器，调节幅度挡位到 mV 挡，并且确保挡位处于两个挡位之间（中间空挡），则示波器上可以看到明显的上下沿脉冲信号。这是因为空挡与电路之间的极小的分布电容所致。

8.3.2 有源微分电路

1. 反相输入式微分电路

反相输入式微分电路如图 8.11 所示，其输入/输出呈微分关系：

$$u_o = -RC\frac{du_i}{dt} \tag{8.8}$$

设计要点：

（1）微分运算的精度。微分运算的精度与稳定性主要由时间常数 RC、运算放大器反馈深度和运放的稳定性决定。应选择高精度和温度系数小的阻容元件和高精度、低漂移运放。

（2）在运算精度很高的场合，需要考虑补偿电阻 R_P 的热噪声电压的影响。为了克服这种热噪声对输出电压的影响，需要在其上并联电容 C_P，其电容值为：

$$C_P = \frac{100RC}{R_P} \tag{8.9}$$

（3）为了在任何情况下都能够可靠工作，在输入端电容 C 前串入一个电阻 R_i，其值为：

$$R_i = 2\sqrt{\frac{R}{A_0\text{BW}C}} \tag{8.10}$$

式中，A_0 为运放开环增益，BW 为运放开环带宽。实际微分电路如图 8.12 所示。

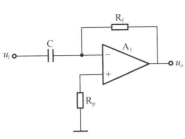

图 8.11　反相输入式微分电路

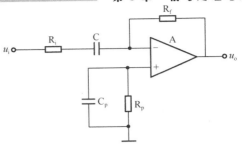

图 8.12　实际微分电路

（4）微分运算的动态范围。一般运算放大器的输出电压最大值控制在比电源电压小 2 V 以上，以此值为基础来确定微分时间常数 RC。RC 小有利于保证运算精度，过大则运算误差增大，甚至超出运放线性范围。当运算电路接有负载电阻 R_L 时，在电路处于正常工作条件下，反馈电阻 R_f 的最小值为：

$$R_{f\,min} \geqslant \cfrac{1}{\cfrac{i_{o\,max}}{u_{o\,max}} - \cfrac{1}{R_L}} \tag{8.11}$$

2. 同相输入式微分电路

同相输入式微分电路如图 8.13 所示。电路的输入/输出呈微分关系：

$$u_o = (n+1)RC\frac{\mathrm{d}u_i}{\mathrm{d}t} \tag{8.12}$$

为改善高频特性，可以在反馈电容上串接电阻 R_0，反馈电容（C/n）也用于改善电路特性，减少误差。nR 应满足电阻 $R_0 \ll R/n$ 及 $f \ll n/(2\pi RC)$。

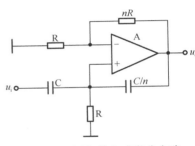

图 8.13　同相输入式微分电路

8.4　对数与指数运算电路

利用 PN 结伏安特性所具有的指数规律，将二极管或三极管分别接入集成运放的反馈回路或输入回路，可以实现对数运算和指数运算。而利用对数运算、指数运算和加减运算电路相组合，便可实现乘法、除法、乘方和开方等运算。

8.4.1　对数运算电路

基本对数电路如图 8.14 所示。二极管作为反馈元件，其 PN 结电流方程为：

$$i_D = I_S e^{u_D/U_T} \tag{8.13}$$

式中，I_S 是二极管的反向饱和电流；$U_T \approx 26\ \text{mV}$。

式（8.13）可以写成：

$$u_D \approx U_T \ln\frac{i_D}{I_S} \tag{8.14}$$

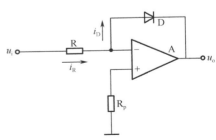

图 8.14　基本对数电路

根据 $u_D=-u_o$，$i_D=i_R=u_i/R$，则式（8.14）可写成：

$$u_o \approx -U_T \ln \frac{u_i}{I_S R}$$ （8.15）

由此可见，电路的输出电压 u_o 几乎与输入电压 u_i 的对数成正比。

8.4.2 指数运算电路

1. 基本指数电路

基本指数电路如图 8.15 所示。由于 $u_D=u_i$，则式（8.13）可改为：

$$i_D = I_S e^{u_i/U_T}$$ （8.16）

根据 $u_o=-i_R R=-i_D R$，则电路输出为：

$$u_o = -I_S R e^{u_i/U_T}$$ （8.17）

由此可见，电路的输出电压 u_o 几乎与输入电压 u_i 的指数成正比。

2. 实用指数电路

实用指数运算电路要考虑它的运算速度、稳定性及灵敏度等因素。

（1）器件选择。运算电路要选用低漂移、低偏置电流器件，以保证稳定性。指数工作电路的工作电流要适中，如 1 nA～1 mA，不宜过大或过小；实际应用中的二极管可改用三极管来代替，如图 8.16 所示。

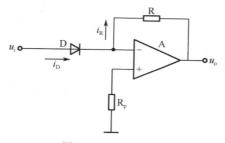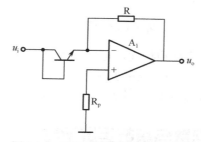

图 8.15　基本指数电路　　　　图 8.16　三极管为变换器的指数电路

（2）提高电路输入阻抗。用接成二极管的三极管作为输入，电路的输入阻抗太低，需要在信号源与指数电路之间插入阻抗变换器。

（3）温度补偿。指数输出电路的输出 u_o 是温度函数，需要加以补偿。

8.5　乘法电路

模拟乘法器是对两个模拟信号（电压或电流）实现相乘功能的有源非线性器件。其主要功能是实现两个互不相关信号相乘，即输出信号与两输入信号相乘的积成正比。模拟乘法器的用途十分广泛，利用它可实现调幅、检波、混频、鉴相、鉴频及增益控制等功能。

8.5.1　乘法器调幅电路

模拟乘法器调幅电路如图 8.17 所示。MC1496 为模拟乘法器，调制信号 $u_\Omega(t)=$

$U_{\Omega m}\cos\Omega t$ 从芯片的①脚输入，载波信号 $u_{c}(t)=U_{cm}\cos\omega_{c}t$ 从⑩脚输入，调幅信号从⑥脚输出。在①和④脚之间接 R_{P1} 电位器，是为了灵活调节①脚和④脚之间的直流电压 U_{AB}。

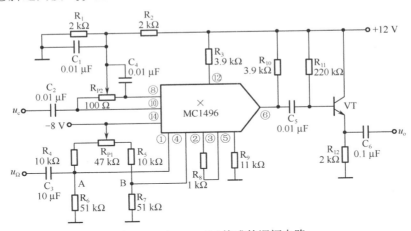

图 8.17　由 MC1496 构成的调幅电路

1. 普通调幅（AM）

实现 AM 调幅的步骤如下。

（1）单独在①脚加调制信号 $u_{\Omega}(t)=U_{\Omega m}\cos\Omega t$，调节 R_{P2} 使输出为零，表示已调至平衡。

（2）只要在调制信号 u_{Ω} 上附加直流电压后，再与载波信号直接相乘，就可获得调幅信号。这就相当于给 u_{Ω} 信号附加了一个直流电压 U_{AB}。此时，输出电压为：

$$
\begin{aligned}
u_{o} &= Ku_{c}(t)[U_{AB}+u_{\Omega}(t)]\\
&= KU_{cm}\cos\omega_{c}t\,(U_{AB}+U_{\Omega m}\cos\Omega t)\\
&= KU_{AB}U_{cm}\left(1+\frac{U_{\Omega m}}{U_{AB}}\cos\Omega t\right)\cos\omega_{c}t\\
&= KU_{AB}U_{cm}(1+m_{a}\cos\Omega t)\cos\omega_{c}t
\end{aligned}
\tag{8.18}
$$

式中，$m_{a}=U_{\Omega m}/U_{AB}$ 为调幅系数。

2. 平衡调幅（DSB）

实现 DSB 调幅的步骤如下。

（1）单独在⑩脚加载波信号 $u_{c}(t)=U_{cm}\cos\omega_{c}t$，调节 R_{P1} 使输出为零，表示已调至平衡。

（2）单独在①脚加调制信号 $u_{\Omega}(t)=U_{\Omega m}\cos\Omega t$，调节 R_{P2} 使输出为零，表示已调至平衡。

（3）同时加载波信号与调制信号，则输出为两信号相乘：

$$
\begin{aligned}
u_{o} &= Ku_{c}(t)u_{\Omega}(t)=KU_{cm}U_{\Omega m}\cos\omega_{c}t\cos\Omega t\\
&= \frac{1}{2}KU_{cm}U_{\Omega m}\cos(\omega_{c}+\Omega)t+\frac{1}{2}KU_{cm}U_{\Omega m}\cos(\omega_{c}-\Omega)t
\end{aligned}
\tag{8.19}
$$

上式就是平衡调幅波的表达式。

设计要点：

（1）对于普通调幅，调节 R_{P1} 使调制信号 u_{Ω} 附加直流电压 U_{AB}，U_{AB} 的大小决定调幅系数，但 U_{AB} 不能小于 $U_{\Omega m}$，否则会产生过调幅现象。

（2）对于平衡调幅，调制信号 u_Ω 不附加直流电压 U_{AB}，因此调节 R_{P1} 使 $U_{AB}=0$。

8.5.2 乘法器同步检波电路

模拟乘法器的两路输入，一路是调幅信号（普通调幅或平衡调幅）u_i，另一路是本地载波信号 $u_c = U_{cm} \cos \omega_c t$。本地载波信号必须与调幅信号中的载波同频同相，同步检波由此得名。

1. 对平衡调幅波进行同步检波

设输入 u_i 为平衡调幅波，即 $u_i = U_{im} \cos \omega_c t \cos \Omega t$，则乘法器的输出信号为：

$$u_o = Ku_iu_c = KU_{im}U_{cm} \cos^2 \omega_c t \cos \Omega t$$
$$= \frac{1}{2} KU_{im}U_{cm} \cos \Omega t + \frac{1}{2} KU_{im}U_{cm} \cos \Omega t \cos 2\omega_c t \qquad （8.20）$$

式中，第一项是原低频（Ω）调制信号；第二项的频率（$2\omega_c$）很高，是原载波频率的两倍，故称为二次谐波。当二次谐波被低通滤波器滤除后，同步检波器的输出为：

$$u_\Omega = \frac{1}{2} KU_{im}U_{cm} \cos \Omega t \qquad （8.21）$$

2. 对普通调幅波进行同步检波

设输入 u_i 为普通调幅波，即 $u_i = U_{im}(1 + m_a \cos \Omega t) \cos \omega_c t$，乘法器的输出信号为：

$$u_o = Ku_iu_c = KU_{im}U_{cm}(1 + m_a \cos \Omega t) \cos^2 \omega_c t$$
$$= KU_{im}U_{cm}(1 + m_a \cos \Omega t)\frac{1}{2}(1 + \cos 2\omega_c t)$$
$$= \frac{1}{2} KU_{im}U_{cm} + \frac{1}{2} m_a KU_{im}U_{cm} \cos \Omega t +$$
$$\frac{1}{2} KU_{im}U_{cm} \cos 2\omega_c t + \frac{1}{2} m_a KU_{im}U_{cm} \cos \Omega t \cos 2\omega_c t \qquad （8.22）$$

式中，第一项是直流分量，第二项是原低频（Ω）调制信号，第三、四项的频率（$2\omega_c$）很高。后两项被低通滤波器滤除及直流分量被隔断后，同步检波器的输出为：

$$u_\Omega = \frac{1}{2} m_a KU_{im}U_{cm} \cos \Omega t \qquad （8.23）$$

3. 实际乘法器同步检波电路

由集成模拟乘法器 MC1496 构成的同步检波电路如图 8.18 所示。本地载波信号从⑧脚和⑩脚之间输入，调幅信号从①脚和④脚之间输入，同步检波后的信号从⑫脚输出，经 C_4、C_5 和 R_6 低通滤波后，将获得原低频调制信号 u_Ω 的输出。

设计要点：

（1）本地载波与信号中的载波必须同步，即同频同相，这需要通过复杂的载波恢复电路来实现。

（2）对于普通调幅波一般不采用同步检波，而是采用简单的二极管包络检波。

（3）对于平衡调幅波必须采用同步检波，不能采用包络检波，但有一个载波恢复电路。

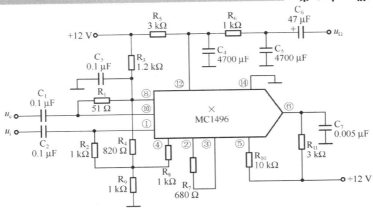

图 8.18 由 MC1496 构成的同步检波电路

（4）MC1496 的⑥脚必须接低通滤波器元件 R_{11} 和 C_7 以滤除 $2\omega_c$ 频率。

8.5.3 乘法器混频电路

两信号相乘可以得到和频及差频信号，因此利用模拟乘法器实现混频是最直观的办法。图 8.19 所示是由 MC1496 构成的混频电路。39 MHz 本振信号 u_L 从⑩脚输入，30 MHz 高频调制信号 u_i 从①脚输入，相乘后的 9 MHz 差频信号从⑥脚输出。

由乘法器实现混频，输出端的组合频率分量少，有较高的混频增益，线性动态范围大。但由于乘法器的工作频率不够高，则高频时可采用三极管混频电路。

设计要点：

（1）输出端必须接π形带通滤波器（C_4、C_5、L_3）选出 9 MHz 差频信号，而 69 MHz 的和频信号被滤除。

（2）②脚与③脚短接，可提高混频增益（输出差频电压与输入高频电压之比），此混频器的增益达 13 dB。

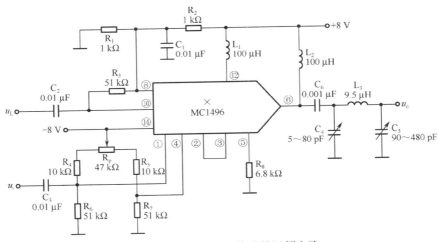

图 8.19 由 MC1496 构成的混频电路

（3）调节 R_p，可减小输出波形失真。

第 9 章

功率驱动电路设计

9.1 集电极驱动电路

所谓集电极驱动，就是负载接在三极管集电极的驱动。集电极驱动电路简单，通常用于驱动小功率负载，如继电器、电磁炉等。

9.1.1 集电极继电器驱动电路

1. 继电器常用驱动电路

图 9.1 所示是继电器常用驱动电路，图（a）采用 NPN 管驱动，图（b）采用 PNP 管驱动。当 Q_1 饱和导通时，继电器线圈通电，继电器开关吸合。当 Q_1 截止时，继电器线圈断电，继电器开关断开。

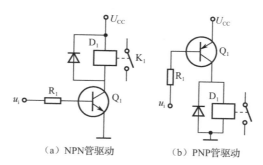

（a）NPN管驱动　　　　　（b）PNP管驱动

图 9.1　继电器常用驱动电路

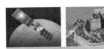

设计要点：

（1）Q_1 基极的驱动电流应足够大，才能使 Q_1 饱和导通，继电器开关吸合。而 Q_1 管通常由单片机来控制，单片机需要输出比较大的电流才能使 Q_1 饱和导通，有些单片机可能驱动困难，有些单片机需要对其端口输出设置成推挽形式才可以。

（2）继电器线圈必须并联一个二极管 D_1，主要作用是保护控制管 Q_1，防止 Q_1 在由饱和导通向截止转换的瞬间被线圈反电势击穿。

2. 继电器降压驱动电路

图 9.2 所示是继电器降压驱动电路，用于：①继电器工作电压波动很大，甚至工作电压远高于继电器额定电压的场合；②需要省电与节能的场合。我们知道，继电器的吸合电压一般大于额定电压的 80%，但释放电压在额定电压的 50%左右。因此，设计时只要确保吸合电压足够，吸合动作完成后维持吸合电压在额定电压的 50%以上就可以了。

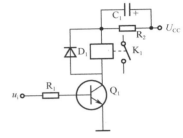

图 9.2　继电器降压驱动电路

由于 C_1 的存在，U_{CC} 向电容 C_1 充电，确保了一开始 U_{CC} 直接加在继电器上。通常继电器的吸合时间在 10 ms 左右，只要 R_2C_1 大于吸合时间一定值（一般取 2 倍）就能够保证继电器可靠吸合。继电器吸合后，电容 C_1 充满电后进入稳态，继电器线包上的电压与 R_2 分压大于继电器额定电压的 50%以上（一般取 60%），继电器就能够保持吸合状态不变，从而大大节省了耗电。

> ❗**提示：** 有些产品可能去掉了继电器线包上的反向并联二极管，这是不可取的，会导致反向高压击穿三极管或影响三极管的工作寿命进而导致产品的可靠性下降。

9.1.2　集电极谐振式驱动电路

集电极谐振式驱动电路常用于高频谐振放大电路中，包括丙类放大器、小信号甲类调谐放大器等。图 9.3 所示是电磁炉输出驱动电路，显然它实际上是一个丙类放大器。

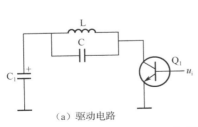

（a）驱动电路

（b）输出线圈

图 9.3　电磁炉输出驱动电路

电磁炉是利用电磁感应加热原理制成的电气烹饪器具，由高频感应加热线圈（励磁线圈）、高频电力转换装置、控制器及铁磁材料锅底炊具等部分组成。使用时，在输出管上加脉冲驱动信号，集电极上的加热线圈中产生交变电流，线圈周围便产生一交变磁场，交变磁场的磁力线大部分通过金属锅体，在锅底中产生大量涡流，从而产生烹饪所需的热。调节脉冲占空比可以调整输出功率。

设计要点：

（1）在高频谐振电路中，小信号调谐电路往往将电感 L 改成变压器，达到谐振调谐与输出阻抗匹配的目的。

（2）对于大功率高频谐振式驱动，为提高驱动效率，驱动管的静态工作点通常为丙类，驱动管集电极接 LC（Γ、T、π形）匹配电路，以完成阻抗匹配。

（3）在高压大功率情况下，往往采用 IGBT（绝缘栅双极型晶体管），中小功率管采用场效应管或三极管作为输出管。

9.1.3 集电极推挽驱动电路

推挽输出电路有两个管子轮流导通，任一时刻只有一个管子导通，而另一个管子截止。图 9.4 所示是一个典型的集电极推挽输出电路。Q_1、Q_2 的基极必须是两个相位相反的信号，可以是方波信号，也可以是音频信号。方波信号常常用于低压大功率开关电源，而后者则用于低频功率放大电路中，同时其中的变压器可以完成阻抗匹配功能。该电路在收音机功放、电子管放大器中较为常见。

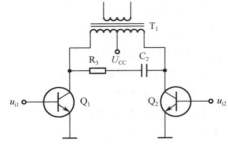

图 9.4　集电极推挽输出电路

!补充：集电极输出的推挽电路即两管轮流导通，由于输出功率大，应用最广泛的还是逆变器、开关电源电路。而接下来介绍的 OTL、OCL 电路属于发射极输出的推挽驱动。

9.2 OTL/OCL/BTL 功率驱动电路

早期的功率驱动为变压器耦合功率驱动，变压器体积大，难以集成化。OTL（Output Transformer Less）意为无输出变压器，OCL（Output Capacitor Less）意为无输出电容。OTL 电路采用单电源供电，OCL 电路采用正、负双电源供电，这两种功率驱动电路最为常用。BTL（Balanced Transformer Less）意为平衡式无输出变压器电路。BTL 功率放大电路由两组 OTL（OCL）功率放大电路组成，负载接在两组功率放大电路的输出端之间，其输出功率在相同的电源电压下可达到 OTL（OCL）电路的 2～3 倍。

9.2.1 OTL 功率驱动电路

1. OTL 功率驱动原理性电路

乙类 OTL 功率驱动原理性电路如图 9.5 所示。VT_1 和 VT_2 组成推挽功率放大部分，VT_3 组成激励放大部分。VT_1 和 VT_2 的静态电流为零。要求 VT_3 的集电极静态电压为 $U_{CC}/2$，VT_1 和 VT_2 的发射极电压也为 $U_{CC}/2$，则有 $U_{CEQ1}=U_{CEQ2}=U_{CC}/2$，这就确保了 VT_1 和 VT_2 的管压降相同，这一点非常重要。C 为耦合电容，C 两端的直流电压也为 $U_{CC}/2$。

由于负载获得的电压振幅接近于 $U_{CC}/2$，所以其最大不失真输出功率为：

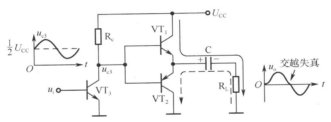

图 9.5　乙类 OTL 功率驱动原理性电路

$$P'_{o\max} \approx \frac{U_{CC}^2}{8R_L} \tag{9.1}$$

输入信号 u_i 经 VT$_3$ 激励放大后，输出 u_{c3} 信号。当 u_{c3} 为正弦波的正半周时，VT$_1$ 导通，VT$_2$ 截止，负载 R_L 上的电流如图中实线所示，即 U_{CC} 经 VT$_1$ 给 C 充电的电流就是 R_L 中的电流。当 u_{c3} 为正弦波的负半周时，VT$_1$ 截止，VT$_2$ 导通，负载 R_L 上的电流如图中虚线所示，即 C 经 VT$_2$ 放电的电流就是 R_L 中的电流。由此可见，VT$_1$ 和 VT$_2$ 交替导通，即以推挽方式进行工作，使负载获得完整的正弦波信号。由于 VT$_1$ 仅对信号的正半周导通，VT$_2$ 仅对信号的负半周导通，两个管子互补对方的不足，因此该电路又称为互补功率放大电路。

OTL 电路的缺点是耦合电容 C 的容量很大，因而体积大，低频特性差。

2. 分立元件 OTL 功率驱动电路

分立元件 OTL 功率驱动电路如图 9.6 所示。VT$_2$ 与 VT$_3$ 组成推挽功率驱动部分，VT$_1$ 是激励放大管，C_2 和 R 组成自举升压电路，C_o 是输出耦合电容。因负载 R_L 只有 8 Ω，故 C_o 应取 1 000 μF。

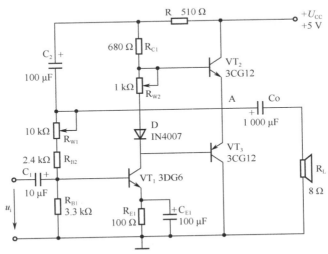

图 9.6　分立元件 OTL 功率驱动电路

设计要点：

（1）两管射极（A 点）静态电位必须调到电源的中间电压（$U_{CC}/2$），这由 R_{W1} 调整。

（2）调节 R_{W2} 可改变 VT$_2$、VT$_3$ 的静态电流，电流太小易发生交越失真，电流过大则发热严重，效率低下。

（3）VT_2 为 NPN 管，VT_3 为 PNP 管，两管要配对，即参数性能相近。

3. 集成 OTL 功率驱动电路

集成 OTL 功率驱动电路种类很多，图 9.7 所示是由 LA4100 芯片构成的单电源 OTL 功率驱动电路，信号从同相输入端⑨脚输入，经芯片内部的 OTL 功率放大后从①脚输出。反相输入端⑥脚外接决定增益的负反馈电阻 R_F，C_6 和 C_7 为相位补偿电容，以防止电路产生自激振荡。⑩脚外接滤波电容 C_2，可滤除内部偏置电压（$+U_{CC}/2$）中的交流成分。⑫脚外接退耦电容 C_5，⑬脚外接自举电容 C_9。

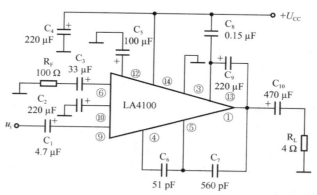

图 9.7　由 LA4100 芯片构成的单电源 OTL 功率驱动电路

9.2.2　OCL 功率驱动电路

1. OCL 功率驱动原理性电路

乙类 OCL 功率驱动原理性电路如图 9.8 所示。与 OTL 电路相比，它仍由 VT_1、VT_2 和 VT_3 三个放大管组成，但采用 $+U_{CC}$ 和 $-U_{CC}$ 正、负双电源供电。由于 VT_1 和 VT_2 的基极静态电压为 0 V，因此它们的发射极静态电压也为 0 V，这样负载可直接接到两管的发射极与地之间，即省去了图 9.5 中容量很大的耦合电容 C。

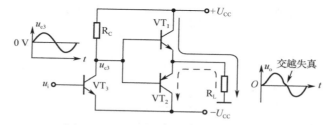

图 9.8　乙类 OCL 功率驱动原理性电路

由于负载获得的电压振幅接近于 U_{CC}，故其最大不失真输出功率为：

$$P_{omax} \approx \frac{U_{CC}^2}{2R_L} \tag{9.2}$$

OCL 放大电路的推挽工作过程与 OTL 的相同。VT_3 是激励放大管（偏置电阻未画出），要求将 VT_3 的集电极静态电压设计成 0 V，这一点非常重要。

OCL 电路虽然省去了输出耦合电容，低频特性好，但如果推挽管发射极的静态电压不为 0 V，则负载中会有静态电流产生。另外，它要采用正、负双电源供电，即对电源要求高。

2. 分立元件 OCL 功率驱动电路

分立元件 OCL 功率驱动电路如图 9.9 所示。它采用 ±35 V 正、负电源供电，VT_7 和 VT_9 构成 NPN 复合管，VT_8 和 VT_{10} 构成 PNP 复合管，两对复合管构成 OCL 推挽功率放大部分。VT_1 和 VT_2 构成一对差分放大管，放大后由 VT_1 的集电极输出，再经 VT_5 放大后激励推挽管工作；VT_3 和 VT_4 构成另一对差分放大管，放大后由 VT_3 的集电极输出，再经 VT_6 放大后激励推挽管工作。VT_5 和 VT_6 的集电极输出信号是同相信号。采用两对差放管作为激励放大是此电路的亮点。

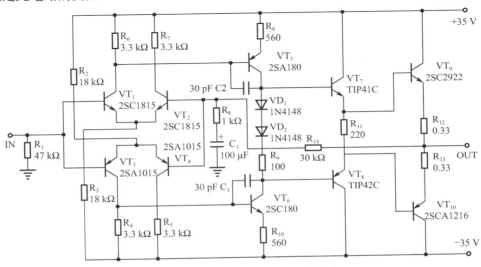

图 9.9　分立元件 OCL 功率驱动电路

输出端经 R_{14} 对 VT_2 与 VT_4 基极形成交直流负反馈，VD_1、VD_2 及 R_9 的作用是给推挽建立偏置电压，以消除交越失真。

设计要点：

（1）VT_7 和 VT_9 构成 NPN 复合管，VT_8 和 VT_{10} 构成 PNP 复合管，两对复合管要配对。

（2）整个电路的电压放大倍数计算：$A_u \approx (R_8 + R_{14})/R_8$。

（3）R_9 的大小决定推挽功率管的静态电流大小。

3. 集成 OCL 功率驱动电路

若将 LA4100 的③脚由接地改为接负电源，则图 9.7 所示的单电源 OTL 电路将变成双电源 OCL 电路，如图 9.10 所示。此时⑩脚可接地。正式情况下，①脚、⑥脚、⑨脚的直流电位均为 0 V，所以隔直电容 C_8、C_2 和 C_1 可以省去。

9.2.3 BTL 功率驱动电路

BTL 由两组 OTL（或 OCL）功率放大电路组成，负载接在两组功率放大电路的输出端之间。BTL 又可称为 H 全桥驱动电路，是因为它的形状酷似字母 H。4 个三极管组成 H 的

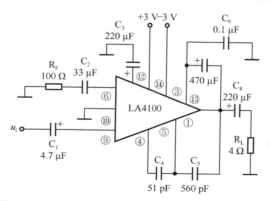

图 9.10   由 LA4100 构成的双电源 OCL 功率驱动电路

4 条垂直腿，而负载就是 H 中的横杠。

1. BTL 功率驱动原理性电路

图 9.11 所示是乙类 BTL 功率驱动原理性电路。VT_1 与 VT_2 构成一对推挽功率放大电路，VT_3 与 VT_4 构成另一对推挽功率放大电路，负载 R_L 接在 VT_1 和 VT_2 的发射极与 VT_3 和 VT_4 的发射极之间时，负载 R_L 中无直流电流流过。该电路设置了一个倒相器，使加在 VT_1 和 VT_2 基极的交流信号与加在 VT_3 和 VT_4 基极的交流信号大小相等、极性相反。因此，VT_1 和 VT_2 发射极输出的信号与 VT_3 和 VT_4 发射极输出的信号也大小相等、极性相反。

BTL 功率放大的工作原理是：若输入信号为正半周，则 VT_1 与 VT_4 导通，VT_2 与 VT_3 截止，负载 R_L 中流过如图 9.11 中实线所示的电流；若输入信号为负半周，则 VT_2 与 VT_3 导通，VT_1 与 VT_4 截止，负载 R_L 中流过如图 9.11 中虚线所示的电流。

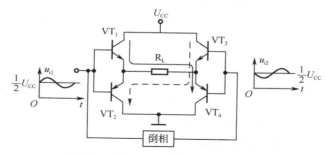

图 9.11   乙类 BTL 功率驱动原理性电路

由此可见，负载 R_L 获得的信号电压为两对推挽管输出电压之和，负载 R_L 获得的功率为单个 OTL（或 OCL）功率放大的 4 倍。但受器件实际参数的影响，BTL 功率放大电路的最大输出功率是 OTL（或 OCL）的 2～3 倍。

2. 由 LA4100 构成的 BTL 功率驱动电路

图 9.12 所示是由两个 LA4100 芯片构成的自倒相式 BTL 应用电路，信号从 IC_1 的同相输入端⑨脚输入，经放大后从 IC_1 的①脚输出 u_{o1} 信号电压。u_{o1} 信号又分为两路，一路送到负载 R_L 上端，另一路经 R_3 和 R_2 分压后送到 IC_2 的反相输入端⑥脚，经 IC_2 反相放大后输出 u_{o2} 信号电压。电路中的 R_4 是 IC_2 的负反馈电阻，输出功率可达到单片集成功率放大电路应用的 4 倍。

设计要点：

（1）只要选择 $R_4=R_3$，IC_2 放大倍数为-1，即可保证 u_{o1} 与 u_{o2} 大小相等、极性相反，从

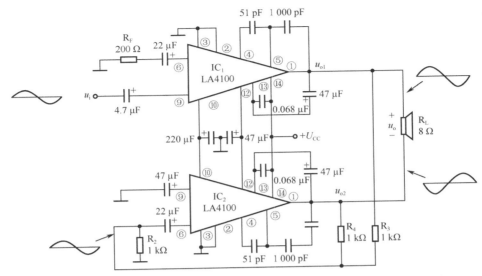

图 9.12　由 LA4100 构成的 BTL 功率驱动电路

而使负载 R_L 两端的信号电压为 $u_o = u_{o1} - u_{o2} = 2u_{o1}$。

（2）IC_1 反相输入端⑥脚外接电阻 R_F 决定功放电路的增益，R_F 越小，增益越大。

（3）IC_1 与 IC_2 的输出①脚的静态电压应均为 $U_{CC}/2$，若不相等，则负载应串接电容器。

> **！提示**：从理论上来讲，当供电电压相同时，应采用 BTL 电路，其输出功率比 OTL、OCL 增加 4 倍。BTL 不像 OTL 需要很大的输出电容或像 OCL 需要 2 组电源，因此 BTL 结构也常应用于低电压系统或电池供电系统中。由于此电路可以省略大体积的耦合电容，所以在小体积如手机等场合应用比较广泛。同时，它也降低了成本（集成芯片成本几乎没有增加）。

9.3　运放输出电压、电流扩展电路

采用运放来设计电压放大器，精度高，设计简单，成本低。但运放通常不能作为功率驱动器件，因为运放的输出功率有限。如果要增加运放的输出驱动功率，需要对运放的输出电压和电流进行扩展。

9.3.1　运放输出电压扩展电路

对于理想运放来说，输出电压的最大范围就是正、负电源的电压，而实际运放的输出比这要稍低一些。很多运放本身的工作电压范围不能超出 30 V，这个 30 V 指的是正、负压差，因此一般接±15 V。当然，现在已经有更高电压的运放了，此处不予讨论。

若想提高输出电压范围，就要在输出电压升高时，提高正电压供电而降低负电压供电；在当输出电压降低时，应提高负电压供电而降低正电压供电，但始终保持正、负电压差值为 30 V。例如，当输出电压为 20 V 时，使+U_{CC} 约为 25 V，−U_{CC} 约为−5 V，正、负电压差值保持为 30 V；又如当输出电压为−20 V 时，使+U_{CC} 约为 5 V，−U_{CC} 约为−25 V，正、

负电压差值仍保持为 30 V。

运放输出电压扩展电路如图 9.13 所示。动态放大时，若输出 u_o 为正，VT_1 导通程度增加，VT_2 导通程度减小，即提高了运放的正电压供电而降低了负电压供电，正电压供电可动态扩展到接近+30 V；若输出 u_o 为负，VT_1 导通程度减小，VT_2 导通程度增加，即提高了运放的负电压供电而降低了正电压供电，负电压供电可动态扩展到接近-30 V。由于运放正负供电引脚的供电电压被动态地扩展，则运放输出驱动功率被扩展。

如果将 R_2、R_3 换成稳压管 DW_1、DW_2，如图 9.14 所示，则扩展效果更好，要求稳压管的稳压值为 $U_{CC}/2$。

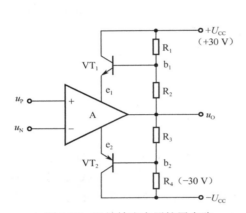

图 9.13　运放输出电压扩展电路

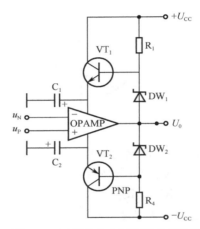

图 9.14　运放输出电压扩展改进电路

设计要点：

（1）一般取 $R_1=R_2=R_3=R_4$，使 b_1 与 b_2 之间的静态电压差为 30 V，也使 e_1 与 e_2 之间的静态电压差接近 30 V。因此，虽然图中的±U_{CC} 为±30 V 供电，但运放供电引脚仅获得±15 V 供电，没有超出运放正负供电范围。

（2）VT_1 为 NPN 管，VT_2 为 PNP 管，两管要配对，即参数性能相近。

❶**使用技巧**：由于高压宽带运放非常昂贵，因此采用廉价的低压宽带运放加上述电压扩展电路可以大大降低成本。

9.3.2　运放输出电流扩展电路

运放输出电流扩展就是在运放输出端再增加一级射极（或源极）跟随器放大，由运放控制三极管（或场效应管）的基极（或栅极），然后在发射极（或源极）输出足够大的电流。

图 9.15 所示为三种集成运算放大器输出电流扩展电路，图 9.15（a）为双管推挽式扩展电路；图 9.15（b）、图 9.15（c）为单管射极跟随器扩展电路。

在图 9.15（a）所示电路中，当输出电压为正时，BG_1 管工作、BG_2 管截止；当输出电压为负时，BG_1 管截止、BC_2 管工作。二极管 D_1、D_2 的作用是给 BG_1、BG_2 管提供合适的偏压，以消除交越失真。上述三种电路的输出电流通常为 100 mA 左右。当需要更大的输出电流时，可再增加一级至两级由大功率管组成的射极跟随器。

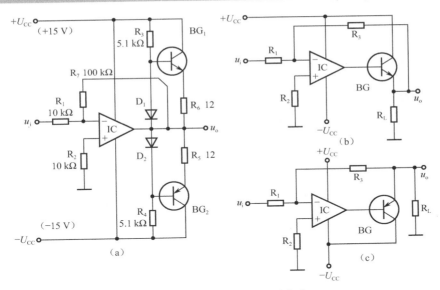

图 9.15　运放输出电流扩展电路

设计要点：

（1）在图（a）中，BG_1 为 NPN 管，BG_2 为 PNP 管，两管要配对。

（2）图（a）的电压放大倍数计算：$A_u \approx -R_7/R_1$；图（b）与图（c）的电压放大倍数计算：$A_u \approx -R_3/R_1$。

（3）对于图（b）与图（c），考虑到输出端如果出现瞬间短路，则三极管会流过巨大电流，管子会立即被烧毁。因此在 BG 集电极可串接限流电阻 R_C（100 Ω 左右）。BG 基极也可以串接几十欧的限流电阻。

第10章
电源电路设计

10.1 整流电源

整流电路是把交流电能转换为直流电能的电路。大多数整流电路由变压器、整流二极管和滤波器等组成。常用整流电路有半波整流、全波整流、桥式整流及倍压整流。

10.1.1 半波整流电源

半波整流电源通常是将市电电压通过变压器变压到合适电压后，由二极管将正弦波变成正弦半波的直流电，再通过电容或电感等滤波转换成平滑的直流电，如图10.1所示。它除了需要高压的电子管设备外，大部分都采用电容滤波，可以达到较好的滤波效果，而且体积也小。由于只有正弦波的半波通过变压器，因此变压器的次级回路就有直流电流流过，使得变压器的效率降低，电源输出纹波也比较大。其优点是：只需要一个整流二极管，电路简单。

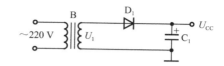

图 10.1 半波整流电源电路

设计要点：

（1）二极管选择：二极管中的平均电流 $I_D = I_o$，承受的最高反向电压 $U_{DRM} = \sqrt{2}U_1$。

（2）输出电压估算：$U_{CC} = 1 \sim 1.1 U_1$（有效值）。

（3）电容容量选择：$R_L C_1 > (3 \sim 5)T$。

（4）变压器选择：根据输出电压确定变压器次级电压有效值 U_1。

注：I_0 是负载电流，R_L 为整流电源的负载电阻，T 为市电信号的周期（20 ms）。

> **!使用技巧**：理论上来说，本电路由于存在直流，使变压器的效率变得很低，电路应用价值不高，除了目前的微波炉使用以外，确实很少再应用。不过正因为该电路的脉动性大，对于老化、硫化等各种电池的修复效果还是不错的，如果用于此目的，建议把滤波电容去掉效果更好。

10.1.2　全波整流电源

由于半波整流电路有直流电流流过变压器，因此其效率比较低，改进的方式是增加一个绕组，使变压器输出正、负弦波时都有电流流过。图 10.2 所示是典型的全波整流电源电路。

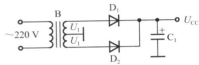

图 10.2　全波整流电源电路

设计要点：

（1）二极管选择：二极管上的平均电流 $I_D=I_0/2$，承受的最高反向电压 $U_{DRM}=2\sqrt{2}U_1$。

（2）输出整流电压估算：$U_{CC}=1\sim1.2U_1$。

（3）电容选择：$R_LC_1>(3\sim5)T/2$。

注：I_0 是负载电流，R_L 为整流电源的负载电阻，T 为市电信号的周期（20 ms）。

> **!补充**：全波电路相当于两个半波，使得变压器工作在对称状态，效率提升不少，代价就是增加了一个二极管和一个绕组。

10.1.3　桥式整流电源

全波电源的性能较半波电源有很大提高，但缺点也比较明显，需要变压器有两个绕组，增加了有色金属的使用量，成本也增加了。我们可以在半波电源的基础上增加二极管，使变压器输出在任何时候都有电流通过。图 10.3 所示是典型的全桥整流电源电路。它相比半波电源增加了 3 个二极管，由于二极管很便宜，因此成本增加很少。它的输出波形与全波电路一样。

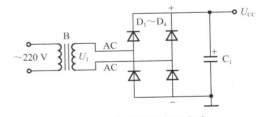

图 10.3　全桥整流电源电路

设计要点：

（1）二极管选择：二极管上的平均电流 $I_D=I_0/2$，承受的最高反向电压 $U_{DRM}=\sqrt{2}U_1$。

（2）输出整流电压：$U_{CC}=1.1\sim1.2U_1$。

（3）电容选择：$R_LC_1>(3\sim5)T/2$。

注：I_0 是负载电流，R_L 为整流电源的负载电阻，T 为市电信号的周期（20 ms）。

> **!补充**：全桥电路在全波电路基础上增加了两个二极管，但相比全波电路减少了变压器的一个绕组，可以减少成本。另外说明一点，全桥电路的另外一种用途就是换向，其典型应用就是电话机的接入回路，以确保电话机电路中的供电极性不会受外电路影响。如果采用双绕组，并且中间接地，输出端电容串联，电容连接处接地，则看似全桥整流电

源，实际变成了两组桥式整流电源，获得了正、负两组直流电压$\pm U_{CC}$输出。电路如图 10.4 所示。

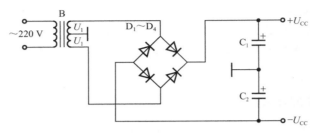

图 10.4　正、负两组桥式整流电源电路

10.1.4　倍压整流电源

有时候，我们需要很高的电压 U_{CC}（如电子蚊拍等），但只有次级有效值电压 U_1 小于 U_{CC} 的变压器，则前面介绍的整流电源都不合适使用。因此，我们也需要学习如何用有限的交流电压产生高压直流电。图 10.5 所示是 2 倍压整流电源，D_1、D_2 轮流导通，分别给滤波电容 C_1、C_2 充电，图中将 C_1 与 C_2 连接点接地，则获得$\pm U_{CC}$ 电压输出；若将图中的$-U_{CC}$端改接为地，则将获得 2 倍压输出，即 C_1 的电压与 C_2 的电压相加后作为输出电压。

图 10.6 所示是多倍压整流电源，C_1、C_3、C_5、…电压相加或 C_2、C_4、C_6、…电压相加，产生多倍压直流输出。需要说明的是，这种电源能够产生高压直流，但输出电流比较小，适用于高压小电流场合。其设计要点与前同。

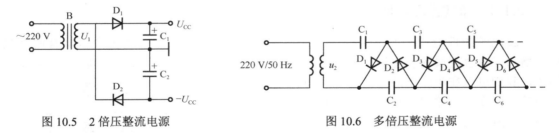

图 10.5　2 倍压整流电源　　　　　图 10.6　多倍压整流电源

> ❗补充：多倍压电路的一个典型应用就是电蚊拍、电苍蝇拍、电蟑螂装置等需要产生高压的场合，还有一个有趣的应用是静电乒乓实验装置。

10.1.5　电容电阻降压电源

在上述各种整流电源里，都需要用一个变压器完成将市电电压变换为需要的低压交流电，但变压器往往体积比较大，虽然能够提供比较大的工作电流，但相应的价格也比较高。有时候，我们需要的电流比较小，若采用变压器就显得不合适了，此时可以采用电容降压或电阻降压整流电源来替代上述电源，相应的体积和成本都可以下降不少。

1. 电容降压型电源

电容降压型电源如图 10.7 所示，其基本原理是利用电容的容抗来降压。例如，对于 50 Hz 工频，1 μF 电容的容抗是 3.18 kΩ，当 220 V 交流电加在电容器两端时，流过的电流

为 70 mA，但电容器不产生功耗。

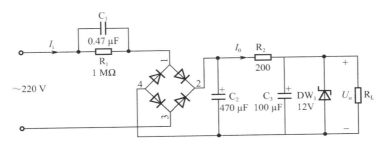

图 10.7　电容降压型电源

图中的 R_1 很大，其主要作用是当电源关闭时为 C_1 提供放电回路，使得 C_1 上的电压能够在 1 s 内放电，而不至于对人造成电击伤害。而 DW_1 起限压与稳压作用，否则电容 C_2 上的电压随着充电的进行，最高可能达到 311 V，造成后面电路的损坏。R_2 与 C_2、C_3 组成 π 形滤波电路，R_2 上的电压取 2～3 V 或输出电压的 10%～15%。

设计要点：

（1）降压电容 C_1 的容量选择：C_1 的容量与负载电流的平均值成正比，与整流方式也有关。对于全桥整流，工程上取 $C_1 = I_o / 50$ （μF）；对于半波整流，工程上取 $C_1 = I_o/25$ （μF）。电容降压型电源的参数计算如表 10.1 所示。

（2）必须采用无极性电容，电容器耐压在 400 V 以上，绝对不能采用电解电容。

（3）电容降压安全性差，不适用于大功率负载，也不适用于容性和感性负载。

（4）选择合适阻值的 R_2，使 R_2 的电压取 2～3 V 或输出电压的 10%～15%。

表 10.1　电容降压型电源的参数计算

序号	C_1电容量（μF）	平均电流（mA）	负载电流（mA）
1	1.0	70	50
2	0.82	57	41
3	0.68	47	34
4	0.47	33	24
5	0.33	22	16

2. 电阻降压型电源

相比较而言，电容价格还是比较高的，如果负载电流只有 10 mA 甚至更小，则可以把电容降压型电源改成电阻降压型电源，如图 10.8 所示。其缺点是电阻会发热，造成能源的消耗。

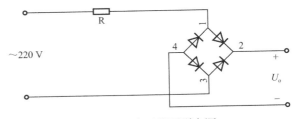

图 10.8　电阻降压型电源

设计要点：

降压电阻的阻值选择与负载电

流有关，因为 $I_i \approx 220 / R$，$I_o = 2\sqrt{2} I_i / \pi$，由此可得 $R \approx 200 / I_o$（kΩ），电阻降压型电源的参数计算如表 10.2 所示。

表 10.2　电阻降压型电源的参数计算

序号	R（kΩ）	I_o（mA）	P_R（W）	选用电阻功率（W）
1	100	2.0	0.48	1
2	51	4.0	0.95	2
3	39	5.0	1.2	3
4	20	10	2.4	5
5	10	20	4.8	8
6	5.1	40	9.5	10

10.2　线性稳压电源

由于 220 V/50 Hz 交流电不稳定，而负载电流通常是交直流电流，造成整流滤波输出直流电压不稳定，这对于大多数电子产品是不允许的，因此必须有稳压电路。

10.2.1　稳压管稳压电源

稳压管稳压电源是最简单的稳压电源，如图 10.9 所示。它由稳压二极管 VD$_Z$ 和限流电阻 R 组成，VD$_Z$ 与负载 R$_L$ 并联。由于 VD$_Z$ 两端电压稳定，则 R$_L$ 两端电压也稳定。稳压管稳压电路的输出电流小，输出电压不可调，不能满足很多场合下的应用需要。

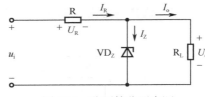

图 10.9　稳压管稳压电源

设计要点：

（1）输入电压 U_i 必须高于输出电压，这是实现稳压的前提。U_i 越高，限流电阻 R 的值可选得大一些，则稳压效果越好。但 U_i 太高，R 上的压降太大，则损耗会太大。

（2）稳压二极管的稳压值应等于输出电压值。

（3）限流电阻 R 的选择。R 的阻值选得太大，则电流 I_R 太小，稳压管电流太小甚至无电流，稳压电路就不能工作；R 的阻值若选得太小，则电流 I_R 太大，稳压管电流太大，当超过稳压管的 I_{Zmax} 参数时，稳压管可能损坏。R 的选择公式如下：

$$\frac{U_{imin} - U_o}{I_Z + I_{omax}} > R > \frac{U_{imax} - U_o}{I_{Zmax} + I_{omin}} \tag{10.1}$$

式中，U_{imax} 为输入最高电压；U_{imin} 为输入最低电压；I_{Zmax} 为稳压管的最大允许电流；I_{omax} 为最大负载电流；I_{omin} 为最小负载电流；I_Z 为稳压管的工作电流。

10.2.2　简易串联型稳压电源

简易串联型稳压电源如图 10.10 所示，VT 称为调整管，R 是 VT 的偏置电阻，使 VT 工

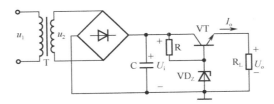

图 10.10   简易串联型稳压电源

作在放大状态。VT 的 c-e 极与负载 R_L 串联，故称其为串联型稳压电路。稳压二极管 VD_Z 对 VT 的基极电压进行稳压。由于输出电压 U_o 等于 VT 的基极电压减去一个常数电压 U_{BE}，所以只要稳定住 VT 的基极电压，也就稳定住了输出电压。

与图 10.9 中的稳压管稳压电源相比较，简易串联型稳压电源增大了输出电流。这是因为稳压管仅对调整管的基极进行稳压，而基极电流通常较小，故这是一种小电流稳压，但却达到了大电流输出的效果，因为输出电流是基极电流的（$1+\beta$）倍。

设计要点：

（1）VD_Z 的选择。VD_Z 的稳压值是输出电压 U_o 加上常数电压 U_{BE}。

（2）限流电阻 R 的选择公式如下：

$$\frac{U_{i\min} - (U_o + U_{be})}{I_Z + I_{o\max}/\beta} > R > \frac{U_{i\max} - (U_o + U_{be})}{I_{Z\max} + I_{o\min}/\beta} \tag{10.2}$$

10.2.3   可调串联型稳压电源

可调串联型稳压电源如图 10.11 所示。VT_1、VT_2 组成复合调整管，T_3 起限流保护作用，TL431 是稳压芯片。当输出电压由于各种原因升高后，R_5、W、R_4 将取样电压送到 TL431 的控制极，TL431 内部放大电路将取样电压与 2.5 V 基准电压进行比较，阳极电流将增加，从而增加了 R_1 上的压降，使得 A 点电压变小，进而 VT_1、VT_2 输出的电压减小，使输出电压回到正常点上。反之，当输出电压由于各种原因降低时，经稳压使 A 点电压升高，进而使输出电压回升。

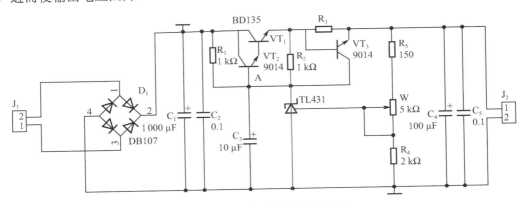

图 10.11   可调串联型稳压电源

R_3、VT_3 构成了限流保护电路。当输出电流增加后，使 R_3 上的压降增加，使 VT_3 导通，继而使 VT_1、VT_2 的基极电流减小，输出电流也减小，从而起到了限流保护功能。

设计要点：

（1）输出电压计算公式：

$$U_o=2.5\times(R_4+W+R_5)/R_4 \quad (V) \tag{10.3}$$

式中的 R_5、W、R_4 在几百欧至几千欧选择。

（2）VT_2、VT_3 选小功率管，VT_1 视负载电流大小选中功率管或大功率管。

（3）R_3 根据限流电流大小来选择，限流电流按 U_{be3}/R_3 计算。

10.2.4　三端集成稳压电源

1. 固定式三端集成稳压器

固定式三端集成稳压器的通用产品有 CW78XX（输出正电压）系列和 CW79XX（输出负电压）系列。型号的后两位数字 XX 表示该稳压器的输出电压值，一般有 ±5 V、±6 V、±8 V、±12 V、±15 V、±18 V 及 ±24 V。可输出的额定电流有 0.1 A、0.5 A、1 A、1.5 A、3 A 及 5 A。

固定式三端集成稳压器基本电路如图 10.12 所示。经滤波后的不稳定电压 U_i 加在芯片输入端，在芯片输出端得到固定的输出电压：

$$U_o=(XX)V \tag{10.4}$$

偏差约为 ±5%。

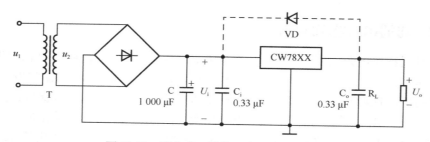

图 10.12　固定式三端集成稳压器基本电路

设计要点：

（1）为了让稳压器内部的调整管正常工作，输入电压 U_i 至少要比输出电压 U_o 高 2 V。

（2）C_i 用于抵消输入线较长时的电感效应，以防止电路产生自激。

（3）C_o 用于消除输出端的高频噪声。

（4）当 C_o 的容量较大、输出电压较高时，应在输入端与输出端之间接入二极管 VD，以防止一旦输入端断开时 C_o 向稳压器放电，避免稳压器损坏。

2. 正、负固定电压的三端集成稳压器

正、负固定电压的三端集成稳压器如图 10.13 所示。由于电源变压器次级带有中心抽头并接地，整流滤波后得到两个大小相等、极性相反的电压 U_i。然后由 CW7815 和 CW7915 稳压器稳压输出 ±15 V 两路直流电压，并向负载提供 1.5 A 的电流。

3. 可调式三端集成稳压器

最常用的芯片是 CW117、CW317 和 CW137、CW337 系列，前者可输出 1.25～37 V 连

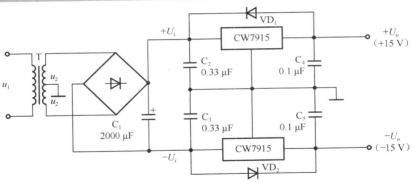

图 10.13　正、负固定电压的三端集成稳压器

续可调正电压，后者可输出 $-1.25 \sim -37\,\text{V}$ 连续可调负电压。它们的基准电压分别为 $\pm 1.25\,\text{V}$，输出额定电流有 $0.1\,\text{A}$、$0.5\,\text{A}$ 和 $1.5\,\text{A}$ 三种。

可调式三端集成稳压器的基本电路如图 10.14 所示。R 与可调电阻 R_P 组成稳压电路的取样环节。稳压输出端与调整端之间的压差就是基准电压 U_{REF}，调整端的电流 $I_A = 50\,\mu\text{A}$，改变 R_P 的值可改变输出电压的高低，即有

$$U_o = U_{REF} + (I_R + I_A) R_P = \left(1 + \frac{R_P}{R}\right) U_{REF} + I_A R_P \qquad (10.5)$$

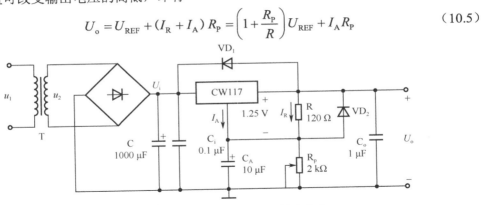

图 10.14　可调式三端集成稳压器的基本电路

设计要点：

（1）在要求精度不太高的场合，可以认为

$$U_o \approx \left(1 + \frac{R_P}{R}\right) U_{REF} \qquad (10.6)$$

式中，电阻 R 一般取 $120 \sim 250\,\Omega$；$U_{REF} = 1.25\,\text{V}$。

（2）电路中的 C_i 和 C_o 用于减小高频噪声，防止自激振荡，提高抑制纹波的能力，一般分别取 $0.1\,\mu\text{F}$ 和 $1\,\mu\text{F}$。

（3）电容 C_A 用于滤除可调电阻 R_P 两端的纹波，取 $10\,\mu\text{F}$ 为最佳。

（4）VD_1 用于当输入端断开时为 C_o 提供放电通路，保护稳压器内部的调整管。VD_2 用于输出端短路时为 C_A 提供放电通路，保护基准电压源。

4．正、负电压可调式三端集成稳压器

在图 10.14 的基础上，再配上由 CW137 组成的负稳压器，就构成了图 10.15 所示的输

出电压调节范围为±1.25～±22 V 的对称稳压电路。

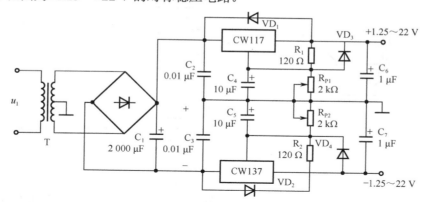

图 10.15　正、负电压可调式三端集成稳压器

10.2.5　LDO 低压差线性稳压器

LDO（Low Dropout Regulator）是一种低压差线性稳压器，是相对于传统的线性稳压器来说的。传统的线性稳压器，如 78XX 系列的芯片都要求输入电压比输出电压高 2～3 V 以上，否则就不能正常工作。但是在一些情况下，这样的条件显然是太苛刻了，如 5 V 转 3.3 V，输入与输出的压差只有 1.7 V，显然是不满足条件的。针对这种情况，才有了 LDO 类的电源转换芯片。

1.　对 AC/DC 电源进行稳压

图 10.16 所示的电路是一种最常见的 AC/DC 电源，交流电源电压经变压器后，变换成所需要的电压，该电压经整流后变为直流电压。在该电路中，低压差线性稳压器的作用是：在交流电源电压或负载变化时稳定输出电压，抑制纹波电压，消除电源产生的交流噪声。

2.　使蓄电池组输出电压恒定

各种蓄电池的工作电压都在一定范围内变化，为了保证蓄电池组输出恒定电压，通常都在电池组输出端接入低压差线性稳压器，如图 10.17 所示。低压差线性稳压器的功率较低，因此可以延长蓄电池的使用寿命。同时，由于低压差线性稳压器的输出电压与输入电压接近，因此在蓄电池接近放电完毕后，仍可保证输出电压稳定。

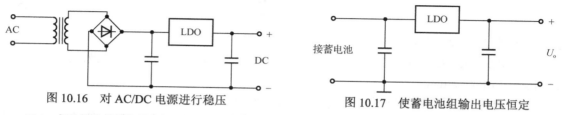

图 10.16　对 AC/DC 电源进行稳压　　　　图 10.17　使蓄电池组输出电压恒定

3.　对开关电源输出电压进行有源滤波

开关电源虽然效率很高，但输出纹波电压较高，噪声较大，电压调整率等性能也较差，特别是对模拟电路供电时，将产生较大的影响。在开关电源输出端接入低压差线性稳压器，如图 10.18 所示，就可以实现有源滤波，而且也可大大提高输出电压的稳压精度，同

时电源系统的效率也不会明显降低。

4. 产生有使能控制端的多路输出

在某些应用中，如无线电通信设备通常只有一个电池供电，但各部分电路常常采用互相隔离的不同电压，因此必须由多个稳压器供电。为了节省电池的电量，通常设备不工作时，都希望低压差线性稳压器工作于睡眠状态。为此，要求线性稳压器具有使能控制端（En）。有单组蓄电池供电的多路输出且具有通断控制功能的供电系统如图 10.19 所示。

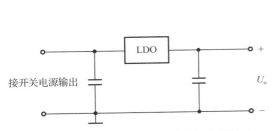

图 10.18　对开关电源输出电压进行有源滤波

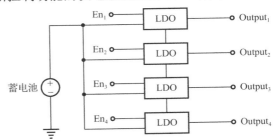

图 10.19　产生有使能控制端的多路输出

10.3　DC/DC 变换器

DC/DC 变换就是指直流/直流电压变换。DC/DC 变换可分为电气隔离、电气不隔离两大类。电气不隔离是指变换前后的两种直流电压的接地点相同；电气隔离是指变换前后的两种直流电压的接地点独立。在电气隔离式 DC/DC 变换电路中，往往采用开关变压器、光电耦合器件实现电气隔离，应用于电器设备的开关电源中，以提高电器的安全性。

不隔离的 DC/DC 变换器按有源功率器件个数分，可分为单管、双管和四管 3 类，单管 DC/DC 变换器有常用 3 种（升压型、降压型、电压极性反转型）；双管 DC/DC 变换器有双管串接的升降压式变换器；四管 DC/DC 变换器有全桥式变换器。

有隔离的 DC/DC 变换器也可按有源功率器件数量分类，有单管正激式、单管反激式、双管推挽式、双管半桥式、四管全桥式。

DC/DC 变换器是开关电源的核心，并广泛应用于手机、MP3、数码相机、便携式媒体播放器等产品中。

10.3.1　降压型 DC/DC 变换器

1. 降压型 DC/DC 变换原理性电路

降压型 DC/DC 变换原理性电路及其工作波形如图 7.20 所示。图中，VT 为开关功率管，受开关脉冲激励，工作在截止和饱和状态；VD 为续流二极管；L 为储能电感；C 为输出电压滤波电容；R_L 代表负载。

当开关管饱和导通时，i_C 线性增大，输入电压经 VT 和 L 给 C 充电，一方面使滤波电容 C 建立起直流电压，另一方面使储能电感 L 中的磁场能量不断增长。当 VT 截止时，L 感应出"右正左负"极性的电势，续流二极管 VD 导通，L 中的磁场能量经 VD 向 C 及负载释放，使 C 上的直流电压更平滑。

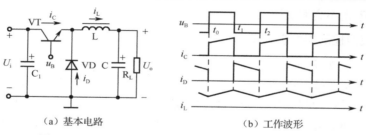

（a）基本电路　　　　　　　　　（b）工作波形

图 10.20　降压型 DC/DC 变换原理性电路及其工作波形

工作波形如图 7.22（b）所示。输出电压与输入电压的关系为：

$$U_{o} = \delta U_{i}$$ （10.7）

式中，$\delta = (t_1 - t_0)/(t_2 - t_0)$，称为占空比。其中 $t_1 - t_0$ 是开关管的饱和导通时间，$t_2 - t_0$ 是开关管的工作周期。由此可知，只要改变激励脉冲的占空比，就可以实现输出电压的调整与稳定。在一个周期内，开关管饱和导通所占的时间越长，占空比就越大，输出电压 U_o 就越高。

2.　由 MC34063 构成的降压型 DC/DC 变换电路

图 10.21 所示是由 MC34063A 组成的降压型 DC/DC 变换电路，MC34063 是中小功率型 DC/DC 芯片，输入电压为+25 V，输出电压为+5 V，输出电流可达 500 mA。图中，L_1 和 VD_1 及 VT_1 组成降压他激式 DC/DC 变换电路。降压变换原理是：若开关管 VT_1 饱和导通，则电流线性增大，电流方向如图中实线所示，此时 VD_1 截止，L_1 储存磁场能量，C_1 被充电；若 VT_1 截止，则由于 L_1 中的电流不能突变，此时 VD_1 导通，电流方向如图中虚线所示，L_1 释放磁场能量，C_1 再次被充电，产生+5 V 直流电压输出。于是电路完成了 25 V 到 5 V 的变换。

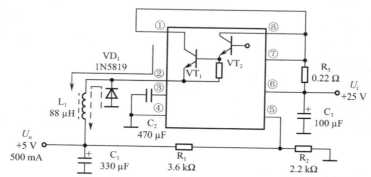

图 10.21　由 MC34063A 组成的降压型 DC/DC 变换电路

设计要点：

（1）输出电压计算：$U_{o} = 1.25 \times (1 + R_1 / R_2)$。

（2）电路将①和⑧脚连接起来组成达林顿驱动电路。如果外接扩流管，则可把输出电流增加到 1.5 A。

（3）R_3 决定限流电流的大小，若 R_3 选择 0.1 Ω，则其限制电流为 1.1 A。

3.　由 MIC4685 构成的降压型 DC/DC 变换电路

图 10.22 所示是由 MIC4685 组成的降压型 DC/DC 变换电路，这是一个中功率降压变换

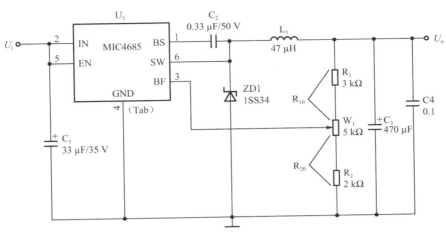

图 10.22　由 MIC4685 组成的降压型 DC/DC 变换电路

电路，输出电流可达 3 A，外部只有滤波电感 L_1、振荡电容 C_2、续流二极管 ZD_1 及 R_1、R_2、W_1 构成的取样电路，通过调节 W_1，可以调整输出电压。MIC4685 采用 SPARK-7 封装形式，工作频率为 200 kHz，基准电压为 1.235 V，最高输入电压为 34 V。

设计要点：

（1）输出电压表示为 $U_o = 1.235 \times (1 + R_{10} / R_{20})$，可根据此式选择合适的 R_{10} 和 R_{20}。

（2）ZD1 选肖特基二极管 1SS34，其他元件选择可参考图 10.22。

10.3.2　升压型 DC/DC 变换器

1. 升压型 DC/DC 变换原理性电路

升压型 DC/DC 变换原理性电路及其工作波形如图 10.23 所示。图中的 VT 为开关功率管，VD 为续流二极管，L 为储能电感，C 为输出电压滤波电容，R_L 代表负载。

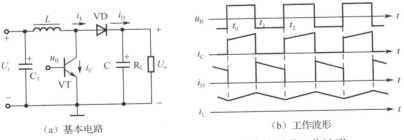

（a）基本电路　　　　　　　　　　（b）工作波形

图 10.23　升压型 DC/DC 变换原理性电路及其工作波形

当开关管 VT 饱和时，续流二极管 VD 截止，L 中的电流线性增大，即储存的磁场能量增大。当 VT 截止时，L 感应电势极性为"右正左负"，此感应电势与 U_i 相加，使 VD 导通，并给 C 充电及向负载提供电能，使输出电压大于输入电压，成为升压式开关电源。

工作波形如图 10.23（b）所示。输出电压 U_o 与占空比 δ 的关系为：

$$U_o = \frac{1}{1-\delta} U_i, \quad \delta = \frac{t_1 - t_0}{t_2 - t_0} \tag{10.8}$$

同样，改变激励脉冲的占空比，可实现输出电压的调整与稳定。

2. 由 MC34063 构成的升压型 DC/DC 变换电路

图 10.24 所示是由 MC34063A 组成的升压型 DC/DC 变换电路。电路的输入电压为 +12 V，输出电压为+28 V，输出电流可达 175 mA。图中，L_1 是储能电感，VD_1 是续流二极管，L_1 和 VD_1 与 VT_1 组成并联型升压他激式开关电源电路。升压变换原理是：若开关管 VT_1 饱和导通，则电流线性增大，电流方向如图中实线所示，此时 VD_1 截止，L_1 储存磁场能量；若 VT_1 截止，则由于 L_1 中的电流不能突变，此时 VD_1 导通，电流方向如图中虚线所示，L_1 释放磁场能量，C_1 被充电，产生+28 V 直流电压。于是电路完成了 12 V 到 28 V 的变换。

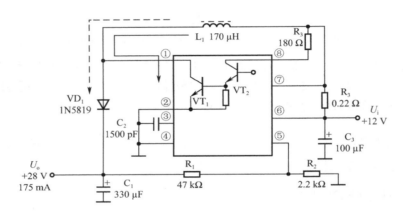

图 10.24　由 MC34063A 组成的升压型 DC/DC 变换电路

图中的 C_2 是振荡定时电容。R_4 为过流检测电阻，过流检测信号从⑦脚输入，通过控制芯片内部的振荡器，可达到限制电流的目的。输出电压经 R_1 和 R_2 分压后，反馈到⑤脚内部比较器的反相端，以保证输出电压的稳定性。本电路的效率可达 89.2%。如果需要，本电路在加入扩流管后输出电流可达 1.5 A 以上。

设计要点：

（1）输出电压计算：$U_o = 1.25 \times (1 + R_1 / R_2)$。

（2）电阻 R_4 的值决定限流电流的大小，现选择 0.22 Ω，其限制电流为 0.5 A。

3. 由 LM2586 构成的升压型 DC/DC 变换电路

图 10.25 所示是由 LM2586 构成的升压型 DC/DC 变换电路。LM2587 是由美国国家半导体公司生产的中功率升压电源芯片，最高输入电压为 40 V，开关电流达 5 A，工作频率为 100 kHz。后缀不同，输出电压不同，通过调节 W_1 可以改变输出电压。该芯片的内部基准电压是 1.23 V。

设计要点：

（1）输出电压表示为 $U_o = 1.23 \times (1 + R_{10} / R_{20})$，根据此式选择合适的 R_{10} 和 R_{20}。

（2）ZD1 选肖特基二极管 1SS34，其他元件选择可参考图 10.25。

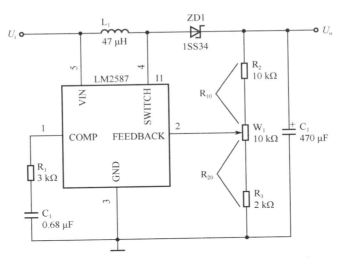

图 10.25　由 LM2586 构成的升压型 DC/DC 变换电路

10.3.3　反转型 DC/DC 变换器

图 10.26 所示是由 MC34063A 组成的反转型 DC/DC 变换电路。该电路的输入电压为 4.5～6 V，输出电压为-12 V，输出电流可达 100 mA。图中的 L_1 和 VD_1 及 VT_1 组成并联型反转 DC/DC 变换电路。反转变换原理是：若开关管 VT_1 饱和导通，则电流线性增大，电流方向如图中实线所示，L_1 储存磁场能量，此时 VD_1 截止；若 VT_1 截止，则由于 L_1 中的电流不能突变，此时 VD_1 导通，电流方向如图中虚线所示，L_1 释放磁场能量，C_1 被充电，产生-12 V 直流电压输出。于是，电路完成了电压极性的反转变换。

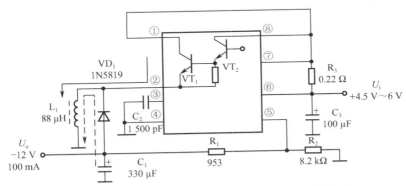

图 10.26　由 MC34063A 组成的反转型 DC/DC 变换电路

此电路中的限制电流为 910 mA，外接扩流管可将输出电流增加到 1.5 A；电路效率为 64.5%。

设计要点：

（1）输出电压计算：$U_o = 1.25 \times (1 + R_2 / R_1)$。

（2）电阻 R_3 的值决定限流电流的大小。

10.3.4 电气隔离型 DC/DC 变换器

电气隔离是指 DC/DC 变换前后的两种直流电压的接地点独立。在电气隔离式 DC/DC 变换电路中，往往采用开关变压器、光电耦合器件实现电气隔离，它们应用于很多电器设备的开关电源中，以提高电器的安全性。

1. 单管式 DC/DC 变换原理性电路

单管式 DC/DC 变换原理性电路及波形如图 10.27 所示，此电路应用最广，电视机中的开关电源几乎均采用了此电路。图中的 VT 为开关功率管，VD 为续流二极管，T 为储能变压器（或开关变压器），C 为输出电压滤波电容，R_L 代表负载。

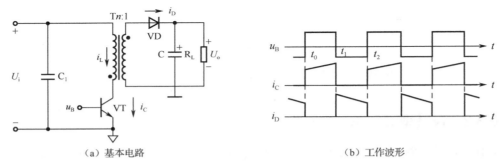

（a）基本电路　　　　　　　　　　（b）工作波形

图 10.27　单管式 DC/DC 变换原理性电路及波形

工作原理：当 VT 饱和导通时，T 初级绕组中的电流线性增大，T 起储存磁场能量的作用，此时 T 次级绕组感应电势的极性为"上负下正"，因而 VD 截止；当 VT 截止时，T 次级绕组感应电势的极性为"上正下负"，VD 导通，T 中的磁场能量向 C 及负载释放，使 C 上建立起直流电压。

工作波形如图 10.27（b）所示。输出电压 U_o 与占空比 δ 的关系为：

$$U_o = \frac{\delta}{1-\delta} \frac{U_i}{n} , \quad \delta = \frac{t_1 - t_0}{t_2 - t_0} \tag{10.9}$$

由式（10.9）可知，只要在开关变压器中添加不同匝数的独立绕组，就可以获得不同数值的直流电压。隔离型变换器的最大优点是可以实现变压器初、次两侧电路接地点的相互独立。因为开关电源直接对电网电压进行整流滤波，使得 U_i 接地点与电网火线相连，安全性极差。通过开关变压器，可实现 U_i 接地点与 U_o 接地点的相互独立，U_o 接地点与电网火线绝缘。

2. 双管推挽型 DC/DC 变换原理性电路

双管推挽型 DC/DC 变换原理性电路如图 10.28 所示。开关管 VT_1 和 VT_2 在开关脉冲激励下轮流导通，即工作在推挽方式。根据开关变压器初、次级绕组的同名端可知，当 VT_1 导通、VT_2 截止时，整流管 VD_2 导通、VD_1 截止；当 VT_2 导通、VT_1 截止时，整流管 VD_1 导通、VD_2 截止。VD_1 和 VD_2 也轮流导通，经 L 和 C_2 滤波后，产生输出直流电压 U_o。

与图 10.27 中的单管式 DC/DC 变换电路相比较，双管推挽型 DC/DC 变换电路的输出功率更大。

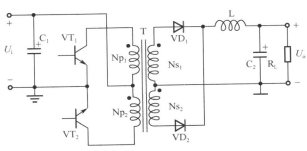

图 10.28　双管推挽型 DC/DC 变换原理性电路

3. 双管半桥型 DC/DC 变换原理性电路

双管半桥型 DC/DC 变换原理性电路如图 10.29 所示。由 VT_1、VT_2、C_1、C_2 构成半桥式驱动电路，电路中的 $C_1=C_2$，而且要求 $U_{C1}=U_{C2}=U_i/2$。开关管 VT_1 和 VT_2 在开关脉冲激励下轮流导通，即工作在推挽方式。当 VT_1 导通时，电流经 VT_1、Np 绕组及 C_1 流通，Np 绕组中的电流自下向上；当 VT_2 导通时，电流经 C_2、VT_2 及 Np 绕组流通，Np 绕组中的电流自上向下。T 是开关变压器，T 次级绕组交流电经 VD_1、VD_2 整流，再经 L、C_3 滤波，产生输出直流电压 U_o。

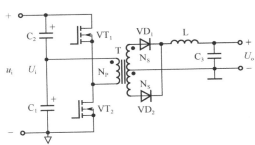

图 10.29　双管半桥型 DC/DC 变换原理性电路

如果将 C_1、C_2 换成开关管，则半桥型 DC/DC 变换电路将变成全桥型 DC/DC 变换电路。

4. 全桥型 DC/DC 变换原理性电路

全桥型 DC/DC 变换原理性电路如图 10.30 所示。VT_1～VT_4 构成四个桥臂，电路工作在推挽方式，即当 VT_1、VT_4 导通时，VT_2、VT_3 截止，电流自左向右流过 T_1 的 Np 绕组；当 VT_1、VT_4 截止时，VT_2、VT_3 导通，电流自右向左流过 T_1 的 Np 绕组。VD_5、VD_6、L、C_6 组成输出电压 U_o 的全波整流滤波电路。

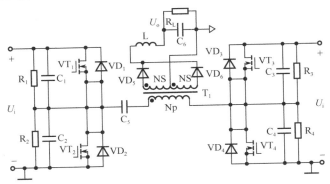

图 10.30　全桥型 DC/DC 变换原理性电路

显然，当输入电压 U_i 相同时，全桥型 Np 绕组的交流电压幅度接近 U_i，而半桥型 Np 绕组交流电压的幅度仅接近 $U_i/2$。

10.4 开关稳压电源

何谓开关电源？顾名思义，即电源中的调整管工作在开关状态，因而电源效率特别高。DC/DC 变换电路有时也被称为开关电源，因为其调整管工作在开关状态，工作效率很高。开关电源应该是一种 AC/DC 变换，它输入的是 220 V/50 Hz 交流电，输出的是直流电压。将 220 V/50 Hz 交流电变换成直流电压，通常需要经过两个步骤：第一步是直接对 220 V/50 Hz 交流电整流滤波，获得 300 V 未稳直流电压；第二步再将 300 V 未稳直流电压变换成稳定的、电压值符合需要的直流电压。在以上两个步骤中，整流滤波电路比较简单，而 DC/DC 变换电路是核心，其电路类型众多，集成芯片众多。

与 DC/DC 变换电路类似，开关电源有电气隔离、电气不隔离两大类，有升压型、降压型、电压极性反转型开关电源，按开关管数量分类有单管、双管推挽式、双管半桥式、四管全桥式开关电源，有全分立元件开关电源、集成芯片开关电源。与传统电源相比较，开关电源由于直接对 220 V/50 Hz 交流电整流滤波，省去了十分笨重的工频变压器，电源体积小、质量轻，而且效率很高，其应用十分广泛。

下面以图 10.31 所示的飞利浦 24HFL3336/T3 液晶电视机开关电源为例，介绍开关电源的设计要点。此形式的开关电源十分典型，应用最广。需说明的是，为尊重原电路，下面的论述采用了图 10.31 中的元器件表示法。

10.4.1 220 V/50 Hz 整流滤波电路

传统电源是利用电源变压器降压后再整流滤波，而开关电源直接对 220 V/50 Hz 交流电进行整流滤波，由于被整流的交流电为 220 V 有效值，所以整波滤波电路的设计具有下列特点。

1. 选用高耐压二极管与滤波电容

（1）对于桥式整流，整流管应承受 $220\sqrt{2}$ V 反向电压，为此，图 10.31 中的电路选用了 RL207 管，其最大重复峰值反向电压为 1 000 V；最大正向平均整流电流为 2 A。

（2）电容器的耐压：整流后的约 300 V 直流电压在 EC9、C27 滤波电容中形成，对 EC9、C27 电容器的耐压要求很高，图 10.31 中 EC9 的耐压为 450 V，C27 的耐压为 1 kV。另外，CX1 电容器的耐压为 275 V，CY1、CY2 电容器的耐压为 400 V。

2. 设置开机过流限流电阻

对于整流滤波电路，电容滤波有一个缺点，即开机浪涌电流特别大，尤其是在对 220 V/50 Hz 交流电直接整流滤波的场合。因为开机前滤波电容 EC9 中的电压为 0 V，开机后 EC9 被充电，电压从 0 V 充电到 300 V，所以开机瞬间浪涌电流特别大，通常接一个几欧的大功率限流水泥电阻。

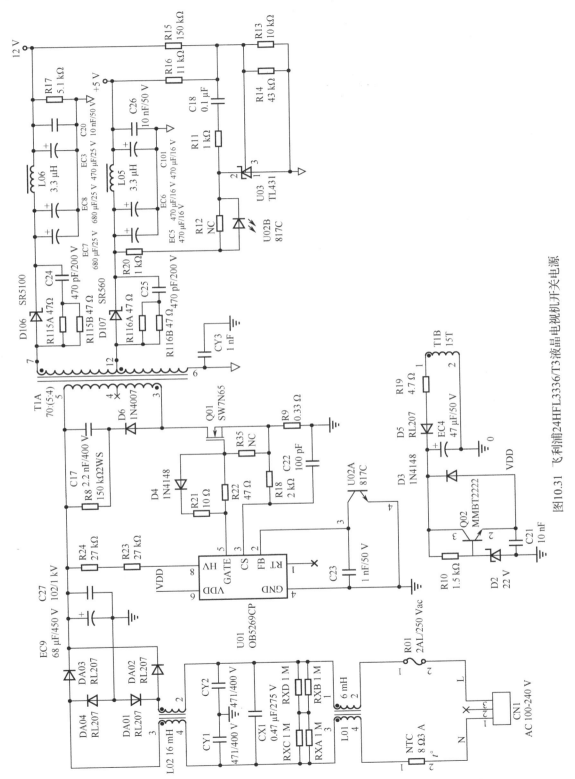

图10.31 飞利浦24HFL3336/T3液晶电视机开关电源

当电源进入正常工作状态后，浪涌电流不是很大，不再需要限流，因此图 10.31 中的电路选用 8 Ω负温度系数热敏电阻（NTC），开机瞬间 NTC 阻值较大，起限流作用，正常工作后，NTC 因发热而阻值变小，使 NTC 的功耗减小。

3. 有双向高频滤波措施

由于 220 V/50 Hz 交流电中有高频干扰信号，因此应阻止高频干扰进入开关电源。另外，开关电源工作在几十千赫兹频率上，开关脉冲幅度高达 $500V_{pp}$，极易污染 220 V/50 Hz 交流电网，也必须加以阻止。因此，开关电源必须设置双向高频滤波器，由 L01、L02、CX1、CY1、CY2 组成。

L01、L02 滤波线圈采用双线并绕方式，两个绕组匝数相等，但两个绕组中的 50 Hz 交流电流方向相反，因而产生的磁力线抵消为零，也就是 L01、L02 滤波线圈对 50 Hz 交流电的阻抗为零。但对于高频干扰，L01、L02 滤波线圈呈现很大阻抗，起到了滤除高频干扰的作用。图 10.27 中的 L01、L02 电感量分别为 6 mH、16 mH，若高频干扰频率为 50 kHz，则 L01、L02 呈现的感抗分别为 1.88 kΩ和 5 kΩ，由此可见，高频干扰难以通过 L01、L02。

10.4.2 开关电源 DC/DC 变换设计

图 10.31 中的 DC/DC 变换主要由 U01（OB5269CP）、开管功率管 Q01、开关变压器 T1、22 V 稳压管 Q02、稳压光电耦合器件 U02、稳压控制 U01、+12 V 输出电压整流管 D106、+5 V 输出电压整流管 D107 等组成。

1. DC/DC 变换专用芯片 OB5269CP

OB5269CP 是 DC/DC 变换控制芯片，其主要功能是：一是内部振荡电路产生开关脉冲从⑤脚输出；二是内部有稳压控制电路，由②脚输入负反馈信号来实现稳压控制；三是内部有过流、过压、过温保护电路。OB5269CP 芯片各引脚的功能是：①脚为功能设置（过温保护、过压保护）；②脚为反馈脚，即稳压控制输入；③脚为过流检测保护输入；④脚接地；⑤脚为驱动脉冲输出；⑥脚为 30 V 电源脚；⑧脚为高压供电脚，可加 500 V 直流电压。

2. OB5269CP 芯片的供电设计

OB5269CP 芯片的供电是重要设计内容，其⑥脚为供电脚，供电电压由 Q02 简易稳压电路产生，开关变压器 T1 的①、②绕组中的开关脉冲经 R19 限流、D5 整流、EC4 滤波，再经 Q02、D2 稳压，产生 22 V 直流电压 VDD 给 OB5269CP 芯片的⑥脚供电。OB5269CP 芯片的⑧脚为高压供电脚，即 300 V 直流电压经 R23、R24 给⑧脚供电，因为电压太高，所以 R23、R24 的阻值为 24 kΩ。

为什么要设置两种供电呢？如果只有⑥脚供电，则开关电源不能启动；如果只有⑧脚供电，则供电电压为不稳定的 300 V，此电压太高。因此，当开关电源启动后，由⑧脚供电，待开关电源正常工作后，由⑥脚、⑧脚共同供电（当然以⑥脚供电为主）。

3. 开关管的选择及保护措施

开关管 Q01 的漏极通常有约 $500V_{pp}$ 脉冲，因此对开关管的耐压要求极高。图 10.31 中的开关管 Q01 选为 SW7N65，其耐压为 650 V，最大漏极电流为 7 A。

在图 10.31 所示电路中，开关管 Q01 最容易坏，因为当 Q01 由导通向截止转换瞬间，开关变压器 T1③、⑤绕组中的电流突变，③、⑤绕组会产生上负下正、幅值很大的尖峰电势，这很容易击穿开关管 Q01。为此，将 D6、R8、C17 并联在③、⑤绕组上，以吸收③、⑤绕组的尖峰电势，防止 Q01 被击穿。

R9 为过流检测电阻，当开关管 Q01 的源极电流过大时，R9 的压降也过大，此压降经 R18、C22 滤波加到 OB5269CP 芯片的④脚，OB5269CP 芯片内部的过流保护被启动。

4. DC/DC 变换工作过程

当电视机通电后，220 V 交流电经整流滤波产生约 300 V 直流电压，该直流电压经启动电阻 R23、R24 加到 OB5269CP 芯片的⑧脚，OB5269CP 芯片内部开始振荡，产生开关脉冲从⑤脚输出，驱动 Q01 工作在开关状态。当 Q01 饱和导通时，电流流过开关变压器 T1 的③、⑤绕组，此时开关变压器 T1 储存磁场能量，整流管 D106、D107、D5 截止；当 Q01 截止时，开关变压器 T1 中的各绕组电压极性变反，整流管 D106、D107、D5 导通，给各滤波电容充电，此时开关变压器 T1 中的磁场能量转换成各滤波电容中的电场能量，即经 EC7、EC8、EC3、C20、L06 滤波产生+12 V 直流电压，经 EC5、EC6、C101、C26、L05 滤波产生+6 V 直流电压，经 EC4 滤波产生+30 V 直流电压（VDD）。其中 VDD 经 Q02、D2 稳压后，加到 OB5269CP 芯片的⑥脚供电。

5. 稳压电路设计

稳压电路主要由稳压芯片 U03（TL431）、光电耦合器件 U02（817C）组成。R13、R14、R15、R16 是取样电阻，如果输出电压+12 V 或+5 V 不稳定，此不稳定电压经取样电阻影响到 U03 的③脚，再经光电耦合器件 U02 影响到 OB5269CP 芯片的②脚，使 OB5269CP 芯片自动调整⑤脚输出的开关脉冲的宽度，从而实现稳压。假如输出电压偏高，经取样后使 U03 的③脚电压也偏高，U03①、②脚间的电流增大，U02 的电流增大，OB5269CP 的②脚电压下降，OB5269CP 的⑤脚输出的脉冲宽度变窄，输出电压降回到正确值。

采用光电耦合器件的目的是实现开关电源热地与冷地的隔离，即电气隔离。以开关变压器 T1 为界，T1 左边是热地电路，T1 右边是冷地电路。

第 11 章

高频电路设计

11.1 调幅与检波电路

调幅就是用低频调制信号去控制高频载波的振幅，使高频载波的振幅按照调制信号的变化规律而变化。检波是调幅的逆过程，就是从高频调幅波中检出低频调制信号。

11.1.1 普通调幅与检波电路

1. 普通调幅原理

调制信号 $u_\Omega(t) = U_{\Omega m}\cos\Omega t$ 的波形如图 11.1（a）所示，载波信号 $u_c(t) = U_{cm}\cos\omega_c t$ 的波形如图 11.1（b）所示，经过普通调幅后，调幅波 $u_{AM} = U_{cm}(1 + m_a\cos\Omega t)\cos\omega_c t$ 的波形如图 11.1（c）所示。实现普通调幅的电路详见第 8 章的 8.4.1 节。

2. 二极管包络检波电路

检波电路有乘法器同步检波电路及二极管包络检波电路。乘法器同步检波详见第 8 章的 8.4.2 节。

二极管包络检波电路如图 11.2 所示。其中，VD 为检波二极管，R 和 C 为滤波元件，C_1 为低频信号耦合电容。利用二极管的单向导电性，普通调幅波的负半周信号被阻断；正半周信号经 R 和 C 滤波后，获得含直流分量的原低频调制信号；再利用 C_1 阻断直流，即可取出原低频调制信号输出。

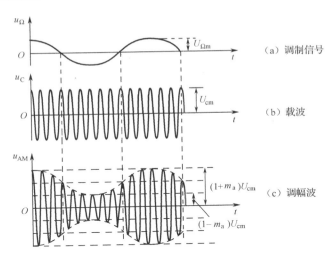

图 11.1 调制信号、载波及调幅波的波形

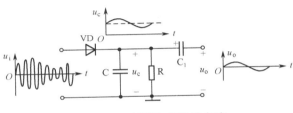

图 11.2 二极管包络检波电路

设计要点：

（1）检波管通常采用 2AP 型锗二极管，其正向导通电压只有 0.2 V 左右。

（2）时间常数 RC 太小，则残余高频分量不能被滤除；时间常数 RC 太大，则电容放电太慢，电容放电跟不上调幅波包络信号的变化，使输出的低频信号产生失真。

11.1.2 平衡调幅与同步检波电路

1. 平衡调幅原理

调制信号为 $u_\Omega(t) = U_{\Omega m} \cos \Omega t$，载波信号为 $u_c(t) = \cos \omega_c t$，经过平衡调幅（乘法运算）后，调幅波为 $u_{DSB} = U_{\Omega m} \cos \Omega \cos \omega_c t$，这三个信号的波形如图 11.3（a）所示。实现平衡调幅的电路详见第 8 章的 8.4.1 节。

2. 同步检波电路

由于平衡调幅信号的包络并不代表原调制信号，因而不能采用简单的包络检波，而必须采用同步检波。同步检波电路由一个模拟乘法器与低通滤波器组成，如图 11.4 所示。模拟乘法器的两路输入，一路是平衡调幅信号 u_i，另一路是本地载波信号 $u_c(t) = \cos \omega_c t$。本地载波信号必须与调幅信号中的载波同频同相，同步检波由此得名。

设计要点：

（1）模拟乘法器可采用 MC1496 芯片，具体电路详见第 8 章的 8.4.2 节。

（2）低通滤波器可采用一级 RC 无源低通滤波。

（3）为实现本地载波信号与调幅信号中的载波同频同相，必须有一个载波恢复电路。

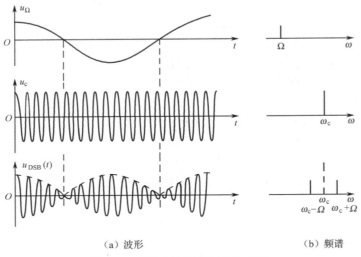

（a）波形   （b）频谱

图 11.3　平衡调幅波的波形与频谱

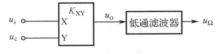

图 11.4　同步检波电路原理方框图

11.2　调频与鉴频

若用调制信号去控制高频载波的瞬时频率，使载波的角频率随调制信号的大小而变化，则这种调制称为频率调制，简称调频，简写为 FM。与振幅调制相比，频率调制的抗干扰能力强，但占用的频带较宽。在调频广播、电视伴音、通信及遥测技术中，广泛采用了调频制。

11.2.1　常用调频电路

有直接调频和间接调频两类电路。直接调频就是用调制信号直接控制高频载波振荡器的振荡频率，以产生调频波。直接调频电路又称调频振荡器，最常见的是利用 LC 正弦波振荡器作为被控振荡器，并在回路中接入可变电抗元件，且使可变电抗元件的电感量或电容量受调制信号的控制，这样就可以产生振荡频率随调制信号变化的调频波。可变电抗元件种类很多，如驻极体话筒或电容式话筒，它们可以作为声音控制的可变电容元件。目前应用最多的是变容二极管。

1. 晶振直接调频电路

100 MHz 晶振直接调频电路如图 11.5 所示。此电路也是一个无线话筒发射机电路。VT_2 是振荡管，C_3、C_4 和 VD 及石英晶体组成电容三点式振荡电路。话筒信号经 VT_1 放大后，

再经 L_1 加到变容二极管 VD 的负极，以实现直接调频。VT_2 集电极上的谐振回路调谐在振荡频率的三次谐波上，从而完成对振荡信号的三倍频功能。最后，调频信号由 C_6 耦合到天线。

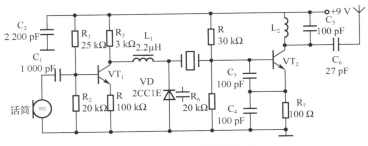

图 11.5　晶振直接调频电路

需要指出的是，变容二极管 VD 上除了直流电压和调制电压以外，还作用着高频振荡信号电压，这种高频电压不仅影响着调频瞬时频率随调制电压的变化规律，还会影响振荡幅度及频率稳定度等性能。

晶振直接调频电路的特点是，由于采用晶体振荡，因此调频波的中心频率比较稳定，但变容二极管的容量变化引起调频波的频偏不很大，频偏值不会超出晶体串联与并联两者谐振频率差值的一半，即调频灵敏度不高，因此只用于小频偏调频电路中。

设计要点：

（1）VT_1 按音频放大进行设计，VT_2 按高频 LC 振荡电路进行设计。

（2）L_1 是高频扼流圈，其电感量应合适，允许 VT_1 输出的低频调制信号加到 VD 负极，但阻止 VD 负极上的高频振荡信号加到 VT_1 集电极。

（3）VT_2 集电极必须接 LC 谐振回路，谐振频率可等于振荡频率。若希望载波更高一些，可取振荡频率的二三次谐波频率。

2．双变容二极管直接调频电路

图 11.6（a）所示是双变容二极管直接调频电路。R_1、R_2 和 R_3 是偏置电阻；C_1 和 C_6 是旁路电容，对振荡信号视为短路；L_1、L_2 和 L_3 是高频扼流圈，对振荡信号视为开路；C_7、L_4 和 C_8 是 π 形退耦滤波元件；L、C_2、C_3、C_5、VD_1 和 VD_2 是电容三点式振荡元件。振荡等效电路如图 11.6（b）所示。

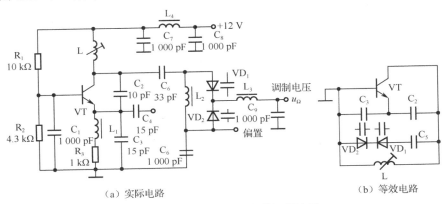

（a）实际电路　　　　　　　　　　　　　　　　（b）等效电路

图 11.6　双变容二极管直接调频电路

此振荡电路的一个显著特点是采用了两个变容二极管来实现调频，调制信号 u_Ω 经 L_3 和 C_9 低通滤波后加到 VD_1 和 VD_2 负极，偏置电压加到 VD_2 正极，并经 L_2 加到 VD_1 正极。VD_1 和 VD_2 对调制信号而言是并联的，对高频振荡信号而言是串联的。因此，高频振荡电压使 VD_1 和 VD_2 引起的电容量变化正好相反，这样高频振荡电压基本不会使变容二极管的容量发生变化。变容二极管的容量变化仅取决于调制信号，从而克服了单变容二极管调频的缺点。

与图 11.5 所示的晶振直接调频电路相比较，图 11.6 所示的电路可获得较大的频偏，但调频波的中心频率稳定度不高。

设计要点：

（1）变容二极管选择详见第 2 章的 2.2.2 节。

（2）L_1、L_2 和 L_3 是高频扼流圈，电感量大一些。

（3）VT 选择高频管，C_1 使 VT 工作在共基极放大模式，工作频率高。

11.2.2　常用鉴频电路

鉴频是调频的逆过程，其作用是从调频波取出低频调制信号。鉴频又称频率检波。实现鉴频功能的电路很多，本节将介绍常用的斜率鉴频器和相位鉴频器。

1．斜率鉴频器

实现鉴频的关键是如何将等幅调频波变换成调幅调频波，然后再进行幅度包络检波，这样就可以获得低频调制信号。

单失谐回路斜率鉴频器如图 11.7 所示。调频信号经变压器 T 耦合到 LC 回路，由于 LC 回路对调频信号的中心频率 f_c 是失谐的，即将 f_c 设计在 LC 幅频特性曲线的左侧斜坡（也可以是右侧斜坡）中部位置上，则调频波的频率变化将引起调频波的幅度发生变化，于是在电容 C 两端获得的 u_c 电压波形是幅度变化的调频波。u_c 波形再经 VD、C_1 和 R_1 进行包络检波，就能获得低频调制信号输出。

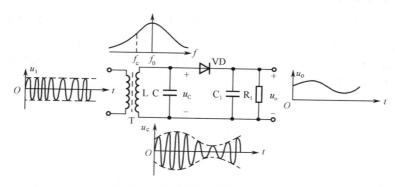

图 11.7　单失谐回路斜率鉴频器

这种利用 LC 谐振曲线的斜坡特性来实现调频波的等幅–调幅变换的鉴频器，称为斜率鉴频器。由于单个 LC 回路的幅频特性曲线斜坡部分不是直线，因此其失真较大，实际采用得很少。

设计要点：

（1）检波管通常采用 2AP 型锗二极管，其正向导通电压只有 0.2 V 左右。

（2）调 L 磁芯改变电感量，使 LC 工作在失谐方式，若没有调好，则鉴频输出失真很大。

（3）C_1 用于滤除残余载波分量，对低频调制信号呈现很大的容抗。

2．相位鉴频器

（1）叠加型相位鉴频器。叠加型相位鉴频器模型如图 11.8 所示。首先利用 LC 频率-相位线性变换网络对调频波 u_i 进行移相处理，当 u_i 的瞬时频率为中心频率 f_c 时，u_i 被移相 $90°$ 而成为 u_2；当 u_i 的瞬时频率高于或低于 f_c 时，u_i 被移相的角度大于或小于 $90°$。再将 u_2 与 u_i 矢量相加得到 u_a。由于频率不同，u_2 与 u_i 的相位差不同，因而两矢量相加后的电压 u_a 的幅度也不同，即 u_a 的幅度随着调频波瞬时频率的变化而变化，也就是说，加法器输出的是一个调幅调频波。再对 u_a 进行包络检波，将获得低频调制信号 u_o 输出。

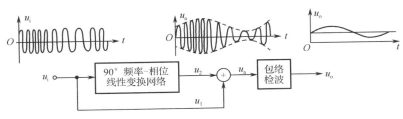

图 11.8　叠加型相位鉴频器模型

（2）乘积型相位鉴频器。乘积型相位鉴频器模型如图 11.9 所示。与图 11.8 进行比较，两者都有一个 $90°$ 频率-相位线性变换网络。不同的是，图 11.9 中相位差为 $90°$ 的调频信号 u_x 和 u_y 不是相加而是相乘，相乘的结果经低通滤波后就能获得原低频调制信号。鉴于此，只要分析一下两个同频不同相信号的相乘特性（又称鉴相特性），就能说明乘积型相位鉴频器的工作原理。

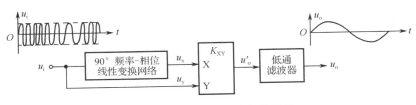

图 11.9　乘积型相位鉴频器模型

设计要点：

（1）相位鉴频器的关键是 $90°$ 频率-相位线性变换网，通常采用 LC 失谐移相电路。

（2）乘法器可采用 MC1496 芯片，具体电路详见第 8 章的 8.4.2 节。

11.3　变频电路

变频技术是各种外差式接收机中的一项重要技术，其作用是将接收到的高频调制信号变换成中频调制信号。例如，在中、短波收音机中，将高频调幅波变换成 465 kHz 的中频调幅波；在调频收音机中，将高频调频波变换成 10.7 MHz 的中频调频波；在电视接收机中，将高频调幅图像信号变换成 38 MHz 的中频调幅图像信号等。

11.3.1 变频电路组成

变频器组成如图 11.10 所示，它由本机振荡器、非线性混频器件和带通滤波器三部分组成。本机振荡器的任务是产生一个比高频调制信号载波频率高出一个中频的等幅正弦波信号；非线性混频器件有高频信号和本振信号输入，利用器件的非线性特性获得一个差频信号，即本振频率 f_L 与载波频率 f_c 之差，这个差频 f_i 信号就是所需要的中频信号。带通滤波器的作用是选出混频输出的差频信号，滤除其他非差频信号。

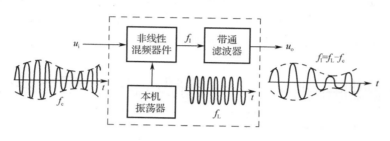

图 11.10 变频器组成

实现变频的关键是非线性混频器件，模拟乘法器、二极管、三极管及场效应管都是非线性器件，都可以实现混频。

11.3.2 三极管混频电路

三极管混频电路如图 11.11 所示，该电路取自电视机混频电路。VT 为混频管，其静态工作点由 R_1、R_2 及 R_3 决定，C_4 是发射极旁路电容，R_4 和 C_5 是电源退耦滤波元件。本振信号 u_L 经 C_3 耦合到 VT 的基极，高频调制信号互感耦合到 L_2、C_1 及 C_2 选频回路，并从 C_2 两端取出，再加到 VT 的基极。利用 VT 的输入特性非线性，VT 的基极电流就有差频信号产生，经放大后，由 C_6、L_3、C_7、C_8 及 L_4 双谐振回路选出 38 MHz 差频信号 u_o 送往中频放大电路，而其他的无用频率信号被滤除。

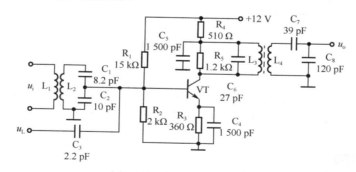

图 11.11 三极管混频电路

设计要点：

（1）采用高频三极管，静态电流不能太大，要求三极管工作在非线性区域。

（2）高频调制信号通常加到三极管基极，本振信号既可加到基极，也可加到射极。

（3）混频输出端必须有差频（中频）谐振电路，以便选出差频信号，滤除其他无用信号。

11.4　调制信号放大电路

在无线电通信接收设备中，经常要放大高频调制小信号。要求高频小信号放大电路不但具有足够的带宽与增益，还具有良好的选频功能。因此，高频小信号放大电路集放大、选频于一体，其电路由有源放大和无源选频网络组成。作为放大部件，可以是三极管、场效应管或集成电路；作为选频网络，可以是 LC 谐振回路、声表面波滤波器及陶瓷滤波器等。

11.4.1　单调谐放大电路

单调谐放大电路如图 11.12（a）所示，输入端和输出端采用变压器耦合，可将变压器绕组对直流视为短路，于是得到直流通路如图 11.12（b）所示。显然，这是一个分压式偏置放大电路。C_b 是基极旁路电容，C_e 是发射极旁路电容。所谓旁路是指电容对有用信号视为短路。于是得到交流通路如图 11.12（c）所示。为了使放大电路具有选频功能，在放大管的集电极接有 LC 调谐回路。若忽略放大管输出端电容 C_o 和负载电容 C_L 的影响，则谐振频率为

$$f_o \approx \frac{1}{2\pi\sqrt{LC}} \tag{11.1}$$

选频放大的原理是：若输入信号的频率就是回路的固有频率 f_o，则 LC 回路发生并联谐振，就相当于在放大管集电极接入一个很大的电阻性负载；LC 回路中的信号电流是放大管集电极信号电流的 Q 倍，Q 是回路的品质因数；此时输出信号电压最大，电压放大倍数也为最大。若信号频率远离 f_o，则 LC 回路失谐，放大管的集电极负载很小，信号就得不到放大。

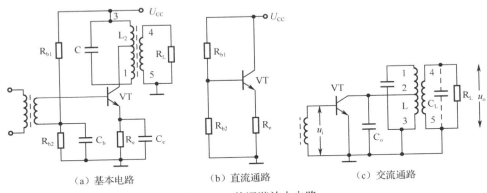

（a）基本电路　　　　（b）直流通路　　　　（c）交流通路

图 11.12　单调谐放大电路

设计要点：

（1）采用高频三极管，因为信号微弱，静态电流不大，通常为 0.3～1 mA，静态电流大些，放大倍数也大，但易自激。

（2）谐振电容 C 通常采用云母电容器，精度高。

（3）通过调节 L 磁芯来改变电感量，使谐振频率等于调制信号载波频率。

11.4.2　双调谐放大电路

单调谐放大电路虽然简单、调整方便，但它不能很好地解决选择性与通频带之间的矛

盾。若要获得宽的通频带，而选择性也比较理想，则可采用双调谐放大电路。

双调谐放大电路如图 11.13 所示，即放大管 VT$_1$ 输出端有分别由 L$_1$、C$_1$ 和 L$_2$、C$_2$ 组成的两个调谐回路。L$_1$C$_1$ 称为初级回路，L$_2$C$_2$ 称为次级回路。初、次级回路之间采用互感耦合，当然也可以采用电容耦合。在实际电路中，初、次级回路通常都调谐在同一个频率 f_0 上，初、次级回路元件参数相等，品质因数 Q 相等。

改变互感 M 可改变初、次级回路之间的耦合程度。但通常用耦合系数 k 来表征耦合程度，耦合系数为

$$k = \frac{M}{\sqrt{L_1 L_2}} \tag{11.2}$$

定义 $\eta = kQ$ 为耦合因数，Q 为回路品质因数。双调谐放大电路的选频特性如图 11.14 所示。若耦合因数 η 不同，则选频特性也不同。

弱耦合（$\eta < 1$），选频特性为单峰，峰点在 f_0 处。随着 η 的增加，峰值逐渐增大。此种耦合的电压放大倍数低，通频带也不宽，因此很少采用。

临界耦合（$\eta = 1$），选频特性也为单峰，峰点在 f_0 处。此种耦合，峰值达到最大值，曲线两侧较陡，顶部变化平缓，因此通频带比单调谐的宽，选择性也比单调谐的好。

强耦合（$\eta > 1$），选频特性为双峰，两个峰值也达到最大值，在 f_0 处曲线下凹。η 越大，两峰间距也越大，中间下凹也越多。通常允许曲线中间略有下凹，因此此种耦合能获得很宽的通频带及良好的选择性。

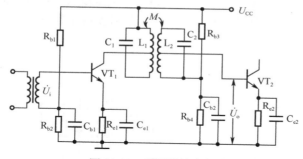

图 11.13　双调谐放大电路

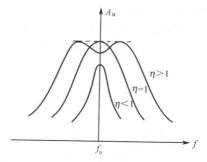

图 11.14　双调谐放大电路的选频特性

设计要点：

（1）采用高频三极管，因信号微弱，静态电流不大，通常为 0.3～1 mA，静态电流大些，放大倍数也大些，但易自激。

（2）谐振电容 C$_1$、C$_2$ 通常采用云母电容器，精度高。

（3）通过调节 L$_1$ 和 L$_2$ 磁芯来改变电感量，使谐振频率等于调制信号载波频率。

11.4.3　集成调谐放大电路

随着电子技术的发展，出现了越来越多的高频线性集成电路。有的宽带放大器的带宽增益乘积达到几个吉赫兹（GHz），专用的高频放大器在几十兆赫兹（MHz）频率上可得到 50 dB 以上的增益。在许多新设计的无线电设备中，越来越广泛地使用了集成调谐放大器。由于在集成芯片上制造电感、电容有困难，因此调谐放大器不能全部集成化，只能将调谐

放大器的放大部分集成化，选频部分采用外接的办法。

集成宽带放大器 MC1590 的应用如图 11.15 所示，⑦脚为电源电压输入，电源电压也加到⑤脚和⑥脚。电容 C_3 使③脚交流接地，信号从①脚输入，信号从⑤脚和⑥脚以差分形式输出。

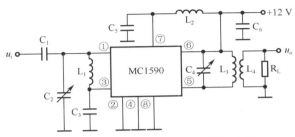

图 11.15　由 MC1590 组成的调谐放大器

设计要点：

（1）因工作频率高，电源电压滤波通常采用 LC 元件，即电路中由 C_5、L_2 和 C_6 组成的 π 形滤波器。

（2）L_1 与 C_2 构成输入端调谐回路，谐振频率由 C_2 调整。

（3）C_4 和 L_3 构成输出端调谐回路，谐振频率由 C_4 调整。

第3篇

电子产品设计

电子产品种类很多，本篇选择的典型电子产品设计有信号发生器、多路温度测试仪、超声波测距仪、LED灯电源、数控电源、无线调频接收机、声控报警器。这七种电子产品设计涵盖了模拟电子技术、数字电子技术、单片机等方面的知识。

第 *12* 章

电子产品设计流程

12.1　电子产品设计流程简介

　　电子产品虽然种类繁多，功能各不相同，在设计上存在很大差异，但设计的流程基本一致，本章就谈谈电子产品设计中的共性问题和设计流程。图 12.1 所示是电子产品开发流程。

　　说明：

　　（1）简单的电子产品根据情况对上述流程各阶段可有取舍。

　　（2）重要的电子产品，可以将模型和初样分成两个阶段，每个阶段都做评审。

　　（3）电子产品的开发和机械产品的开发各有特点，流程也有所差异。通常电子产品设计完成后，必须先做部分或全部的模拟性或验证性的试验，然后再作试产，而机械产品只有生产出来后才能试验。开发机电混合产品时，必须将两种情况都考虑进去。

12.2　流程各阶段工作内容

12.2.1　论证与方案

1．需求性论证

1）主要工作

需求性论证的主要工作有：

（1）市场前景调查，有无同类产品面市；

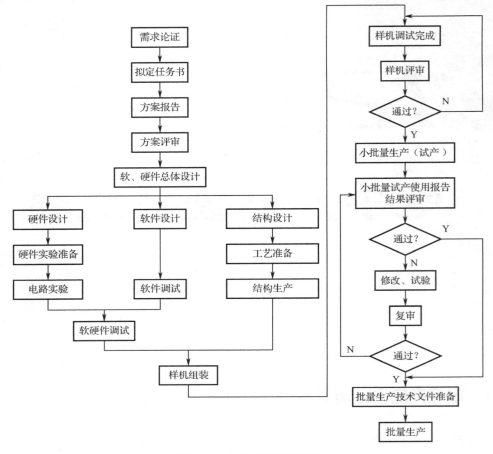

图 12.1　电子产品开发流程

（2）经济与社会效益预估；

（3）目前国内外技术水平的了解与分析。

2）产出文件

产出文件为需求性论证报告。

2．拟定任务书

计划任务书的内容应包括：

（1）主要功能、用途及技术指标要求；

（2）技术水平状态（与国内外水平比较）；

（3）完成时间；

（4）开发经费；

（5）主要负责人（或单位）及主要参研人员；

（6）任务书的制定（或下达）单位、负责人。

> **！注意**：任务书一般是由用户或上级单位或领导制定的，不大可能（也没有必要）指出技术难度或技术关键是什么，因此任务书中一般不包括技术关键的内容。当任务书由开

发单位自己拟定时，如果先做了方案，则"关键技术"已经分析出来。虽然如此，但也不必将"关键技术"列入任务书中。

3. 方案报告

1）方案报告内容

方案报告应包括以下内容：

（1）软件、硬件、结构要求的可实现性；

（2）现有元器件和材料的性能对可实现性的满足状态；

（3）技术和工艺难度的大小和解决办法等；

（4）产品应具有哪些主要功能和技术要求；

（5）有哪些关键技术，需要采取什么样的技术措施；

（6）有无关键元器件和材料，需要采取什么样的解决措施；

（7）软件采用何种语言；

（8）所需要的仪器和设备；

（9）需要外协加工的项目；

（10）需要的经费预算；

（11）人员配备及开发周期，拟出各阶段计划。

2）产出文件方案设计报告

产出文件方案设计报告。

3）方案评审

方案报告是产品开发很重要的一步，上级主管部门、技术领导（如总师）、参研部门和主要人员都应当认真对待，方案所确定的方向、原则、关键技术、仪器设备、经费、周期牵涉到企业或公司的多个部门或全局。因此，如果方案定得不妥当，将会造成很大的人力、物力的浪费。方案评审的主要内容包括以下四方面：

（1）所拟订的方案是否可行；

（2）重要的修改的建议；

（3）可否转入产品的开发；

（4）有关部门有什么困难及解决办法；

（5）写出评审结论。

12.2.2 设计过程

1. 总体设计

1）主要工作

总体设计的主要任务是根据功能和技术要求，拟定软件和硬件的主要功能模块，提出（或商定）结构要求，具体如下：

（1）基本构成模块和各模块之间的关系；

（2）各模块的功能及完成功能应采取的技术手段（方法）；

（3）模块中需要的关键元器件的性能简述；

（4）分析软件整体功能，拟定软件结构（流程），说明各模块的主要功能，必要时，对算法进行详细说明；

（5）规划整机结构，拟定结构要求，包括外形、机箱、机架、操作面板等；

（6）外部连接方式（电缆、导线、光纤等）和接口类型。

2）产出文件

产出文件应包括如下内容：

（1）总体设计报告（包括总体框图）；

（2）结构设计要求；

（3）软件流程图。

2. 硬件设计

1）主要工作

硬件设计的主要工作是规划整机布局，确定各单元之间的电气与机械连接，分配各单元的技术指标，具体如下：

（1）各单元（或板级电路）的逻辑电路设计；

（2）提出元器件、材料及线材清单（或物料表），并进行订货与采购；

（3）印制板（PCB）结构设计，确定板的形状、尺寸大小和安装孔；

（4）提出印制板的计算机辅助设计（CAD）的要求，如元器件布局要求，电源、地线（如地线种类、汇交方法、分层、大面积敷铜等）的要求，线宽、线密度和走线要求，安装孔、焊盘和印制板标记等；

（5）进行 PCB 的计算机辅助设计。

2）产出文件

硬件设计形成的文件应有下列内容：

（1）整机逻辑关系图（原理框图的细化）；

（2）整机布局和布线图；

（3）电路板逻辑原理图（或逻辑图，或原理图）；

（4）电路板焊装图；

（5）印制板结构图（该图用于结构安装，对于印制板本身，已附在印制板图或印制板CAD 数据盘中）；

（6）元器件、材料及线材清单（或物料表）；

（7）印制板图（或印制板的 CAD 数据盘）；

（8）各单元（或板级电路）的技术要求。

> !注意：小产品的（1）、（2）、（3）归为一项。

3. 硬件试验准备

1）主要工作

主要准备工作如下：

（1）元器件、材料、线材等的采购与齐套；

（2）印制板生产，生产完成后的正确性检查；

（3）电路板、整机模型用的元器件及有关器材的备料和焊装，焊装完成后的正确性检查；

（4）试验设备准备；

（5）拟定试验计划。

2）产出文件

文件内容如下：

（1）焊装图；

（2）试验计划，包括试验时间、规则、方法、步骤、需用设备、安全措施等；

（3）焊装正确性检查记录。

4. 软件设计

1）主要工作

软件设计的主要工作内容如下：

（1）细化流程图中各模块的功能；

（2）确定算法及其表达式，给定取值上下限或精度；

（3）编写程序清单；

（4）程序自身调整。

2）产出文件

文件内容如下：

（1）软件设计说明书；

（2）程序流程图（总体设计流程图的细化与修改，有的还需要包括功能层次图）；

（3）程序清单。

5. 硬件试验

此时，对于能独立试验的硬件部分，要先做试验。

1）主要工作

硬件试验的主要工作如下。

（1）建立正确的试验现场，包括仪器、被试设备（或电路）、电源的正确连接，并至少有两人以上进行检查。

（2）按前面已经拟定的实验规则和步骤，从部分到全局逐步通电，发现问题和故障，及时分析，确定原因和故障部位，采取措施，予以解决，直到正常为止。

（3）对于电源短路或元器件击穿等故障，应立即停电，找出原因并排除后，才能再通电调试。

2）产出文件

产出文件为试验记录。

6. 软、硬件联调

1）联调步骤

软硬件联调的步骤如下：

（1）接入仿真器：除硬件单独调试所用的设备外，再接入相应机型的仿真器（如单片机 MCS-51 仿真器）或自制的开发系统、测试台等，以备软件单步或分段运行。

（2）通电后，首先应检查 CPU 是否工作。

（3）运行程序，观察与测试由程序所控制的硬件是否执行相应的操作或产生相应的输出。

（4）分析问题或现象，确定原因和故障，修改软件或硬件，直到正常为止。

（5）连续运行，检验软件或硬件工作的稳定性。

（6）认真做好记录：正常、异常、分析、解决措施、软硬件的修改等，要详细、真实地记录下来。

2）产出文件

文件内容如下：

（1）调试记录。

（2）调试总结报告：对调试记录进行分析和归纳，内容包括两点，即综述调试中的问题及其解决；对设计进行评估。

7. 结构设计

1）主要工作

结构设计的主要工作如下：

（1）根据总体设计提出的要求，进行结构总体设计、整体造型、部件划分和组合；

（2）确定结构加工、生产需要的特殊工具、夹具、模具、材料；

（3）根据开发周期和总体设计提出的要求，拟定结构进度计划，提出特殊工具、夹具、模具、材料的需求；

（4）与硬件配合、协商，使结构设计便于整机或部件拆卸、装配、维修、测试、观察。

2）产出文件

文件内容如下：

（1）整机、部件、零件图、装配图及面膜、印字等；

（2）材料清单（物料表）；

（3）特殊工艺说明书；

（4）外协申请及加工要求。

12.2.3 样机—小批量生产—批量生产

1. 样机组装与调试

1）主要工作

主要工作内容如下：

（1）结构和硬件生产完成后，即可组装。

（2）如果结构生产在硬件调试时已完成，则硬件调试及软、硬件联调在模型整机上进行。

（3）如果结构生产在软、硬件调试完成后才完成，则组装后的调试主要是检验机械结构和整机连线对电路的影响。对于较复杂的设备，这种影响是不可忽视的，有时甚至是很

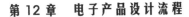
大的，相应的调试工作量也不小；对于较简单的设备，这种影响不大，相应的调试工作量也不大。

（4）组装后的调试完成后，必须对模型（或样机）进行稳定性检验，即"考机"，根据产品需要，进行 24～72 小时连续加电并测试，或者再作温度循环。

2）形成文件

文件内容如下：

（1）整机调试记录。

（2）调试总结报告：对调试记录进行分析和归纳，综述调试中的问题及其解决。

（3）对产品的整机性能进行初步评估。

3）开发小结（开发报告）

小结内容如下：

（1）开发过程小结；

（2）样机总的技术状态描述与性能评估，是否达到了技术指标要求；

（3）有无关键技术及解决措施；

（4）直接经费概算；

（5）市场前景与竞争力的预估。

2. 样机（或模型）评审

1）评审内容

样机评审内容如下：

（1）功能及性能指标是否达到设计要求；

（2）可靠性、稳定性与维修性是否良好；

（3）外观、结构是否良好，使用、安装是否方便；

（4）总的品质评估，可用性是否良好；

（5）主要技术文件是否齐全。

2）需要形成的文件

形成文件中，评审结论应包括以下内容：

（1）对评审的五项内容做出判定；

（2）修改意见；

（3）对是否转入小批量生产提出建议。

3. 样机修改

样机（或模型）的试验结果可能是良好的，也可能有缺陷。就一般情况而言，都会存在不同程度的问题。评审结果集中了众多同行、专家们的智慧和意见，有利于产品的改进，因此样机的修改是常有的事，不必企求一次完全成功。但也不应当出现大范围的或全局性的修改。

1）主要工作

样机修改的主要工作如下：

（1）写出修改说明；

（2）相关文件与图纸的修改；

（3）软件、硬件、结构的修改、加工及装配、试验；

（4）修改后的整机，进行调试和稳定性试验，直到完成修改预期的目标，并做好记录。

2）产出文件

文件内容如下：

（1）调试记录；

（2）修改后的调机总结报告，包括对整机性能的再评估。

3）修改后的再评审

完成了修改、调试后，一般来说，技术方面的问题已经解决，样机试制工作可告一段落。是否再评审，由技术主管部门确定。通常情况是：小修改，不必再评审，有关上级部门进行检查、确认、建议即可；大的修改，需再作评审。

4．小批量生产（试产）

1）小批量生产前的准备

制定小批量生产（试产）计划。准备好技术文件，并发往相关部门。这些文件包括以下几方面内容：

（1）结构图、装配图；

（2）加工工艺文件（包括工艺要求）；

（3）逻辑原理图；

（4）整机布线图；

（5）线材图（包括导线表）；

（6）元器件及材料配套清单（物料表）；

（7）操作使用说明书；

（8）软件流程图；

（9）已调试好的程序文件（即软件，在磁盘中，可被复制）；

（10）印制板（PCB）生产文件（CAD 形成的数据盘及生产要求）；

（11）整机、电路板焊装图及说明书；

（12）检验与调试方法（包括检验与测试记录）；

（13）产品验收技术条件。

2）研发部门与生产部门的技术转接

到小批量生产（试产）阶段，产品的研制工作基本上已经完成，应逐渐转向生产部门，有关技术应当向相应的生产部门移交，开发部门主要负责作技术指导。

3）小批量生产及检验、入库

（1）按计划安排元器件、材料的采购，零、部件的加工，整机的装配、检验与调试；

（2）做好每台产品的编号、检验与测试记录；

（3）元器件和生产工艺、过程的不完善造成的产品缺陷，应进行排除，使其达到合格，一般来说，电子产品在出厂前不存在废品问题，只存在检修和更换零部件问题；

（4）合格品入库。

4）产品的试销或试用

产品的试销或试用的目的包括两个方面的内容：

（1）试探产品的市场需求状态；

（2）获得用户的反馈信息，以便进行改进。

5. 产品小批量生产的评审

评审内容如下：

（1）小批量试制、试用阶段，产品的性能状态（与样机阶段比较）；

（2）是否需要继续改进；

（3）主要技术文件是否齐全；

（4）能否转入批量生产；

（5）必须形成评审结论，作为批量生产的依据。

6. 批量生产

（1）由生产部门执行，解决不了的问题，由设计开发部门解决。

（2）生产指导文件与小批量试产阶段相同，仅阶段标记不同。

7. 关于几个文件的说明

1）操作使用说明书

操作使用说明书应包括如下内容：

（1）主要功能与用途简介；

（2）使用注意事项；

（3）组成部分（整机、附件）和安装方法；

（4）操作方法；

（5）可能故障及解决措施。

2）检验与调试方法

检验与调试包括以下内容：

（1）检验部门、人员、时间、使用的仪器与设备；

（2）外观检查；

（3）内部安装与连线、电源对地、元器件状态检查；

（4）加电步骤及注意事项（特别是警告短路与击穿的处理）；

（5）仪器与产品的连接和使用方法；

（6）检测与调试的内容和步骤；

（7）检测与调试记录（制表）；

（8）测试记录（制表）；

（9）合格判定（判定人签名）。

3）产品验收技术条件

其内容包括以下几个方面：

（1）验收技术条件的适用范围。

（2）验收项目：包据各项技术指标、产品的组成部分。

（3）验收的规则，如测试数据的采样方法与个数，测试仪器使用的规定等。

（4）验收的环境与条件规定。

第13章 信号发生器设计

【任务目的】

（1）掌握 RC 文氏电桥振荡电路的设计方法。

（2）掌握二阶低通滤波器的设计方法。

（3）掌握前置放大电路的设计方法。

（4）掌握小功率输出电路的设计方法。

（5）学会基于真实产品的工程原理图绘制。

（6）学会设计并制作 PCB 板。

（7）学会信号发生器的调试与测试。

【任务内容】

（1）设计并制作一个正弦波信号发生器，中心频率 f=1 kHz，频率调节范围大于 300 Hz，输出电压有效值不小于 3 V，功率不低于 0.5 W，信号失真不大于 5%。

（2）设计（可以参考）电路并完成 PCB 设计。

（3）设计电路需要的工作电源、滤波器、前置放大器、输出功率调节、功率放大器等部分电路。

（4）完成整机的布局、焊接、硬件的调试与测试工作。

（5）完成设计调试报告的撰写。

信号发生器又称信号源或振荡器，在生产实践和科技领域中有着广泛的应用。信号发生器类型如下。

（1）低频正弦信号发生器：包括音频（20～20 000 Hz）和视频（0～6 MHz）范围的正弦波发生器。通常采用 RC 式振荡器。

（2）高频正弦信号发生器：包括频率为 100 kHz～30 MHz 的高频、30～300 MHz 的甚高频信号发生器。一般采用 LC 调谐式振荡器。

（3）微波正弦信号发生器：包括从分米波直到毫米波波段的信号发生器。信号通常由带分布参数谐振腔的超高频三极管和反射速调管产生。

（4）扫频和程控信号发生器。扫频信号发生器能够产生幅度恒定、频率在限定范围内作线性变化的信号。

（5）频率合成式信号发生器。这种发生器的信号不是由振荡器直接产生的，而是以高稳定度石英振荡器作为标准频率源，利用频率合成技术形成所需之任意频率的信号，具有与标准频率源相同的频率准确度和稳定度。

（6）函数信号发生器：由于各种波形曲线均可以用三角函数方程式来表示，所以能够产生三角波、锯齿波、矩形波（含方波）、正弦波的电路均被称为函数信号发生器。频率范围可从几 mHz 甚至几 μHz 的超低频直到几十 MHz。

（7）脉冲信号发生器：产生宽度、幅度和频率可调的矩形脉冲的发生器，可用以测试线性系统的瞬态响应，或用模拟信号来测试雷达、多路通信和其他脉冲数字系统的性能。

（8）噪声信号发生器。完全随机性信号是在工作频带内具有均匀频谱的白噪声。其主要用途是：模拟实际工作条件中的噪声而测定系统的性能；测定系统的噪声系数；测试系统的动态特性等。

（9）伪随机信号发生器。伪随机信号发生器并非随机生成的信号，而是通过相对复杂的一定算法得出的有规律可循的二进制序列。伪随机信号应用于扩频通信、测距与导航系统、扰频、自动测试与系统识别及其他系统等领域。

13.1　电路设计

根据设计任务内容，信号发生器由电源电路、信号产生电路、二阶低通滤波电路、前置放大电路及输出电路组成，其组成框图如图 13.1 所示。

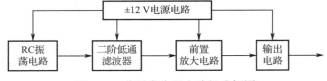

图 13.1　信号发生器电路组成框图

13.1.1　工作电源电路

本信号发生器对电源要求不高，因此设计上只需要用一般的整流电源即可达到要求，因此工作电源定为标准的±12 V 双电源比较方便，如图 13.2 所示。

设计要点：

（1）变压器中有一个中心抽头，中心抽头要接地，变压器次级绕组的有效值电压为

10 V 左右，这样才能使整流后的直流电压为 12 V 左右。

（2）$D_1 \sim D_4$ 貌似为桥式整流电路，实际上是全波整流电路。

（3）参数的计算详见第 10 章的 10.1 节。

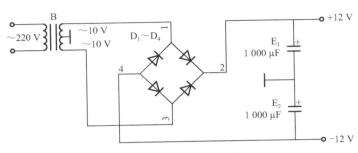

图 13.2　工作电源电路

13.1.2　信号产生电路

正弦波信号产生电路有很多种，比较常用的电路是文氏电桥振荡电路，图 13.3 所示是比较典型的电路。图中选用了 LM324A 运放，采用±12 V 双电源供电，W_1、R_1、R_2、C_1、C_2 为正反馈 RC 串并联选频回路，D_1 和 D_2 的作用是稳定振荡幅度。

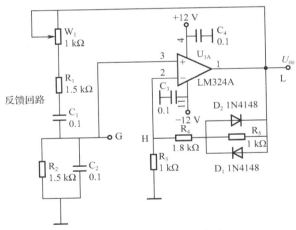

图 13.3　文氏电桥振荡电路

设计要点：

（1）根据 $f_0 = \dfrac{1}{2\pi RC}$ ，将 $R=R_1=R_2=1.5\ \text{k}\Omega$，$C=C_1=C_2=0.1\ \mu\text{F}$ 代入，计算出频率 f_0。

（2）调节 W_1，可以适当地微调振荡频率。如果需要大幅改变工作频率，R_1 和 R_2 可以改成双联电位器串接一个固定的电阻来代替，同时，C_1、C_2 改成由开关切换的多组电容，形成大范围信号发生器。

（3）由于瓷片电容误差很大，所以 C_1、C_2 选用精度比较高的涤纶电容比较合适。

（4）LM324A 的电压放大倍数略大于 3 即可，这由 R_3、R_4、R_5 决定。

13.1.3 二阶低通滤波电路

设计要求产生 1 kHz 的正弦波,考虑到电路存在失真,在信号产生电路后接一个二阶的低通滤波器,以滤除二次及以上的谐波。图 13.4 所示是二阶低通滤波器,采用 LM324A 运放。

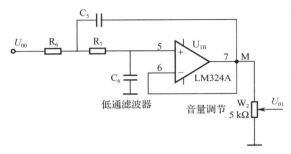

图 13.4 二阶低通滤波器

设计要点:

(1)R_6、R_7、C_5、C_6 的参数选择方法详见第 7 章的 7.2 节,由学生自己完成。

(2)强调的是电容要选择涤纶电容,因为涤纶电容误差较小,瓷片电容误差太大达不到滤波效果。

!提示:设计 PCB 时,由于电阻的取值关系,往往需要 2 个电阻串联才能保证精度,因此设计时如果是自动布线方式,需要修改原理图成为 2 个元件串联,手动布线则多放一个电阻。对于电容,C_5 尽量选择 1 单位的电容,以免并联增加不必要的成本。封装上,由于电容采用涤纶的,因此不要选择 rad0.1 而是 rad0.2 的。

13.1.4 前置放大电路

经过滤波后电位器 W_2 的调节,信号源可以在较大范围内完成输出信号的幅度调节,为了能够在全工作电压范围内达到输出要求,增加一级前置放大电路来完成输出电压的放大。图 13.5 所示为一级反相放大电路,采用 LM324A 运放。由于采用双电源工作,所以电路焊接完成检查时,可以通过万用表测量各点的电压初步验证电路的工作情况。运放 LM324A 的⑧脚、⑨脚、⑩脚的电压应该在 0 V 附近,任何一点电压偏离过大,则电路有故障。

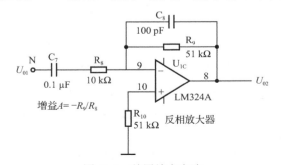

图 13.5 前置放大电路

设计要点：

（1）R_8、R_9 阻值根据电压放大倍数（$A_u = -R_9 / R_8$）选择。

（2）R_{10} 的阻值应与 R_9 的阻值相等。

（3）C_7 如果采用电解电容，需要注意其极性，如果极性接反，则电路工作点电压会发生变化，严重的会导致没有放大信号输出。在电路没有错的情况下，只能判定运放损坏。

13.1.5　输出电路

任务要求输出功率大于 0.5 W，这是比较低的要求，可以采用的方法有很多，如采用 LM386、TDA2003 等中小功率运放都可以，也可以自己制作分立元件 OTL 功放。虽然分立元件实现麻烦些，但对于初学者来说还是很有价值的。通过制作与调试，可以较好地理解交越失真，掌握偏置电路的调试、功放工作点的调试等，对于今后设计制作大功率放大器有很大的帮助。

1．分立元件输出电路

分立元件 OTL 输出电路如图 13.6 所示，Q_4、Q_5 组成 OTL 输出电路，W_3、R_{17}、Q_2 组成偏置电路，E_7 的作用是用来去耦，保证功放信号由 E_7 来旁路。设计 PCB 时需要注意走线，布线不合理，E_7 就起不到去耦的效果，当输出功率较大时，有可能出现输出的局部自激现象。

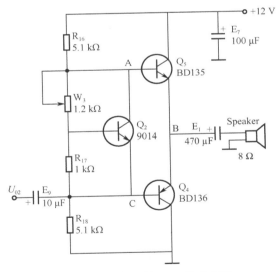

图 13.6　分立元件 OTL 输出电路

设计要点：

（1）推挽功率管 Q_4、Q_5 应配对，参数详见表 2.3。

（2）B 点的直流偏置电压应为 $1/2 U_{CC}$，这由 R_{16}、R_{18} 设计来保证，即要求 $R_{16} = R_{18}$。

（3）Q_4、Q_5 电流由 W_3 调节，电流太小，易产生交越失真；电流太大，则效率降低。

2．集成输出电路

对于电路基础较好的学生，或者自己动手设计制作过分立元件功率放大器的学生，则

可以采用 LM386 等音频功放集成电路来制作输出电路。具体的电路可以参考图 13.7。

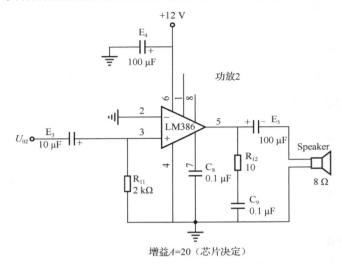

图 13.7　LM386 设计的小功率音频放大电路

LM386 是一种音频集成功放，具有自身功耗低、电压增益可调整、电源电压范围大、外接元件少和总谐波失真小等优点，广泛应用于录音机和收音机之中。LM386 的电压增益内置为 20，但在其⑧脚和①脚之间增加一个外接电阻和电容，便可将电压增益调为任意值，直至 200。输入端以地为参考，同时，输出端被自动偏置到电源电压的一半，在 6 V 电源电压下，它的静态功耗仅为 24 mW，使得 LM386 特别适用于电池供电的场合。

设计要点：

（1）当⑧脚与①脚悬空时，LM386 的电压放大倍数内置为 20。当在⑧脚与①脚之间接 10 μF 电容时，放大倍数为 200。

（2）因为负载仅为 8 Ω，所以耦合电容 E_5 的容量应大一些，选 100 μF。

13.2　PCB 设计及制作

13.2.1　PCB 设计

PCB（Printed Circuit Board，印制电路板）设计没有绘制原理图容易，需要掌握一些基本设计规范，这也是技术人员的基本要求，对于初学者来说是有一定困难的。

1．PCB 布局

布局是 PCB 设计中的第一个重要环节。布局结果的好坏将直接影响布线的效果，因此可以这样认为，合理的布局是 PCB 设计成功的第一步。

PCB 布局的基本思路：首先把电路按功能划分成若干个单元，然后按照电信号的流向，依次安排电路单元在 PCB 上的位置，使布局便于信号流通。在这个基础上考虑特殊元器件的布局：先安排特殊元器件的位置，再安排其他元器件，有不合适的地方根据具体情况稍作调整，直至布局完毕。

例如，模拟小信号部分要尽量远离功率器件，在 OTI 板上，小信号放大部分还应专门加上屏蔽罩，以把杂散的电磁干扰给屏蔽掉。NTOI 板上用的 GLINK 芯片采用的是 ECL 工艺，功耗大，发热厉害，对散热问题必须在布局时就进行考虑，若采用自然散热，就要把GLINK 芯片放在空气流通比较顺畅的地方，而且散出来的热量还不能对其他芯片构成大的影响。还有像喇叭这样的大功率器件，有可能对电源造成严重的污染，这一点也应在布局时加以考虑。

布局完毕后要进行检查，检查的项目主要包括：元件在二维、三维空间上有无冲突？需经常更换的元件能否方便地更换？调整可调元件是否方便？在需要散热的地方，装了散热器没有？空气流是否通畅？信号流程是否顺畅且互连最短？插头、插座等与机械设计是否矛盾？布局检查完毕后，就要开始布线了。

2．PCB 布线

布线就是在 PCB 板上设计传输线，用来连接各个元器件以实现电线号的流通，在整个PCB 的设计制作过程中，以布线的设计过程技巧最细、工作量最大。布线的基本方式有两种：自动布线及交互式布线，如果采用自动布线，可以预先设定布线规则，包括走线的弯曲次数、导通孔的数目、步进的数目等。一般先进行探索式布线，快速地把短线连通，然后进行迷宫式布线，先把要布的连线进行全局布线路径优化，它可以根据需要断开已布的线。并且试着重新再布线，以改进总体效果，达到最终的预期目标。下面列举一下布线的基本规则。

（1）走线的方向控制规则。为减少不必要的层间串扰，相邻层间的走线方向应满足正交结构，避免将不同的信号线在相邻层走成同一方向。当由于板结构限制（如某些背板）难以避免出现该情况，特别是信号速率较高时，应考虑用地平面隔离各布线层，用地信号线隔离各信号线。

（2）走线的宽度控制规则。要根据流经线上的电流大小来确定，大概是 1 mm 宽的线可以过 1 A 的电流，电源线一般电流较大，因此需要加宽，以减小内阻。

（3）走线长度控制规则。走线长度控制规则即短线规则，在设计时应该让布线长度尽量短，以减少由于走线过长带来的干扰问题，特别是一些重要信号线，如时钟线，务必将其振荡器放在离器件很近的地方。对于驱动多个器件的情况，应根据具体情况决定采用何种网络拓扑结构；同理，走线的分枝长度也要进行控制，一般的要求是 $T_{delay} \leqslant T_{rise}/20$。

（4）走线的开环检查规则。PCB 布线板上允许出现一端浮空的布线，这主要是为了避免产生"天线效应"，减少不必要的干扰辐射和接收，否则可能带来不可预知的结果。

（5）走线闭环检查规则。防止信号线在不同层间形成自环。在多层板设计中容易发生此类问题，自环将引起辐射干扰。

（6）倒角规则。PCB 设计中应避免产生锐角和直角，会产生不必要的辐射，同时直角设计的工艺性能也不好。

（7）地线回路规则。环路最小规则，即信号线与其回路构成的环面积要尽可能小，环面积越小，对外的辐射越少，接收外界的干扰也越小。针对这一规则，在地平面分割时，要考虑到地平面与重要信号走线的分布，防止由于地平面开槽等带来的问题；在双层板设计中，在为电源留下足够空间的情况下，应该将留下的部分用参考地填充，且增加一些必要的孔，将双面地信号有效连接起来，对一些关键信号尽量采用地线隔离，对一些频率较高的设计需特别考虑其地平面信号回路问题，建议采用多层板为宜。

（8）屏蔽保护。对应地线回路规则，实际上也是为了尽量减小信号的回路面积，多见于一些比较重要的信号，如时钟信号、同步信号；对一些特别重要，频率特别高或特别微小的信号，应该考虑采用铜轴电缆屏蔽结构设计，即将所布的线上下左右用地线隔离，而且还要考虑好如何有效地让屏蔽地与实际地平面有效结合。

（9）器件去耦规则。在印制板上增加必要的去耦电容，滤除电源上的干扰信号，使电源信号稳定。在多层板中，对去耦电容的位置一般要求不太高，但对于双层板，去耦电容的布局及电源的布线方式将直接影响到整个系统的稳定性，有时甚至关系到设计的成败。

（10）3 W 规则。为了减少线间串扰，应保证线间距足够大，当线中心间距不少于 3 倍线宽时，则可保持 70%的电场不互相干扰，称为 3 W 规则。如果要达到 98%的电场不互相干扰，可使用 10 W 的间距。

（11）电源处理规则。为尽量减小电源线、地线带来的干扰，我们要在电源线、地线之间加上去耦电容，同时尽量加宽电源线、地线的宽度，最好是地线比电源线宽，它们的关系应满足：地线>电源线>信号线。通常情况下信号线宽为：0.2～0.3 mm，最细宽度可达0.05～0.07 mm，电源线为 1.2～2.5 mm。如果电源电压>220 V，两线之间的距离最少应在4 mm 以上。

布线设计完成后，需认真检查布线设计是否符合设计者所制定的规则，同时也需确认所制定的规则是否符合印制板生产工艺的需求，检查完毕后，就要进行样板制作。自制PCB 方法有漆涂法、贴图法和刀刻法等多种方法，但是对于复杂的设计，还是要求助于专业的生产厂家。PCB 设计是一个非常复杂的过程，在具体的设计过程中需要具体分析、权衡各因素，做出全面的折中考虑；既满足设计要求，又降低设计复杂度。只有既满足性能要求，又美观大方、结构合理的设计，才能称得上好的设计。

13.2.2 PCB 制作步骤

（1）根据给出的信号发生器原理图和自己的情况选用相应的电路，在 A4 版面上画出整机原理图。注意，电位器的中间是活动端，还有三极管 BD135/136 的管脚是对着有字面从左到右为 e、c、b，封装选 TO126V，而 9014 的管脚是对着有字面从左到右为 e、b、c，封装选 T092C。

（2）按照选用的原理图，在不超过 8 cm×12 cm 的单面板上设计 PCB。

（3）PCB 设计完成后，通过热转印机将 PCB 图到所用的 PCB 上。如果存在短路，用刀片将短路处切断，如果有线条断开（不是很严重的话，断路严重或图案移位严重就用酒精擦除碳粉，重新转印），用小的记号笔给予修补。

（4）将 PCB 放到腐蚀箱腐蚀，注意观察，不要长时间走开，以免腐蚀过甚，出现图案的破坏。温度低时，可以向实验室老师借用电吹风向液面吹热空气，以加快腐蚀速度（注意防止液体飞溅到身上）。

（5）腐蚀完成后，用清水漂洗、擦干，用小电钻钻孔（图案的焊盘上有过孔位置），一般孔用 0.8 mm 的钻头，视情况选择钻头，注意钻孔速度不要过快，以免把 PCB 弄裂。

（6）用细沙将钻孔完成的 PCB 上的碳粉图案擦去，用水漂干净、擦干，用毛笔蘸酒精松香溶液均匀涂满 PCB，以利于下一步的焊接和铜层的氧化。

（7）BD135、BD136 封装为 TO126V，管脚排列为 e、c、b；9014 封装为 T093C，管脚排列为 e、b、c；变压器为 SIP3（插座），输入接电源线，PCB 上没有。全桥的"+"端是正输出端，"－"端为负输出端，"～"端接交流输入。

（8）由老师对本 PCB 制作质量进行初步打分。

评分标准：

（1）原理图绘制（30%）（布局合理，分布均匀，版面整洁，标记正确）。

（2）网络表导入（10%）（封装正确，网络表生成无误）。

（3）PCB 设计（40%）（板材在便于调试的情况下尽量小，焊盘、线条尺寸合理，元件分布均匀、合理有序，飞线合理，电源滤波电容布置合理，走线合理）。

（4）PCB 制作（20%）（过孔不偏，线条不断裂、短路，助焊剂涂层干净完整）。

13.3　装配与调试

13.3.1　装配步骤

找齐信号发生器需要的器件（集成电路等主要器件由老师分发，其他电阻、电容等到元件柜找）。

（1）根据 PCB 上的电阻间距将所有电阻管脚成型，分别插入对应位置。

（2）将插好电阻器件的 PCB 移到焊接工作台，用板压住反转，进行焊接，剪脚。

（3）按照从低到高的原则，分别完成各种元器件的插装与焊接。

（4）对比 PCB 设计文件，检查是否有元件装错或装反。

（5）检查是否有焊点虚焊、漏焊、冷焊、搭桥等问题，并做相应的处理。

（6）看看自己设计的 PCB 在完成元件装配焊接后是否美观？布局是否合理？观察其他同学做的板子，是否有值得自己借鉴和改进的地方？

（7）交老师评定成绩。

评分标准：

（1）元件装配无差错（20%）。

（2）元件成型质量好、插装工艺规范（30%）。

（3）焊接光亮，无虚焊、漏焊、冷焊、搭桥等问题（30%）。

（4）版面整洁（10%）。

（5）对自己的板子存在的问题有分析、有新的想法（10%）。

13.3.2　调试方法与步骤

（1）用稳压电源给信号发生器提供±12 V 电源，调节 W_1，用示波器测量图 13.3 中的 L 点的信号波形，并用频率计测量信号的频率，使频率为 1 kHz。如果没有信号产生，则电路增益太小，可能原因是电阻有装错，要求放大器不小于 3，但也不要大于 5，前者不振荡，后者失真过大。用肉眼观察波形，应该无明显失真。如果失真较大，表明电路增益过大，应适当减

小 R_4，如果出现上端平顶失真，可能 D_1 开路，注意分析并调整好。分别对图 13.3 中的 G、H、L 点的直流电压和信号幅度进行测试，并填入表 13.1 中，用失真测试仪测试失真度。

（2）用失真仪测试 L 点和 M 点的信号失真情况，查看滤波器的效果，并将相关数据填入表 13.1 中。

表 13.1　信号发生器测试记录表

位置	直流电压（V）	信号峰峰值（V）	失真度（%）	调试前存在问题及处理方法
A			/	
B				
C			/	
G			/	
H			/	
L				
M				
N			/	

（3）用示波器测量图 13.5 中的电压 U_{01} 和 U_{02}，看 U1C 的放大倍数是否与实际相符，如果不正常，请检查相关元件。

（4）调节音量电位器 W_2，使功率放大器的输出电压最大（暂不接 8 Ω扬声器）。

（5）用示波器观察 B 点波形，看是否有明显失真。

（6）调节 W_3（开始调试前调在中间位置或更小的阻值位置，过大则可能导致偏置过大，会很快烧坏输出三极管 Q_4、Q_5），看 B 点的波形变化，直至眼睛基本观察不出失真。体会直流偏置对 OTL 功率放大器的影响。

（7）用示波器测量图 13.6 中的 A、B、C 三点的直流电压和信号幅度，测量 B 点的输出失真情况，填入表 13.1 中。

（8）在输出端接上 51 Ω/5 W 的电阻，将万用表电流挡串入 Q_5 集电极，调节音量电位器 W_2，使输出电压最大且不失真，用示波器测出输出信号峰峰值，填入表 13.2 中，计算功率放大器的效率，与理论值比为什么小？

（9）完成后，由同组学生对数据进行验证，并将验证数据交老师评定成绩。

表 13.2　功率放大器效率测试

输出电压 U_0（V）	工作电流 I_d（mA）	负载电阻 R（Ω）	效率（η）	为什么比理论小

注：这里的 U_0 指输出电压的最大不失真峰峰值。I_d 是电源的工作电流，需要在设计的板上串万用表的节点。负载电阻用 10Ω 的电阻进行测试。

功率放大器效率计算公式：

$$\eta = \frac{U_0^2 / (8R)}{2U_{CC} \times I_d} \times 100\% \qquad (13.1)$$

（10）如果要实现从 10 Hz～20 kHz 的信号，应该对使用的电路做哪些修改？

评分标准：

（1）故障排除与处理能力（30%）。

（2）性能指标（40%）。

（3）仪器仪表的正确使用（15%）。

（4）及时完成（15%）。

学习与思考

1．正弦信号振荡电路有哪几种？振荡是如何形成的？

2．振荡电路产生振荡的条件有哪几个？

3．RC 串并联回路有什么特性？

4．如何降低振荡电路信号失真？通常 RC 振荡电路中采取什么办法？是哪几个元件？

5．如何设计二阶滤波器？有什么用途？

6．在你设计制作的信号发生器里，反相放大器的放大倍数怎么计算？你的电路的反相放大器放大多少倍？

7．在单电源运放反相放大器中，反相端接的输入电解电容如果极性接反了，会出现什么现象？为什么？

8．功率放大器是仅仅放大信号电压吗？你采用的是什么种类的功率放大器？

9．OTL 或 OCL 放大器工作在甲类、乙类还是其他类？

10．如何降低 OTL 或 OCL 放大器的交越失真？

11．如何做原理图库元件？如何做 PCB 库元件？

12．双层电路板设计要点？上下层信号走线如何处理？数字信号与模拟信号如何隔离？

13．数字地与模拟地如何安排？

14．认识地网的屏蔽作用。

15．电阻、电容、二极管、三极管、运放等常用器件的库文件名（包括原理图和 PCB 板图）是什么？对应的封装又是什么？

16．PCB 布局应该如何？元件如何放置合理？

17．电源滤波电容应该如何放置？

18．焊盘多大合适？过孔多大合适？（如果你自己做 PCB）

19．对于单面板，跳线长度可以任意吗？

20．电源线、地线如何布置？多宽比较合适？

21．色环电阻、瓷片电容的规格如何识别？电解的极性如何识别？

22．通过去电子市场、网络询价等方法了解 1/4 W 色环电阻多少钱一包（500 个）？瓷片电容呢？（1 000 个）

23．钽电容有什么优点？常用于什么地方？

24．哪类电阻可用作高频小功率负载？如果用作低频大功率负载，哪种电阻比较适合？

25．集成电路的管脚如何识别？

26．常用的电烙铁有哪几种？

27．有铅焊料与无铅焊料如何简单设别？

28．什么样的焊点是好的？

29．如果焊接时出现焊点拉尖、毛刺等现象，会是什么原因？

30．元件成型要注意什么？

巩固与练习

1．设计一个双整流电源，要求输出电压为±15 V，输出电流为 500 mA。画出电原理图，标出元件值，进行必要的计算。

2．设计一个+15 V 供电的低频交流放大器，要求输出 $U_o=-5U_i$，画出原理图，标出元件参数，进行必要的计算。

3．设计一个正弦信号发生电路，要求产生信号频率在 100 Hz～10 kHz。画出电原理图，标出元件值，进行必要的计算。

4．设计一个方波发生电路，可调频率范围在 100 Hz～10 kHz。画出电原理图，标出元件值，进行必要的计算。

5．设计一个采用运放设计的 300 Hz～3.4 kHz 的语音滤波器，增益为 1 倍。画出电原理图，标出相应的元件值，进行必要的计算。

6．设计一个采用运放设计的 3 400 Hz 的低通滤波器，增益为 1 倍。画出电原理图，标出相应的元件值，进行必要的计算。

7．设计一个采用运放设计的 300 Hz 的高通滤波器，增益为 1 倍。画出电原理图，标出相应的元件值，进行必要的计算。

8．设计一个采用运放设计的 50 Hz 的带阻滤波器，电路的 Q 值为 8 倍。画出电原理图，标出相应的元件值，进行必要的计算。

9．设计一个采用运放设计的 50Hz 的带通滤波器，电路的 Q 值为 8 倍。画出电原理图，标出相应的元件值，进行必要的计算。

10．利用一片 LM324 设计一个三角波发生电路。注意电源为+12 V 单电源。

11．请设计一个具有高共模抑制比的微弱信号放大器，增益为 1 000 倍。画出电原理图，标出相应的元件值，进行必要的计算。

12．设计一个 5 W 用集成功放实现的功率放大器，扬声器为 8 Ω，自选电源电压，但是只能为单电源。

第14章 多路远程温度测试仪设计

【任务目的】

（1）熟悉几种常用温度传感器的特点并掌握其应用。

（2）熟悉方波发生器的电路结构与工作原理。

（3）掌握温度/频率转换的基本原理。

（4）掌握 LM567 器件的频率检测原理及调试方法。

（5）掌握多路、远程信号的接收与传输电路的设计。

（6）能设计单片机在温度测试中的控制与显示电路。

（7）能完成单片机在温度测试中的软件设计。

（8）能够根据资料，看懂器件的参数与电路应用。

（9）能够完成多路远程温度测试仪的调试。

【任务内容】

（1）设计并制作一个远程多路温度测量仪，温度测量范围为 0 ℃～60 ℃，样机至少包含 2 路测量，测量误差为±1.5 ℃。

（2）以 2 人一组完成电路设计，并完成样机用单面 PCB 的设计与制作，同时提供包含控制与显示部分的双面 PCB（提供文档）。

（3）设计电路需要工作电源、三位温度显示、温区切换功能。

（4）完成整机的布局、焊接、硬件的调试与测量工作。

（5）完成设计调试报告的撰写。

电子产品设计

多路温度测试仪也叫多通道温度记录仪，是针对各种工业现场的实际需求设计生产的，集显示、处理、记录和报警等多种功能于一身的新型记录仪。

本任务内容要求温度测试仪具有"多路"和"远程"测试特点。多路相对容易一些，只要同样的多设计几套测量电路就可以解决，问题在于如何解决远程的问题。远程意味着信号的传输，如何抗干扰等需要我们思考，结合多路和远程又出现了一个新问题：在成本优先的前提下，降低信号传输成本需要关注。

数字信号抗干扰能力强，但不宜远程传输；模拟信号抗干扰能力弱，但适于远程传输。可以回想，早期上网是通过计算机输出的数字信号由 MODEM 通过拨号转换成音频信号来传输的，我们也一样可以采取类似的方式来实现：把温度信号转换成数字信号，然后再转换成音频信号进行远程传输；而多路数据传输也可以通过采用类似于对讲机、手机等的 CTCSS 原理控制不同区域的温度信号的选通来实现。

14.1 电路设计

根据设计任务要求，2 路温度测试仪电路组成框图如图 14.1 所示。它由温度/频率转换电路、频率检测电路、信号传输放大电路、单片机控制与显示电路、地址信号传输电路组成。

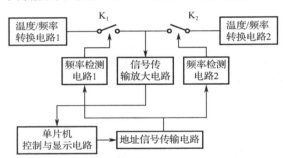

图 14.1 2 路温度测试仪电路组成框图

14.1.1 温度/频率转换电路

1. 温度/频率转换电路及原理

设计思路是选用热敏电阻为温度传感器。若利用热敏电阻实现温度/电压转换，由于热敏电阻具有非线性的特点，会导致温度测试精度不高。而单片机对非线性信号很容易进行处理，最简单的方法就是查表，如果结合插值算法，就可以达到很高的精度。因此采取将热敏电阻作为振荡电路元件，将温度引起的阻值变化转换成频率信号，这样一来单片机只要测量频率就可以完成对温度的测量。

温度/频率转换电路如图 14.2 所示，这是一个方波信号发生器。假设：上电时输出 U_{01} 为高电平，则运放 3 脚为 $1/2U_{01}$，电容 C_1 为 0 V，U_{01} 通过热敏电阻 RT_1 对电容 C_1 充电，当电容 C_1 上的电压超过 3 脚电压（$1/2U_{01}$）时，比较器 U1A 反转，输出低电平，U_{01} 为负电平（接近负电源电压），3 脚电压变负；然后电容 C_1 通过热敏电阻 RT_1 放电，随着放电的进行，电容 C_1 上的电压逐渐降低，当低于 3 脚电压时，比较器 U1A 再次反转，输出电压为

正，依次不断循环往复，输出方波信号。方波信号周期 T 的计算公式：

$$T = 2.2RT1 \times C_1 \qquad (14.1)$$

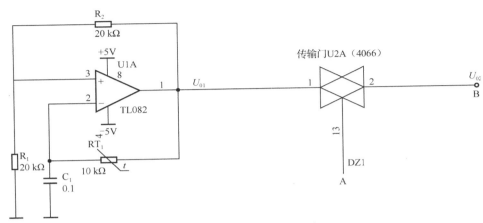

图 14.2 温度/频率转换电路

在图 14.2 所示电路中，传输门 U2A（4066）芯片是四双向模拟开关，当控制端⑬脚加高电平时，模拟开关的①脚与②脚连通，方波信号能通过传输门被送到远程控制中心（单片机）；当控制端⑬脚加低电平时，模拟开关的①脚与②脚断开，方波信号不能通过传输门。

由式（14.1）可知，振荡电路的周期 T 正比于热敏电阻 RT_1 的阻值，因此测量出周期 T，单片机就可以计算出热敏电阻 RT_1 的阻值，然后通过查表就可以知道温度了。

2. 减小电容 C_1 对测温精度的影响

C_1 也决定信号的周期，即 C_1 的精度影响着温度的测量精度，但如果选用高精度电容 C_1 在成本上也不合算。如果采用单片机来测量温度，可以充分利用它的计算能力，改变一下方法就可以消除由 C_1 的精度带来的测量误差：

$$\frac{T_{25}}{T_t} = \frac{2.2RT1_{25} \times C_1}{2.2RT1_t \times C_1} = \frac{RT1_{25}}{RT1_t} \qquad (14.2)$$

$$RT1_t = \frac{RT1_{25}}{T_{25}} \times T_t = k \times T_t \qquad (14.3)$$

其中 $k = RT1_{25} / T_{25}$，$RT1_{25}$ 是热敏电阻在 25 ℃时的阻值，T_{25} 是温度为 25 ℃时的振荡周期，T_t 是温度为 t ℃时的振荡周期。

从式（14.3）可知，只要计算出 k 值及待测量温度对应方波信号的周期 T_t，就可以计算出对应的热敏电阻的阻值，进而通过查表知道当时的温度，这使得 k 与 C_1 无关。

在单片机软件设计时，可设置一个校正程序，当键盘发出校正命令时，此时 RT_1 用 25 ℃时的标准电阻（这里选用 10 kΩ）代替，测量出振荡器的工作周期 T_{25}，然后存入单片机内部，以后就可以直接调出 k 值，通过式（14.3）计算出 $RT1_t$。

设计要点：

（1）选择热敏电阻为温度传感器。温度传感器种类繁多，常用的有热电偶、热电阻、热敏电阻、集成温度传感器等。而热敏电阻具有离散性小、精度高、外形种类多样等特点。

（2）温度/频率转换设计。将 TL082 运放与热敏电阻结合，构成一个方波发生器，温度变化引起热敏电阻阻值变化，再引起方波频率变化，从而实现温度/频率转换。

（3）单片机根据方波频率计算出对应热敏电阻的阻值，再查表获得被测温度。

（4）为消除电容 C_1 对温度/频率转换精度的影响，引入参数 $k = \mathrm{RT1}_{25} / T_{25}$。

（5）U1A 作为比较器，其②脚、③脚的电压差较大，选择高阻的运放 TL082 比较合适。

14.1.2 传输门控制电路

如何控制图 14.3 所示电路中的传输门？可利用 CTCSS 原理，即采用不同的音频频率信号来选择不同区域的温度信号的传输。CTCSS 意为连续语音控制静噪系统，是一种将亚音频（67～250 Hz）附加在音频信号中一起传输的技术。当对讲机对接收信号进行中频解调后，亚音频信号经过滤波、整形输入 CPU 中，与本机设定的 CTCSS 频率进行比较，从而决定是否开启静音。

图 14.3 所示是一个典型的频率信号检测电路。LM567 是一个频率检测器件，在电话线路的各种音频信号检测中有很好的性能。此电路外围比较简单，详细资料详见第 3 章的 3.1.6 节。

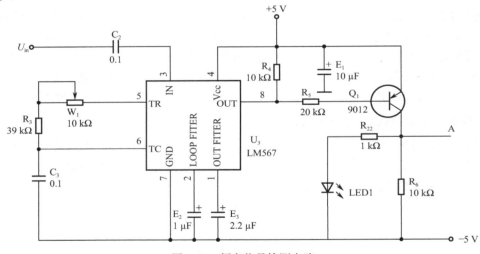

图 14.3 频率信号检测电路

来自单片机 P3.4 的亚音频地址信号 U_in 由电容 C_2 进入 LM567 的③脚，如果 U_in 信号频率在 W_1、R_3、C_3 决定的频率带宽内，则其⑧脚输出低电平，Q_1 导通，其集电极输出高电平，LED_1 亮，A 点变为高电平，控制本区域的振荡信号从传输门经线路传送到远程的控制中心。电路识别频率：

$$f_0 = \frac{1}{1.1(W_1 + R_3) \times C_3}$$
（14.4）

电路工作频率带宽：

$$\mathrm{BW} = 1070 \sqrt{\frac{U_\text{in}}{f_0 E_2}}$$
（14.5）

设计要点：

（1）采用 LM567 实现对来自单片机的 U_in 进行频率检测，即单片机通过给 LM567 送频

率为 f_0 的 U_{in} 信号，使 A 点输出高电平，使图 14.2 中的传输门打开。

（2）W_3、R_3 和 C_3 根据式（14.4）中的 f_0 来选择，f_0 通常为亚音频。

14.1.3　信号的远程接收与传输

1. 温度测试信号的远程接收

温度测试信号的远程接收与地址信号的远程传输电路如图 14.4 所示，它主要解决远程传输后信号的衰减问题。图中的 U5A 是一个典型的反相放大器，根据传输衰减情况，可以适当地调节放大倍数。Q_3 用于将放大后的信号转换成 TTL 电平的方波，供单片机测量用。

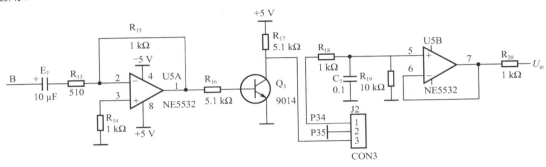

图 14.4　温度测试信号的远程接收与地址信号的远程传输电路

由温度引起的热敏电阻的阻值变化引起振荡电路的频率变化，经传输门 U2A 及远程传输，信号备受衰减，需要经 U5A 放大，Q_3 再次将其转换成方波信号送单片机测量，最后计算出区域的温度。如果 Q_3 的输出方波信号不好，可以调节 R_{15} 使放大倍数增加。

设计要点：

（1）U5A 采用 NE5532 运放，反相放大接法，增益约为-2（$-R_{15}/R_{13}$）。

（2）R_{14} 的阻值应与 R_{15} 相等，以保持 NE5532 同相、反相端外接电阻值平衡。

（3）若 Q_3 的输出方波信号不好，可增大 R_{15} 或增大 R_{17}。

2. 地址信号的远程传输

地址信号由单片机直接发出，用于选通不同区域的温度信号传送到控制测量中心。单片机 P3.4 发出的地址选通信号经 R_{18} 和 C_7 构成的简单低通滤波器滤波，由 U5B 缓冲送远程的待测量温度区的频率信号检测电路。R_{19} 是模拟远程线路的损耗电阻。

设计要点：

（1）U5B 采用 NE5532 运放，同相放大全反馈接法，增益为 1。

（2）根据图中的 R_{18}、C_7 参数，低通滤波截止频率约为 1.6 kHz，即亚音频信号通过。

14.1.4　控制与显示电路

控制与显示电路如图 14.5 所示。单片机芯片 STC12C5A60AD 带 A/D 转换功能，是 STC 生产的单时钟/机器周期（1T）的单片机，是高速、低功耗、超强抗干扰的新一代 8051 单片机，指令代码完全兼容传统 8051，但速度快 8～12 倍。其内部集成了 MAX810 专用复

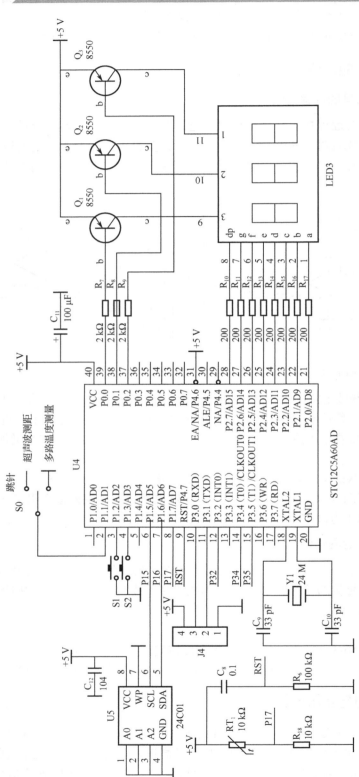

图14.5 控制与显示电路

位电路，2 路 PWM，8 路高速 10 位 A/D 转换。

设计要点：

（1）由于需要测量的温度范围在 0 ℃～60 ℃，精度在 1.5 ℃，所以采用 2 位显示即可。为了区别不同区域的温度显示，增加 1 位显示区域，这样显示就变成了 3 位，其中最左边 1 位显示区域代码，后 2 位显示温度值。

（2）测量参数 k 需要保存，因此需要设计存储器。为了方便，选用常用的 I^2C 器件 24C01。其实选用的单片机内部已经有 EEPROM 存储器，已经练习过 I^2C 的可以把数据直接放在单片机内部。

（3）单片机的 P3.4 输出亚音频远程地址信号，经频率检测，对各路传输门进行控制。

（4）单片机的 P3.5 接收远程温度测试信号。根据温度测试信号的周期 T_t，计算出对应的热敏电阻的阻值，进而通过查表得到对应温度，然后送 LED 显示。

14.2　制作与调试

14.2.1　PCB 设计与制作

1．设计制作步骤

整机电路由控制与显示电路、模拟电路两大部分组成，其中控制与显示电路如图 14.5 所示，模拟部分参考原理图如图 14.6 所示。

（1）原理图绘制。根据给出的信号发生器原理图和自己的情况选用相应的电路，在 2 张 A4 版面上分别画出多路温度测量仪模拟部分原理图和单片机测量部分原理图。其中 RT_1、RT_2 用 SIP_2 插座代替，最后调试时可以插入带插头的电阻（最终用传感器）。

（2）PCB 设计。以 2 人为一组相互合作，在不超过 8 mm×12 cm 的双面板上通过网络导入方式，结合手动布线设计整机 PCB 板图。然后在不超过 10 cm×15 cm 的单面板上设计出多路温度测量仪模拟部分 PCB 板图。PCB 设计完成后，将双面板 PCB 文件以班级加 2 人学号为文件名发给指导老师，评定双面板设计成绩。

（3）PCB 图转印到 PCB 板。将单面板通过热转印机将 PCB 图转印到所用的 PCB 板上。如果存在短路，用刀片将短路处切断，如果有线条断开（不是很严重，断路严重或者图案移位严重就用酒精擦除碳粉，重新转印），用小的记号笔给予修补。

（4）PCB 腐蚀。将 PCB 放到腐蚀箱腐蚀，注意观察，不要长时间走开，以免腐蚀过甚，出现图案的破坏。温度低时，可用电吹风向液面吹热空气，可以加快腐蚀速度（注意防止液体飞溅到身上，如果溅到，请立即用擦拭赶紧，并用清水冲洗）。

（5）PCB 钻孔。腐蚀完成后，用清水漂洗、擦干，用小电钻钻孔（图案上的焊盘上有过孔位置），一般孔用 0.8 mm 的钻头，看情况选择钻头，注意钻孔速度不要过快，以免把 PCB 板弄裂。

（6）涂蘸酒精松香溶液。用细沙将钻孔完成的 PCB 板上的碳粉图案擦去，用水漂干净、擦干，用毛笔蘸酒精松香溶液均匀涂满 PCB 板，以利于下一步的焊接和铜层的氧化。

（7）成绩评定。交老师对本 PCB 的制作质量进行初步的打分。

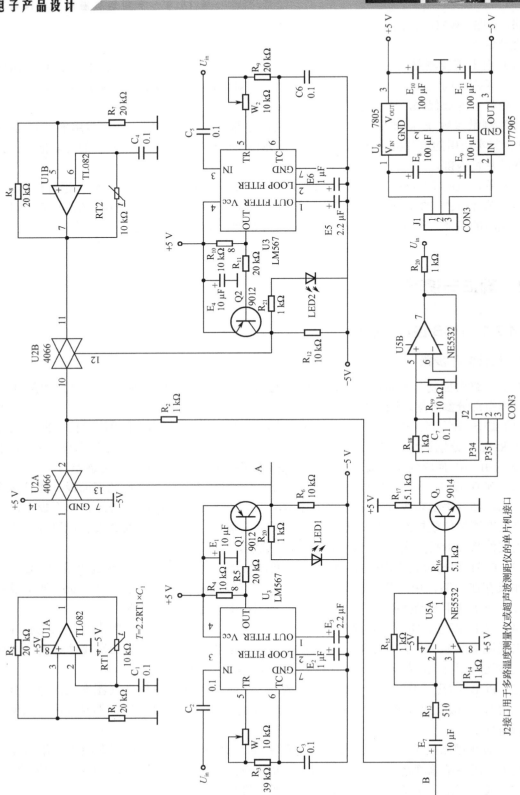

图14.6 多路温度测量仪模拟部分

J2接口用于多路温度测量仪或超声波测距仪的单片机接口

评分标准：

（1）三位数码管原理图库元件制作（10%）。

（2）三位数码管 PCB 库元件制作（10%）。

（3）原理图绘制（20%）（布局合理，分布均匀，版面整洁，标记正确）。

（4）网络表导入（10%）（封装正确，网络表生成无误）。

（5）单面板 PCB 设计（20%）（板材在便于调试的情况下尽量小，焊盘、线条尺寸合理，元件分布均匀、合理有序，飞线合理，电源滤波电容布置合理，走线合理）。

（6）双面板 PCB 设计（20%）。

（7）PCB 制作（10%）（过孔不偏，线条不断裂、短路，助焊剂涂层干净完整）。

14.2.2　焊接与装配

找齐多路温度测量仪模拟部分需要的器件（集成电路等主要器件由老师分发，其他电阻、电容等元件由学生到元件柜找）。

（1）根据 PCB 板上的电阻间距，将所有电阻管脚成型，分别插入对应位置。

（2）将插好电阻器件的 PCB 板移到焊接工作台，用板压住反转，进行焊接，剪脚。

（3）按照从低到高的原则，分别完成各种元件的插装与焊接。

（4）对比 PCB 设计文件，检查是否有元件装错或装反？

（5）检查是否有焊点虚焊、漏焊、冷焊、搭桥等问题，并做相应的处理。

（6）看看自己设计的 PCB 在完成元件装配焊接后是否美观？布局是否合理？观察其他同学做的板子，是否有值得自己借鉴和改进的地方？

（7）交老师评定成绩。

评分标准：

（1）元件装配无差错（10%）。

（2）元件成型质量好（20%）。

（3）焊接光亮，无虚焊、漏焊、冷焊、搭桥等问题（50%）。

（4）版面整洁（10%）。

（5）对自己的板子存在的问题有分析、有新的想法（10%）。

14.2.3　单元电路调试

1．温度/频率转换电路调试

（1）调试准备。热敏电阻 RT_1 采用 2P 的插座，调试时用含带 2P 插头的 10 kΩ 电阻代替。注意电容 C_1 用电容测试仪测试，要求误差在 5% 以内，最好选择涤纶电容。

（2）检查供电。当焊接完成，先不装芯片，接上电源开始调试。用万用表测量图 14.6 中的 7805 和 7905 的输出±5 V 是否正常，然后测量各芯片电源脚的电源是否正常，处理正常后，装上芯片。

（3）测量波形与电压。用示波器观察 U1A 的①脚波形，看是否有方波信号输出。用万用表测量 U1A 的①脚、②脚、③脚的电压并记录在表 14.1 中。正常情况下，直流电压均接近 0 V，否则要检查线路是否有错，或者元件是否装错等，直至故障排除。

表 14.1   电阻转频率信号发生电路工作点测量

U1A 引脚	直流电压（V）	①脚波形
1		
2		
3		

（4）测量频率。用频率计测量振荡信号的频率。将 RT_1 换成 3 kΩ、5.1 kΩ、8.2 kΩ、10 kΩ、20 kΩ分别测量信号频率，并在表 14.2 中记录下来。

表 14.2 RT_1 与信号频率测量

RT_1	频率测量值（Hz）	频率计算值（Hz）	绝对偏差（Hz）	相对偏差（%）
3 kΩ				
5.1 kΩ				
8.2 kΩ				
10 kΩ				
20 kΩ				

2. 传输门控制电路调试

将图 14.6 中的第 1 路传输门元件 W_1、R_3、C_3 的参数代入式（14.4）计算，频率 f_{01} 约为 200 Hz。将图 14.6 中的第 2 路传输门元件 W_2、R_9、C_6 的参数代入式（14.4）计算，频率 f_{02} 约为 400 Hz。所谓传输门控制电路调试，即调节 W 使 f_0 与 U_{in} 的输入频率一致。共有两路传输门控制电路，通电后的调试步骤如下。

（1）借用实验室信号发生器，从 J2 插座输入频率为 200 Hz、幅度为 1 V 的正弦波。

（2）调节 W_1 观察 LED1 灯。当将 W_1 调到中间位置时，使 LED_1 灯亮，这是最好的。

（3）借用实验室信号发生器，从 J2 插座输入频率为 400 Hz、幅度为 1 V 的正弦波。

（4）调节 W_2 观察 LED2 灯。当将 W_2 调到中间位置时，使 LED_2 灯亮，这是最好的。

在实际调试过程中会出现以下几种情况。

（1）如何快速调节。计算频率 f_0 总是有偏差的，首先要知道本机实际频率 f_0 与计算频率 f_0 的偏差，再确定把电位器调大还是调小。先用信号发生器输出比计算频率 f_0 小的频率信号，然后步进调高信号发生器的频率，直至 LED 灯亮为止，此时信号发生器的输出频率就是本机实际频率 f_0。

（2）不管怎么调节 W，LED 始终不亮。这种情况可能是由电路参数偏移实际太远引起的，或者三极管等外围电路有故障也是可能的，如 R_{20}（R_{21}）开路。

（3）LED 始终亮着。一种可能是电路出错，即 LM567 芯片或三极管等损坏。在正常的情况下可能是由于电路的频带过宽引起，还可能器件装错了。

3. 温度测量电路调试

（1）1 号区域预调试。将信号发生器的输出频率调到 200 Hz，此信号加到 J2 的 P34 脚，经 R_{18}、C_7 滤波及 U5B 缓冲放大后，传送到 2 片 LM567 的③脚，此时可以看到 LED_1

灯发亮，说明单片机发来的地址选通信号被识别，由 Q_1 集电极输出高电平到控制传输门 U2A（CD4066）的⑬脚，使 CD4066 的①脚、②脚导通，信号经 R_2 送到 U5A，最终由 J2 传到单片机的 P3.5 口，单片机测量它的频率，从而转化成温度值，完成对 1 号区域的温度测量。

（2）2 号区域预调试。将信号发生器的输出频率调到 400 Hz，同样会看到 LED_1 灯熄灭，LED_2 灯发亮，看信号是否也同样地传到 U5A 上，最终也由 J2 传到单片机 P35 口测量。

（3）1 号区域实际调试。按单片机测量键 S1，单片机的 P34 口会发出 200 Hz 的频率信号（地址选通信号），由 LM567 频率检测，控制区域 1 温度测量信号的输出，由单片机测出频率信号，最终转换成温度值，由三位数码管显示区域代码和温度。

（4）2 号区域实际调试。按单片机测量键 S2，单片机的 P34 口会发出 400 Hz 的频率信号（地址选通信号），由 LM567 频率检测，控制区域 2 温度测量信号的输出，由单片机测出频率信号，最终转换成温度值，由三位数码管显示区域代码温度。

（5）误差测量：将 RT_1、RT_2 分别换成 3 kΩ、5.1 kΩ、8.2 kΩ、10 kΩ、20 kΩ电阻，将单片机显示的温度值记录到表 14.3 中。通过查表看热敏电阻 3 kΩ、5.1 kΩ、8.2 kΩ、10 kΩ，20 kΩ所对应的实际温度值，根据显示温度和查表温度计算出偏差，记录到表 14.3 中。

表 14.3　温度测量数据

RT	区域 1 显示温度（℃）	区域 2 显示温度（℃）	查表温度（℃）	绝对偏差（℃）		相对偏差（%）	
				区域 1	区域 2	区域 1	区域 2
3 kΩ							
5.1 kΩ							
8.2 kΩ							
10 kΩ							
20 kΩ							

（6）把区域 1 和 2 的温度探头对环境温度进行测量，与用温度计测量的温度进行比对，看测量精度如何？考虑到环境温度变化很小，测量时可以在纸杯中调一些不同温度的水来进行测试（见表 14.4）。

表 14.4　温度测量数据

测量次序	区域 1 显示温度（℃）	区域 2 显示温度（℃）	温度计测量温度（℃）	绝对偏差（℃）		相对偏差（%）	
				区域 1	区域 2	区域 1	区域 2
1							
2							
3							
4							
5							

补充说明：

（1）单片机部分有 2 个软件，当短路片 S0 插到超声波测距端就变成了超声波测距仪，反之，S0 插到多路温度测量仪端，就变成了多路温度测量仪。

（2）由于 C_3、C_6 的容量有 0.1 μF 的误差，所以在软件上增加了校正功能。校正操作方法是：用 10 kΩ 电阻代替热敏电阻（RT_1、RT_2），按住 S1、S2 开机 2 秒后，自动进入校正状态，单片机会自动读取 P1.7 口的电压，这是因为 P1.7 口也接了热敏电阻，单片机会计算测量出当前环境的温度（此时区域 1、2 的温度相同）。如果单片机发送 200 Hz 信号，去测量区域 1 的温度，理论上应该是一样的温度，但由于电容的偏差，传来的频率信号也出现了偏差，单片机会计算偏差的倍率，存到 24C01 内。然后按同样的方法测量区域 2 的温度，也计算出偏差倍率存到 24C01 内。关机后重新上电，以后单片机会将测量值除以存储在 24C01 内的倍率，得出真实的温度值。

评分标准：

（1）2 个区域温度转频率部分工作正常（25%）。

（2）2 路频率检测工作正常（25%）。

（3）温度的频率信号传输正常（10%）。

（4）地址频率信号传输正常（10%）。

（5）测试数据完整正确（30%）。

学习与思考

1．常用温度传感器有哪些？

2．热敏电阻分为哪 2 类？各有什么特点？NTC 的温度特性与阻值的关系是怎么样的？

3．在使用线性温度传感器的电路中，为什么需要有调零电路和满刻度校正电路？

4．常用的传输门集成电路有哪些？

5．传输门可以传送模拟信号吗？数字信号呢？

6．数字信号为什么不适用于远距离传输？

7．LM567 的中心频率与外围哪些器件有关？带宽呢？

8．在早期的无绳电话中采用 LM567 来识别子机，利用了什么原理？

9．正弦波转化成方波用什么器件最为方便？

10．一阶 RC 低通滤波的截止频率如何计算？

11．如何将电阻值转化为频率信号？温度测量仪中的振荡电路频率与热敏电阻阻值的关系如何？

12．你知道常用的 3 位一体和 4 位一体的数码管引脚排列吗？能做出它们的元件图吗？

13．请说出共阳极和共阴极 4 位动态显示驱动电路的工作原理。

14．数码管动态显示电路的刷新频率至少为多少赫兹？为什么？

巩固与练习

1．利用集成稳压芯片设计±9 V 双电源。画出原理图，标出相应的元件值，进行必要的计算。

2．在电话通信系统中，有很多信号音如忙音、空号音、回铃音、呼入等待音等，它们

都是基于 450 Hz 的音频信号，请设计一个电路，用于设别 450 Hz±25 Hz 信号。

3．请设计电路将方波信号转换成三角波信号。

4．请设计一种电路，将三角波信号变成近似正弦波信号，（要求宽频）并简要说明原理。

5．请设计一种电路，将正弦波信号转化成方波信号。

6．请画出 4 位共阳极和共阴极动态显示驱动电路。

7．请计算 3 位共阳极驱动电路的数码管限流电阻值。电源为 5 V。

8．请设计一个采用单电源供电的运算放大器放大电路，增益 A_u=30，输入阻抗不低于 100 kΩ。画出电原理图，标出相应的元件值，进行必要的计算。

9．设计一个减法电路，增益为 5 倍，当 2 路信号相等时，输出为 0 V。

10．利用铂热电阻 PT100（温度传感器），设计 0 ℃～100 ℃的实验电路。要求 0 ℃～100 ℃对应的输出电压分别为 0～5 V。

第15章

超声波测距仪设计

【任务目的】

（1）掌握超声波概念与特性。

（2）掌握超声波测距的基本工作原理。

（3）能够设计超声波发射驱动电路。

（4）能够运用完成超声波测距的单片机编程。

（5）能够借助网络快速查找 CX20106A 芯片的资料。

（6）掌握 CX20106A 芯片在超声波接收中的应用。

（7）能够调试超声波测距仪电路。

（8）能够采用三端稳压芯片制作超声波测距仪工作电源。

【任务内容】

（1）设计并制作一个超声波测距仪电路，超声波工作频率为 40 kHz，采用单片机显示测距结果。

（2）测距仪电路设计包含：+5 V 电源单元、超声波接收单元、超声波发射单元、单片机控制与显示单元。

（3）完成整机的布局、焊接、硬件的调试与测量工作。

（4）完成设计调试报告的撰写。

超声波是一种频率高于 20 kHz 的声波，它每秒的振动次数甚高，超出了人耳听觉的一般上限，这种听不见的声波叫作超声波，它和可闻声本质是一样的，都是一种机械振动模式，通常以纵波的方式在弹性介质内传播，是一种能量的传播形式。

　　超声波测距的基本原理是：超声波发射器向某一方向发射超声波，在发射时刻的同时开始计时，超声波在空气中传播，途中碰到障碍物就立即返回来，超声波接收器收到反射波就立即停止计时。超声波在空气中的传播速度为 340 m/s，根据计时器记录的时间 t，就可以计算出发射点距障碍物的距离 s，即 $s=340t/2$。这就是所谓的时间差测距法。

　　超声波在气体、液体及固体中以不同速度传播，定向性好、能量集中、传输过程中衰减较小、反射能力较强。超声波能以一定速度定向传播、遇障碍物后形成反射，利用这一特性，通过测定超声波往返所用时间就可计算出实际距离，从而实现无接触测量物体距离。超声波测距迅速、方便，且不受光线等因素影响，广泛应用于水文液位测量、建筑施工工地测量、现场的位置监控、车辆倒车障碍物的检测、移动机器人探测定位等领域。

　　超声波测距仪具有一定的使用价值，且对于学生提高单片机应用能力具有很好的帮助作用。由于它涉及显示、键盘、存储器、定时器、中断等单片机方面的大部分知识点，还包含驱动、前置放大等前向通道中的模拟电路知识点，加上它具有的实用性，是一个较好的学习项目。

15.1　电路设计

　　超声波测距仪电路框图如图 15.1 所示。超声波测距仪电路设计包含：电源单元、超声波接收处理单元、超声波发射驱动单元、单片机测距信息处理控制单元。

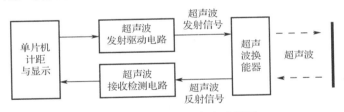

图 15.1　超声波测距仪电路框图

15.1.1　超声波测距仪电源

　　超声波测距仪电源电路如图 15.2 所示，它主要由三端稳压芯片 7805 组成，输入电压 $U_{CC}=+12$ V，主要给超声波发射电路供电；输出电压为 +5 V，主要给单片机电路供电。

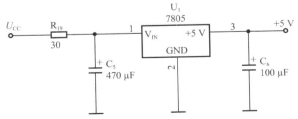

图 15.2　超声波测距仪电源电路

设计要点：

（1）为了增加发送距离，应尽量提高超声波发射电路的工作电压，因此选择发射电路

的电源电压为 $U_{CC}=+12\,V$。

（2）由于单片机是+5 V 供电，故采用 78L05 芯片将+12 V 降为+5 V。为了减小 78L05 芯片功耗，不给 78L05 加散热片，在 78L05 芯片输入端串联电阻 R_{19}（30 Ω）。

15.1.2　超声波发射驱动电路

超声波由单片机直接产生，考虑到单片机只能输出 TTL 电平，一方面驱动不够，另一方面输出电压不够高，使得发射功率低，测量距离不远，所以增加了超声波发射驱动电路，如图 15.3 所示。

当单片机输出高电平时，Q_4 导通，其集电极 C 为低电平，经反相器 U3D、U3E、U3F 反相，B 点输出高电平，再经反相器 U3A、U3B、U3C 反相，A 点输出低电平，超声波发射头 T40 输出负脉冲。半个超声波周期后，单片机输出低电平，Q_4 截止，其集电极 C 为高电平，经反相器 U3D、U3E、U3F 反相，B 点输出低电平，再经反相器 U3A、U3B、U3C 反相，A 点输出高电平，T40 输出正脉冲。超声波发射探头上的脉冲幅度达 $2U_{CC}$，如果电源为 12 V，则超声波探头上的脉冲幅度接近 24 V，相当于 BTL 输出，增大了发射功率，增加了测量距离。其中 U3A、U3B、U3C 并联和 U3D、U3E、U3F 并联是为了增加反相器的驱动能力，单个门输出驱动有限。

在超声波测距仪中，发射的脉冲数只有 6～7 个，因此一般的示波器不容易观察，如果有逻辑分析仪就很容易了。考虑到发射频率有可能偏离 40 kHz，在没有逻辑分析仪的情况下，数字存储示波器通过单次脉冲触发的方式也可以锁定发射脉冲，测量脉冲的宽度，确保程序设计的发射频率是 40 kHz，不至于偏移而导致测量距离很近的问题。

设计要点：

（1）由于音频频率上限为 20 kHz，所以超声波频率必须大于 20 kHz，选择为 40 kHz，空气中的传播速度为 340 m/s。

（2）超声波由物质振动产生，根据公式波长=速度/频率，当频率为 40 kHz 时，波长为 0.85 cm。超声波发射探头选择 T40，其参数详见第 4 章的 4.5.2 节。

（3）六反相器可选择 74HC04 芯片。

（4）超声波发射探头 T40 接在图 15.3 中的 A、B 两点，这是一种 BTL 驱动方式。

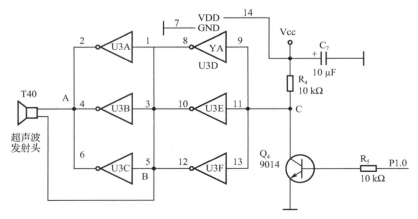

图 15.3　超声波发射驱动电路

15.1.3　超声波接收处理电路

超声波接收处理电路如图 15.4 所示。它主要采用 CX20106A 芯片和 R40 常规超声波接收传感器。CX20106A 芯片主要在电视机遥控器中使用，也可以用于接收超声波信号，其内部电路框图及引脚功能详见第 3 章的 3.1.6 节。超声波信号从①脚输入，经内部前置放大、带通滤波（中心频率 38 kHz）、峰值检波及滤波整形等处理后，最后从⑦脚输出超声波接收信号到单片机的 P32 口。

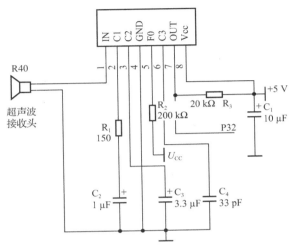

图 15.4　超声波接收处理电路

设计要点：

（1）CX20106A 的工作频率 38 kHz 与 R40 的工作频率 40 kHz 相近，因而可以选用 CX20106A 对超声波信号进行处理。

（2）R_1 在手册上是 10 Ω 左右，但实际使用时发现 R_1 的阻值太小，电路放大倍数太高，把噪声都放大了，信号也会淹没在其中，致使测距仪无法正常工作。实验发现 R_1 为 100 Ω 以上可以保证正常工作。

（3）当 R_2 为 220 kΩ，电容 C_4 为 330 pF 时，接收电路的中心频率是红外线的 38 kHz，由于超声波测距仪的中心频率是 40 kHz，因此 R_2 就选为 200 kΩ，适合超声波测距仪使用。

（4）超声波接收头采用 R40，其参数详见第 4 章的 4.5.2 节。

15.1.4　控制与显示电路

控制与显示电路与多路温度测量仪一样，具体参见图 14.5，只是多了一个由 RT_1 和 R_{18} 组成的温度测量电路。由于超声波传输速度与温度有关，因此在要求比较高的场合需要测量当时的环境温度，然后在计算距离时把对应温度的超声波传播速度作为计算值，而不再统一用 340 m/s 来计算距离。

15.2　电路调试

15.2.1　电源电路调试

电源电路的调试步骤如下。

（1）首先找齐图 15.2 中的所有元件，并完成焊接装配。

（2）开启稳压电源，调整输出电压在 15 V（由于本测试仪的单片机部分电路与多路温度测试仪共用，而温度测试仪需要 2 路电源，为此统一输入电源；为防止 7805 功耗过大，发热严重，串联电阻 R_{19} 降压，以减少 7805 的发热），测量输出电压值和纹波。由于其他部分没有，所有整机就没有耗电，为了完成测试，在 5 V 输出上采取并联 $100\ \Omega/0.5\ W$ 电阻作为假负载。

（3）将稳压电源的输入电压分别调在 11 V、12 V、13 V、14 V、15 V，分别用万用表测量 7805 的输入端电压和输出端电压，用示波器测量 7805 的输出纹波（噪声幅度），填入表 15.1 中。

表 15.1　稳压电源性能测试

U_{cc}（V）	U1 输入电压（V）	U1 输出电压（V）	输出纹波（mV）
11			
12			
13			
14			
15			

注意：在输入为 11 V 的情况下，你发现输出电压怎么了？

评分标准：

（1）焊接工艺（20%）。

（2）完成速度（20%）。

（3）测试数据及分析（50%）。

（4）学习表现（10%）。

15.2.2　发射电路调试

（1）先按照图 15.3 备齐元件，完成组装与焊接。注意，超声波发射头引脚方向要与 PCB 板平行放置。

（2）开始组装图 14.5 中的单片机控制部分电路，其中集成电路和数码管先在 PCB 板上焊相应的插座，全部焊接完成后，再装上相应的集成电路和数码管。

（3）接上电源 15 V，将测试软件通过在线下载电缆、J4 下载到单片机内。

（4）按下 S1 键后松开，单片机自动进入长发超声波状态，用示波器观察 P1.0 端口上的方波信号，用频率计测量它的频率，由于单片机常用晶体做时钟，稳定度很高，所以出来的 40 kHz 信号是很准的。

15.2.3　接收与测距电路调试

1．装配

配齐图 15.4 所用器件，完成接收部分的插装与焊接，元件分布见图 15.5。超声波接收头引脚方向要与 PCB 板平行放置。CX20106A 上放几个集成电路插座（DIP8 插座的一半，不要用单排插座，那种脚插不到底，接触不好）。

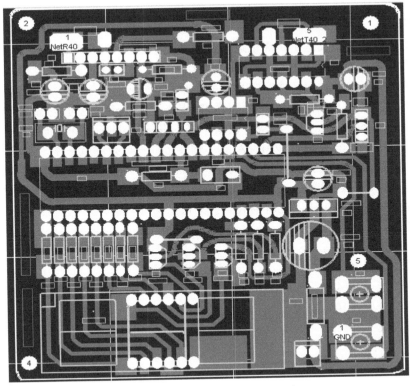

图 15.5　超声波测距仪 PCB 板图

2. 测试

再次按下 S1 键后松开，单片机进入连续自动测距状态，发射 8 个超声波脉冲后，等候从远处障碍物返回来的超声波信号，进入 CX20106A 放大解调后，测试低电平脉冲向单片机发出回波到达的中断请求，进入中断状态的单片机根据发送与接收之间的时间差，通过公式 $S=V{\times}t/2$ 算出与障碍物之间的距离，完成距离的测量，由数码管显示距离值。通过不断的循环往复，单片机实时测量与障碍物之间的距离。

如果超过一定时间还没有接收到回波，就认为收不到信号，显示超距 000。可以改变超声波发射的方向，或者拿书籍等方式改变与测距仪之间的距离，再测量距离，看是否有效。

将超声波测距仪性能测试数据记录填入表 15.2 中。

表 15.2　超声波测距仪性能测试记录

与障碍物距离（cm）	测距仪显示距离（cm）	误差（cm）
30		
50		
80		
100		
120		
150		

3. 故障处理

实践中发现有些测距仪测量距离很近，有的甚至不到 20 cm，可能有以下 3 个原因。

（1）超声波探头装配不合理。超声波收发探头上下、左右方向不对，致使发射出的信号返回不到接收头，安装时保证同方向平行就不会有什么问题。

（2）电路中的电容 C_3 太小。部分原因是 C_3 错装了 330 pF，也可能是由于电容放置时间过长等，使得电容容量明显偏小，滤波效果不好，在输出端有不少干扰脉冲，引起单片机处理出错。可以用示波器观察 CX20106A 的③脚波形，没有杂波就正常。

（3）R_1 过小。这一点已经在上面提到过，R_1 在电路中用于决定前置超声波信号放大倍数，R_1 越小，放大倍数就越大，大了结果把噪声也一起放大了，在输出端就会输出"假"回波，使单片机处理电路出错，此时增大阻值即可。

评分标准：

（1）制作工艺（20%）。

（2）完成速度（20%）。

（3）测距性能（40%）。

（4）测试及分析（10%）。

（5）学习表现（10%）。

学习与思考

1. 什么是超声波？它有什么特性？

2. 常用的超声波探头工作频率是多少？外形又是怎么样的？

3. 请说明超声波测距原理。

4. 超声波信号的放大用什么器件比较好？

5. 你能够设计超声波接收信号放大器吗？

6. 请收集资料，阅读 CX20106A 芯片资料。

7. 为什么我们常常在集成电路的电源脚增加 0.1 μF 或 10 μF 的电容？

8. 什么样的驱动电路可以并联输出？

9. 驱动电路有哪几种？

10. 超声波传感器的输入/输出阻抗在什么数量级？

11. 超声波的传播速度在标准情况下是多少？与什么有关？

12. 超声波有什么应用？举例说明。

13. 如何提高超声波的发射功率？

14. 你觉得变压器在超声波发射电路里有什么用处？

15. 为什么在软件设计上，要在超声波发射后延迟一段时间才能开启接收中断？

16. 24C01 存储器的容量是多大？

巩固与练习

1．请设计一个采用分立元件制作的 5～12 V 可调的稳压电源。画出电原理图，标出相应的元件值。（进行必要的计算）

2．用门电路设计一个 40 kHz 的方波信号发生器，要求带有使能控制线，用于驱动超声波发射电路。

3．设计一个可放大超声波信号电路，增益大于 3 000 倍，电源为 12 V。

4．设计一个电平转换电路，输入为 TTL 电平，输出为 0～12 V 的信号，其中 TTL 的低电平对应转换后的 0 V，高电平对应 12 V 输出。

5．设计一个 BTL 电路，工作频率不低于 100 kHz，负载电阻小于 5 kΩ，输出电压峰峰值不小于 20 V。电源自定。

6．通过查找资料，采用相应集成电路设计一个功率≤1 W，扬声器为 4 Ω的小功率放大器，总成本低于 1.5 元。

7．请画出 CMOS 反相器的三种以上应用电路。

8．设计一个玩具车电机驱动电路，有 2 路信号输入，一路为使能信号，高电平允许小车运动，低电平小车停止不走；另一路信号为高电平时小车前行，为低电平时小车后退。画出电路图，给出基本元件参数。其中的电机为 3 V 电池供电，工作电流小于 100 mA。

第 16 章

LED 灯驱动设计

【任务目的】

（1）了解大功率 LED 的主要性能参数。

（2）了解开关电源的几种拓扑结构。

（3）了解肖特基二极管的性能。

（4）熟悉几种常用温度传感器的特点并掌握其应用电路。

（5）熟悉升降压开关电源与占空比的关系。

（6）掌握电子系统的散热方法。

（7）掌握开关电源的工作原理。

（8）掌握电阻在电流取样电路中的作用。

（9）掌握电流反馈与电压反馈的应用。

（10）能够利用示波器测量方波信号的占空比。

（11）会使用肖特基二极管在开关电源中进行整流。

（12）会利用合适的散热片降低器件的工作温度，提高系统的可靠性。

（13）会利用电阻的电流取样实现电流负反馈，设计恒流源。

（14）会设计取样电路的 PCB，提高稳压和稳流系统的性能。

【任务内容】

（1）设计并制作一个小功率 LED 灯和一个 1 W（单个）的大功率 LED 灯。

（2）小功率 LED 灯的外壳工作电源为市电，大功率 LED 灯的工作电源为 6 V 直流。

（3）独立完成整机的布局、焊接、硬件的调试与测量工作。

（4）完成制作调试报告的撰写。

随着建设资源节约型与环境友好型社会成为当今社会的主要发展方向，作为节能减排的重要代表之一的 LED 照明领域得到了非常大的发展，LED 在各行各业中的应用与推广也越来越多。伴随着 LED 发光体功率的不断升级，LED 对其驱动电路的要求也不断在提高。LED 在发光效率与寿命两大方面拥有着非常突出的优势。

LED 光源有两种做法：一种是使用传统小功率 LED 组合，一般多达几十个甚至数百个，其电源驱动电路设计复杂；另一种是使用大功率 LED 作为光源，价格比较贵。

大功率 LED 发光体需要的是恒定的直流电源，只有这样才能够保证其长期稳定有效工作。不稳定的电路除不能够提供稳定的光线输出外，还会影响 LED 的正常使用寿命，并加速 LED 光衰。评价一款 LED 产品，除最重要的发光体外，驱动电路的性能同样是非常重要的指标。

驱动电路可分为线性驱动电路和 PWM 开关电路两大类。线性电路是降压式的，要求输入电压必须高出所设计的输出电压。PWM 开关电路则可以通过不同的拓扑结构来分别实现升、降压工作方式。无论是线性电源还是开关电源，都需要一个闭环负反馈来保证输出的恒定。根据采样信号位置的不同，又可分为定电压（恒压）和定电流（恒流）两种模式。由于 LED 对电压敏感（零点几伏的电压变化就能够引起很大的电流变化），并且不同 LED 在通过相同电流时，其正向压降也不尽相同，因此一般采用定电流模式来进行检测。

16.1　小功率 LED 灯驱动

小功率 LED 灯由于功率小，亮度高，广泛用于走廊、过道等长期需要照明的场合。也正因为其功率小，驱动电路基本上采用阻容降压电路，成本也很低，但其可靠性却很高。

16.1.1　电路设计

1. 设计要求

对于多个小功率 LED 驱动，每个独立采用驱动电路的成本较高，一般多采用数个串联使用。为什么多采用串联而非并联方式来使用 LED 呢？答案是 LED 的等级是根据相同电流下所发出光线的多少来区分的，串联使用时可以通过选择同等级的 LED 来使得多个 LED 平衡发光；若并联使用，一般无法保证多个 LED 平衡发光，同时低电压、高电流电路相对来说技术要求较高。因此，电路同时驱动多个 LED 多采用串联方式进行工作。

图 16.1 所示是 38 个 LED 灯串联电路，请为此灯串联电路设计一个驱动电源。

2. 小功率 LED 灯驱动电路设计

一般单个小功率白色 LED 灯的电压为 3.0～3.5 V，电流为 18 mA 左右。要驱动 38 个 LED 灯串联电路，需要驱动电源提供 114～133 V 驱动电压及 18 mA 驱动电流。为此，所设计的小功率 LED 灯驱动电路如图 16.2 所示，这是阻容降压型电源，R_2 和 C_1 是阻容降压元件。

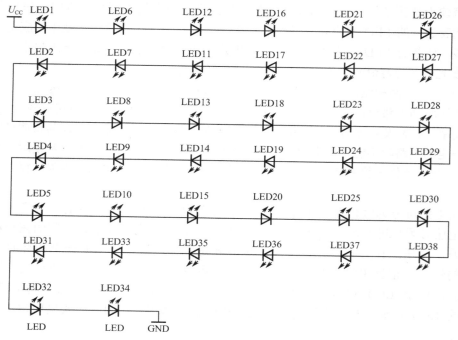

图 16.1　38 个 LED 灯串联电路

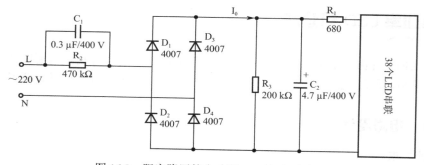

图 16.2　阻容降压的小功率 LED 灯驱动电路

设计要点：

（1）因为电源驱动板放在灯杯里，电源驱动板的体积应尽量小，所以采用阻容降压电源，从而省去了笨重的电源变压器。

（2）增加 R_3 的目的是为了能够在 LED 灯串联电路开路的情况下给 C_2 一个放电回路。

（3）由于没有稳压管，所以应将 C_2 的耐压提高到 400 V，以防止灯串联电路开路时将 C_2 过压击穿。

（4）R_1 用于 LED 灯串联电路的限流。

（5）由于 220 V 交流电直接输入，所以整流二极管的耐压一定要高。采用 1N4007，其正向浪涌电流为 30 A，最大正向平均整流电流为 1 A，最高反向耐压为 1 000 V。

（6）若再增加几十个 LED 灯驱动，可考虑把 C_1 增加到 0.68 μF，灯串增加到 2 个并联。

16.1.2　装配与调试

1. 小功率 LED 灯装配

图 16.3 所示是电源驱动板，图 16.4 所示是 LED 灯串板。装配步骤如下。

（1）选择自己喜欢的发光二极管，设计合适的灯排列，插入灯板上注意发光二极管的方向（长脚为正极），进行焊接，注意避免因元件过紧而导致的焊接搭桥现象。

（2）考虑到需要把电源驱动放在灯杯里，把 LED 灯串板和电源驱动板分成 2 块 PCB，把电源板放入灯杯里，灯串板上安装 LED 后直接固定在灯杯的外壳上。由于灯杯体积小，C_1、C_2 都比较高大，所以要卧式安装，电源板一侧的过孔用于电源板与灯杯的固定，安装时过孔套在灯杯的塑料柱上，专业电源板就不会滑动。

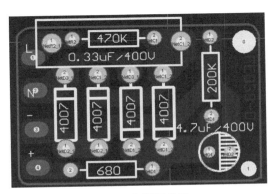

图 16.3　电源驱动板

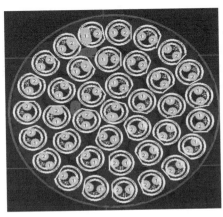

图 16.4　LED 灯串板

2. 小功率 LED 灯调试

（1）灯板测试。为了防止由于发光二极管有个别方向装错，在与电源板焊接完成后通电不能工作而击穿装反的二极管，在与电源连接完成后，在通电试验前进行测试。打开稳压电源，调节输出电压为 20～30 V，限流电流为 5 mA，在电源输出线正极上串联 100 Ω 电阻，然后与负极一起连到灯板的前面 6～9 个发光二极管上，注意极性，看并联在电源线上的发光二极管是否都亮了。如果没有亮，则说明至少有一个发光二极管装反了，减少并联的发光二极管数量，查出装反的二极管，重新焊接，然后依次将电源往后移，直至所有的发光二极管极性全部正确为止。

（2）用细导线将灯板与电源焊接起来，然后将灯杯内的导线焊接到图 16.2 所示的电源板上的 L 与 N 端，将电源板的焊接面朝下，右边的固定孔与灯杯内的塑料柱相对接，把 LED 板放在电源板上，扣在灯杯上固定。

（3）将 LED 等插到电源座上，观察灯的工作情况。

（4）装配与调试正常后，将作品交给指导老师，进行成绩评定。

评分标准：

（1）焊接工艺（20%）。

（2）装配质量（20%）。

（3）正常工作（30%）

（4）发光二极管造型设计（10%）。

（5）原理掌握（20%）。

16.2 大功率 LED 灯驱动

大功率 LED 灯是 LED 灯的一种，相对于小功率 LED 灯来说，其功率更高、亮度更亮、价格更高。小功率 LED 灯的额定电流都是 20 mA，额定电流高过 20 mA 的基本上都可以算成大功率 LED 灯。其一般功率有 0.25 W、0.5 W、1 W、3 W、5 W、8 W、10 W 等。大功率 LED 灯主要用于宾馆、酒店、广场、酒吧、公园、游乐场、公共场所及所有需要光源的灯具上。大功率 LED 灯如图 16.5 所示。

图 16.5 大功率 LED 灯

16.2.1 恒流驱动电路设计

1. LED 灯的 PT4105 驱动电路

LED 是电流型器件，设计的驱动电路要为恒流源或者接近恒流源特性。对于大功率 LED 而言，这一点更为重要。目前，大功率 LED 主要用于照明（白色），其驱动电源分为直流输入和交流输入。交流输入以市电为主；直流输入则用于矿灯直流供电场合。图 16.6 所示是以直流输入的 1 W 的 LED 灯恒流驱动电源。

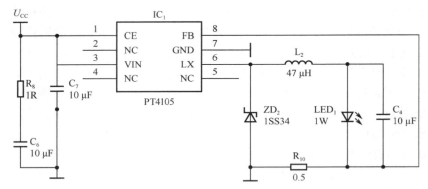

图 16.6 LED 灯的 PT4105 驱动电路

PT4105 是专用的 1 W 的 LED 低压直流恒流驱动芯片。C_7 是输入电源滤波电容，L_2 是降压滤波电感，R_{10} 是 LED 电流检测电阻，其上的电压反馈到芯片的⑧脚，在芯片内部，与⑧脚相连的是比较器，内设比较电压 200 mV，当 LED_1 上流过的电流超过或小于 200 mV 时，通过⑧脚反馈，芯片的控制电路会自动调节内部的驱动信号的占空比，控制与⑥脚相连的输出管的通断，从而调整输出电流，使其稳定在 200 mV/R_{10} 上。图中的 ZD_2 为电感的

续流二极管，常采用低压降的肖特基二极管，这里的 1SS34 是 3 A/40 V 的肖特基二极管。

设计要点：

（1）输出电流由 R_{10} 的阻值设定，$I_{\text{LED}}=200\text{ mV}/R_{10}$。当 $R_{10}=0.5\ \Omega$ 时，$I_{\text{LED}}=400\text{ mA}$。

（2）输入端电容 C_7 的容量通常为 10 μF，可以保证 PT4105 稳定工作。

（3）输出端电容 C_4 的容量通常为 10 μF，即可确保低纹波和高效率。R_8、C_6 起保护作用。

（4）二极管采用低正向导通电压和快恢复的肖特基二极管。

（5）电感值大，则输出电流大，输出纹波小，但尺寸大、效率低。电感值太小可能使电路进入不连续工作模式，使带负载能力降低。47 μH 的电感可适用于 1 W 及 3 W 的应用场合。

2．LED 灯的 PT4115 驱动电路

PT4115 是 PT4105 的升级产品，LED 灯的 PT4115 驱动电路及 PCB 板如图 16.7 所示。PT4115 在 PT4105 的基础上把输入电压范围扩大到 8～30 V，输出 LED 电流提高到 1.2 A，以适应快速发展的大功率 LED 市场。PT4115 的使用非常容易，只需要一个输入电容、一个电感、一个二极管和一个采样电阻共四个外部元器件。PT4115 可以驱动多达 7 个串联的 LED，提供 1～28 W 以上的输出功率，效率高达 97%。由于外部电流检测电阻 R_S 的压降仅为 100 mV，以及内部功率开关管只有 0.4 Ω 的导通电阻，从而降低了芯片和系统的功耗。PT4115 输出 LED 的电流精度达±5%，且具有过温、过压、过流、LED 开路保护等多种功能。

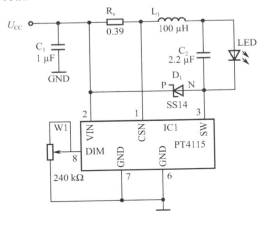
（a）驱动电路

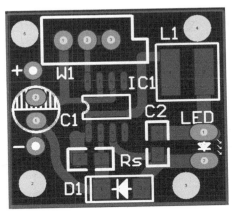
（b）PCB 板

图 16.7　LED 灯的 PT4115 驱动电路及 PCB 板

当 U_{CC} 接入 PT4115 的②脚 VIN，另一路经电流采样电阻 R_S 加到比较器 CSN 端后，芯片开始工作。当 DIM 脚电压大于 0.3 V 时，内部功率开关管导通；当 DIM 脚电压在 0.5～2.5 V 之间变动时，输出电流也随之变动；当电压为 2.5～5 V 时，输出电流恒定。

设计要点：

（1）调整电流采样电阻 R_S 的值，可设置恒流值大小，使 LED 灯发出稳定高亮度的光泽。

（2）L_1 把 100 kHz 的脉冲电流变换成三角波电流，它的电感量影响工作电压范围内恒流源的稳定性。电感 L_1 越大，工作频率越低，恒流效果越好。

（3）D_1 是续流二极管，在芯片内部 MOS 管处于截止状态时为存储在电感中的电流提供放电回路。由于工作在高频脉冲状态，故 D_1 应选用正向压降小、恢复速度快的肖特基二极管。

（4）芯片的 DIM 端可外接 PWM 脉冲或直流电压调光，当 $0.5\text{ V} \leqslant U_{DIM} \leqslant 2.5\text{ V}$ 时，灯电流 $I_{LED} = (0.1U_{DIM})/(2.5R_S)$；当 $U_{DIM} \geqslant 2.5\text{ V}$ 时，保持 100% 电流；另外，其内部由 $200\text{ k}\Omega$ 电阻上拉到 5 V 基准，因此⑧脚可以外接电位器进行亮度调节。

3. 大功率 LED 驱动实验电路

大功率 LED 驱动实验电路如图 16.8 所示。实验板中有图 16.6 所示的 1 W 的 LED 的 PT4105 驱动实验电路，并有升压（Q_1）和降压（Q_2）变换实验电路，供学习使用。为了能够加强占空比对 DC/DC 变换输出电压的调整作用，同时布置了用 555 设计的工作频率为 10 kHz、占空比可调的矩形波发生电路。

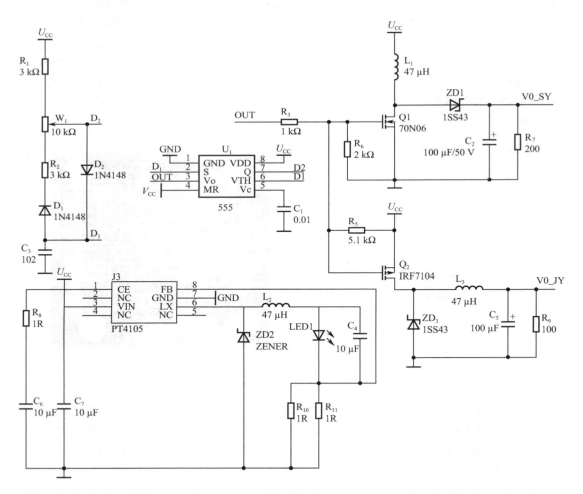

图 16.8　大功率 LED 驱动实验电路

16.2.2　装调与测试

1. 装配

大功率 LED 驱动实验 PCB 板如图 16.9 所示，它包含了图 16.8 所示的 1 W LED 灯驱动电路和升降压变换实验电路。这里只需要完成 1 W LED 灯驱动电路的焊接，其他部分感兴趣的同学可以在课外进行。由于涉及贴片元件的焊接，所以请注意看现场老师的焊接方法与步骤，在小的焊接板上进行适当的练习。LED 灯上有正、负极标志，不要焊错，正极用红色电线焊在非引线的点上。

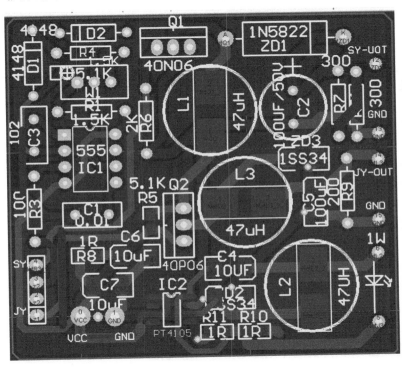

图 16.9　大功率 LED 驱动实验 PCB 板

2. 调试步骤

（1）检测元件焊接质量，确保无误。

（2）LED 灯不要朝向任何人（亮度很高，高亮度点光源会灼伤人的眼睛），开启稳压电源，输出电压调整在 4 V 上，电流限制在 350 mA 以内。正极接到 PCB 板上的 U_{CC} 端，负极连到 GND 上，正常情况下，LED 应该发出刺眼的光芒。电流应该小于 350 mA，如果电流偏大很多，要检测 R_{10}、R_{11} 是否短路？取样电阻越小，LED 电流越大。其二端电压在 200 mV 左右。如果没有亮，要检查是否有焊接错误等。

（3）分别调整稳压电源输出电压为 8 V、10 V、12 V、14 V、16 V、18 V、20 V、24 V，分别测量电源的输出电流和 LED 灯上的工作电流，并在表 16.1 中记录下来。

（4）将作品交给指导老师进行成绩的评定，同时将测试数据附上。

表 16.1　大功率 LED 灯测试数据记录表

电压（V）	电源电流（mA）	电源功率（mW）	LED 灯电压（V）	LED 灯电流（mA）	LED 灯功率（mW）	芯片转换效率（%）
8.0						
10.0						
12.0						
14.0						
16.0						
18.0						
20.0						
24.0						

评分标准：

（1）学习态度（15%）。

（2）焊接工艺（25%）。

（3）故障处理（20%）。

（4）LED 灯的工作情况（20%）。

（5）原理掌握（20%）。

学习与思考

1．目前大功率 LED 的发光效率大概是多少？是白炽灯的多少倍？

2．大功率 LED 灯与传统的灯相比有什么优势和缺点？

3．你能够说出几种恒流驱动 LED 灯的芯片？

4．1 W 的 LED 灯的价格大概是多少？

5．1 W 的白色 LED 灯的工作电压是多少？电流呢？

6．肖特基二极管特性是什么样的？它的端电压大约为多少？

7．电容降压整流电源的工作原理是什么？

8．电容降压型电源里的降压电容上并联电阻有什么用途？应该怎么取值？

9．电容降压整流电源中的稳压二极管有什么作用？稳压管如何取值？

10．电容降压整流电源的工作电流与降压电容的关系是什么？

11．为了降低输出电压的波动，在普通电容降压型电路中如何改进电路？

12．试举例说明 LED 的几种用途。

13．一般 LED 灯的工作电流多大合适？

14．LED 灯彩色不同，其导通时的管压降也不同，请问：红色、橙色、黄色、绿色、蓝色、白色 LED 灯的管压降排列次序如何？

15．白色发光二极管的工作原理是什么？

16．大功率 LED 灯通常是采用恒流供电的，如果采用恒压供电有什么不妥？

巩固与练习

1．请设计一个低成本的电容降压型电源，要求输出电压为 12 V，输出电流为 25 mA。画出电原理图，进行必要的计算后，标出元件值。

2．请设计采用 220 V 供电的由 48 个白色 LED 发光管组成的灯驱动电路。

3．请查阅资料找出可以用于 1 W LED 灯驱动的 3 种以上恒流芯片，并给出相应的电路和参数。

4．设计采用电阻降压的 5 mA/20 V 电源。

5．如果需要采用电容降压性电源作为热释红外线报警电源，请对普通的电容降压型电源进行适当的改进，以用于报警器。

第 **17** 章

数控电源设计

【任务目的】

（1）熟悉串联稳压电源的工作原理。

（2）掌握串联稳压电源的设计方法。

（3）掌握单片机改变输出直流电压的方法。

（4）掌握键盘扫描程序的设计方法。

（5）掌握 LED 数码管的动态显示方法。

（6）掌握 D/A 变换电路的设计方法。

（7）掌握采用 DC-AC-DC 变换获得负电源的方法。

（8）学会电子电路的基本调试方法。

（9）进一步强化电子测量仪器的正确使用。

【任务内容】

（1）设计一个数控电压源：输出电压为 3～25 V，负载电流>500 mA。

（2）完成单片机键盘扫描程序设计：具有 "+"、"−" 调整输出电压功能。

（3）设计单片机 LED 显示子程序：三位 LED 动态显示输出电压。

（4）具有短路和过流保护功能。

（5）输出电压纹波<10 mV。

（6）完成整机的布局、焊接、软硬件的调试工作。

（7）完成设计调试报告的撰写。

通常的稳压电源都是通过调节电位器来调整输出电压的，基本上都是基于模拟电路来设计的，其功能相对单一。在单片机盛行的年代，能够利用它来改变稳压电源的输出电压。根据本设计任务要求，数控电源整机电路框图如图 17.1 所示，它由整流单元电路、稳压电路（输出控制）、±5 V 辅助电源、单片机显示控制、D/A 变换电路、过流限流保护、继电器切换与驱动电路等组成，包含了大部分模拟电路，对于学习电子产品的设计具有很大的帮助作用。

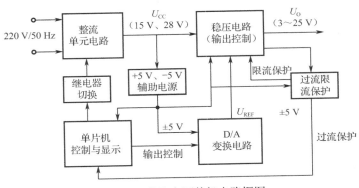

图 17.1　数控电源整机电路框图

17.1　整流单元电路

17.1.1　整流滤波电路设计

利用二极管的单向导电性，把交流电变为直流电。通常采用半波整流、全波整流及倍压整流。这里采用全桥整流电路，整流单元电路如图 17.2 所示。

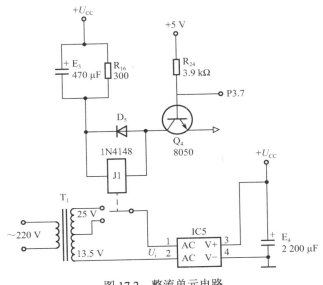

图 17.2　整流单元电路

设计要点：

（1）变压器次级输出电压的选择。本设计中要求输出最大直流电压为 25 V，考虑后级稳压器的达林顿调整管应有 3 V 管压降，则 $U_{CC} > U_{omax} + 3\ V = 28\ V$。输出直流电压 U_{CC} 与交流电压 U_i 的有效值的关系为：

$$U_{CC} = (1.1 \sim 1.2) \times U_i \tag{17.1}$$

按照式（17.1）（取 1.12 倍），变压器的次级输出电压为 25 V。

（2）13.5 V/25 V 交流挡切换。根据输出电压 3～25 V 的可调要求，为了提高电源的工作效率，在输出电压低的情况下设法降低输入电压，而在输出电压比较高的情况下适当提高输入电压。因此设置 13.5 V/25 V 交流挡切换单片机控制电路，当输出电压大于等于 12 V 时，单片机的 P3.7 口输出高电平，使 Q_4 饱和导通，使继电器 J1 吸合，这样输入切换到 25 V 交流电压输入挡；而当输出低于 12 V 时，继电器 J1 不吸合，输入接变压器的 13.5 V 交流挡。

（3）滤波电容的选择。滤波电容的 RC 放电时间常数应满足：

$$RC > (3 \sim 5)T/2 \tag{17.2}$$

式中，T 为交流电周期（20 ms）；R 为整流滤波电路的负载电阻，按式（17.2）（取 5 倍，高电压输出挡位），C 大于 1 000 μF，考虑到在输出低电压的情况下，滤波电容接近 2 000 μF，所以实际取 2 200 μF。

（4）整流二极管的选择。每个整流二极管承受的最大反向电压 $U_{RM} = 1.414 \times U_i$，由于 U_i 为 25 V，所以每个二极管的耐压应大于 36.4 V。通过每个二极管的平均电流应该是负载电流的一半，由于负载电流 >500 mA，所以每个二极管的电流应大于 250 mA。

17.1.2　整流滤波电路调试

（1）检查整流单元电路装配是否正确？若正确无误，可通电测试。

（2）单片机暂时不连接，即 P3.7 悬空，使 Q_4 饱和导通，测量 U_i 的有效值、U_{CC} 电压及继电器线包电压，记录在表 17.1 中；然后将 P3.7 接地，使 Q_4 截止，听继电器的释放声音，再次测量 U_i 的有效值、U_{CC} 电压及继电器线包电压，记录在表 17.1 中。

表 17.1　整流电源测试

	U_i 有效值（V）	U_{CC} 电压（V）	继电器线包电压（V）
P3.7 悬空			
P3.7 接地			

分析 P3.7 对输入电源的切换方法和继电器降压驱动原理。

> ！强调：经常出现的错误是，在测 U_i 的过程中，把输出的电源负极作为地，这是不对的，因为 U_i 是交流电压。

17.2　过流、限流保护电路

17.2.1　过流、限流保护电路设计

过流、限流保护电路如图 17.3 所示，它主要由运放 IC6A、IC6D、Q_1 及 Q_2 等元件组成。IC6D 是反相放大器，放大倍数由 W_1 调节，约放大 10 倍。IC6A 是比较器，反相端电压由 W_2 设定。

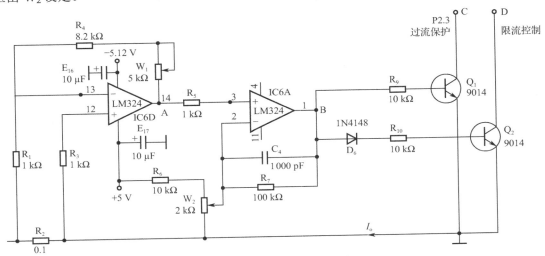

图 17.3　过流、限流保护电路

1.　限流保护

由 R_2、IC6D 构成电流取样与放大电路。当输出电流过流时，使取样电阻 R_2 上的压降增大，经 IC6D 同相放大后输出，此输出若超过 W_2 的设定电压值，IC6A 输出高电平，引起 Q_2 导通，从而拉低了 Q_3（稳压输出调整管，详见图 17.10）基极的电压，使输出电压自动降低，起到限流保护作用。

2.　过流保护

同理，当过流引发 IC6A 输出高电平时，Q_1 完全饱和导通，使单片机的 P2.3 口变成低电平，由单片机根据键盘设定的状态进行相应的调整。

当单片机根据键盘设定限流保护时，单片机不做处理，由硬件电路 Q_2 完成限流保护功能。当键盘设定为过流保护时，单片机采集到 P2.3 为低电平后，立即使 D/A 输出数字量为 0，使输出参考电压 U_{REF} 为 0 V，从而使输出电压也降为 0 V，起到短路保护的功能，此后，如果不按其他键，则保持输出为 0 状态。反之，根据之前设定的电压值输出电压。

设计要点：

（1）IC6D 按 10 倍反相放大器设计，放大倍数由 W_1 调整。

（2）IC6A 按高增益同相放大器设计，增益由 R_7 决定。IC6A 反相端的偏置电压由 W_2 调整，当没有发生过流故障时，IC6A 反相端电平应高于同相端电平，确保 IC6A 输出低电平，从而确保 Q_1、Q_2 截止；当发生过流时，IC6A 同相端电平应高于反相端电平，确保 IC6A 输出高电平，从而确保 Q_1、Q_2 导通。

（3）Q_2 基极与 Q_1 基极相比较，增加了二极管 D_6，当 IC6A 输出高电平时，Q_1 处于饱和状态，Q_2 处于放大导通状态，这就是限流保护与过流保护的区别。

17.2.2 过流保护电路调试

数控电源加 15 V 电压，保证有测试程序。

1. W_1 的调整（R_2 电流取样放大校正）

调整 W_1，可改变 IC6D 的放大倍数，应放大 10 倍。

（1）不加负载时，用万用表测量图 17.3 中的 IC6D（LM324）的⑫脚、⑬脚、⑭脚电压，正常的应该接近 0 V，否则请检查元件是否有装错。

（2）将电源输出端调在 10 V，接 20 Ω/5 W 电阻（500 mA 负载电流），在 R_2 两端产生 0.05 V 电压，调整 W_1，使 LM324 输出⑭脚（A 点）的电压为 0.5 V。

（3）调输出电压到 2.0 V，仍接 20 Ω/5 W 电阻（100 mA 负载电流），在 R_2 两端产生 0.01 V 电压，检查 LM324 输出⑭脚（A 点）的电压为 0.1 V。

调整完成后，将数据填入表 17.2 中。

2. W_2 的调整（过流设定）

调整 W_2，可改变 IC6A 反相端电平，从而实现过流电流设定。

（1）调整输出电压为 10 V，将输出电流保护设定为 500 mA。将输出端接 20 Ω/5 W 电阻再并联 200 Ω/1 W（如果没有，用 2 个 510 Ω/0.5 W 电阻并联），调 W_2 使 B 点刚好为高电平，即负载电流为 500 mA 时过流保护启动。

（2）过流设定完成，将输出分别调整到 5.0 V、10.0 V、12.0 V（此时需要输入 16 V，注意输入电容的耐压是否大于 16 V？），测试负载电流，记录在表 17.2 中。

表 17.2 输出电压校正与过流保护设定

输 出 校 正		R_2 电流取样放大校正		W_2 调整（过流设定）		
显示（V）	输出 U_o（V）	负载电流（mA）	A 点电压（V）	输出电压设定（V）	负载电阻（Ω）	负载电流（mA）
10.0		500		5.0	20 Ω	
2.0		100		10.0	20 Ω 并联 200 Ω	
—		—		12.0	20 Ω	

说明：由于电阻存在误差，负载电流以万用表测量为准。

17.3 辅助电源电路

17.3.1 单片机（+5 V）电源设计

单片机采用 5 V 供电，因此可以用 7805 来设计，如图 17.4 所示，此电路的成本和可靠性都比较好。由于高电压挡位的输入电压很高，7805 发热比较严重，所以采用串接电阻降

压，以减少 7805 的发热。电阻成本很低，可靠性也很高，如果直接接到电源上，则 7805 除了要加比较大的散热片外，严重的发热会降低其可靠性。电路中的 E_{11} 和 R_{21} 提供给为单片机的复位电路使用。

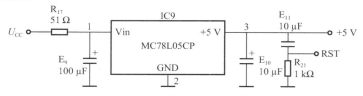

图 17.4　单片机工作电源

设计要点：

（1）选用 7805 芯片获得+5 V 电压，此方法比较经济。

（2）由于 U_{CC} 电压的高压挡为 28 V（对 25 V 交流电整流产生），U_{CC} 电压的低压挡为 15 V（对 13.5 V 交流电整流产生），使 7805①脚、③脚之间的压降分别为 23 V 和 10 V，7805 发热严重，因此采用串接电阻 R_{17} 降压。R_{17} 不能太大，U_{CC} 为低压挡时，7805①脚、③脚的压降仍为 2 V 以上。

> **！提示：**原则上可以采用类似于 MC34063 这样的开关电源芯片产生 5 V 电源，但一是成本略高，二是会产生高频干扰影响数控电源性能。

17.3.2　负电源（-5 V）设计

1. 振荡电路（DC-AC 变换）

由于运放需要放大近似 0 V 的信号和 DAC0832 芯片（见图 17.7）需要$-U_{REF}$电压，因此只能采用双电源方式。为降低变压器的输出绕组数，负电源采取 555 振荡再倍压整流方式实现。555 采用最简单的方波振荡方式，电路如图 17.5 所示，工作频率取 7 kHz，以便减少输出滤波电容。555 的输出负载能力很强，这也是采用它的一个理由。

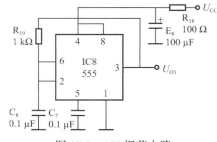

图 17.5　555 振荡电路

设计要点：

（1）这是一种直接反馈型方波振荡电路，即 R_{19} 连接在输出端。

（2）振荡周期计算式：$T=1.386R_{19}C_8=0.138\ 6$ ms。

（3）由于 555 芯片⑧脚的电源电压范围为 4.5～16 V，而 U_{CC} 电压的高压挡为 28 V，所以⑧脚应串联 R_{18}（100 Ω）电阻进行降压。

> **！补充：**这里采用 555 来产生-5 V 电源，有两个原因：一是本身要求输出功率很小，555 完全能够承担；二是 555 便宜，电路简单，也可以借此重温 555 的一些应用。

2. 倍压整流与稳压（AC/DC 变换）

负电源产生电路如图 17.6 所示。由 D_7、D_8、E_{12}、E_{13} 对图 17.5 所示电路的输出振荡进行倍压整流。当 555 的③脚输出高电平时，从③脚通过 E_{12}、D_8 到地对 E_{12} 充电；当 555 输出低电平时，电容 E_{12} 上的电压通过 555 的③脚由内部流到地，向 E_{13}、D_7 放电，使 E_{13} 上形成了下正上负的电压。

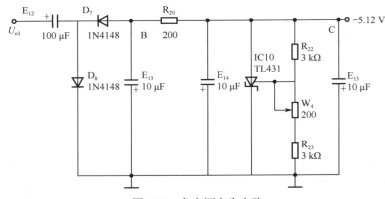

图 17.6　负电源产生电路

为了给 DAC0832 提供稳定的负基准电压，整流后的负电压还需要进一步稳压才行。这里采用高精度基准电压集成电路 TL431 来设计，电路由 R_{20}、TL431、R_{22}、W_4、R_{23} 等构成。当基准输出电压超过设定值（−5.12 V）时，经 R_{22}、W_4、R_{23} 取样，使 TL431 电流增大，使 R_{20} 上的压降增加，从而降低输出电压，使输出电压稳定在设定值上。反之，输出电压由于各种原因降低，流过 TL431 阳极的电流减少，使 R_{20} 的压降减小，从而提高了输出电压。负电源提供给运放和 DAC0832。调整 W_4 来改变负电压的输出，这里设置在−5.12 V。

设计要点：

（1）倍压整流可使整流后的直流电压幅度增加 1 倍。

（2）R_{20} 必须有，否则 TL431 不能稳压。

!说明：经常看到的是 TL431 用在正的输出上，这里却用来调整负的输出。其实正负都一样，关键要记住的是电流从其阴极流向阳极，还有就是控制极与阳极之间的电压永远都在 2.5 V，否则可能：①输入电压太低了（包括取样电阻太大造成稳不住而误以为坏了）；②芯片损坏。

17.3.3　辅助电源电路调试

（1）上面的电源输入不变，5 V 输出接 100 Ω/0.5 W 电阻，单片机 P3.7 口接地不变，测量 7805 的输入、输出电压和纹波，记录到表 17.3 中。

表 17.3　辅助电源调整与测试

U_{CC}电压（V）	7805③脚（V）	7805①脚（V）	7805①脚纹波（mV）	555⑧脚（V）	U_B（V）	U_C（V）	555③脚波形与频率

（2）用示波器测量 555 的③脚波形并记录到表 17.3 中。

（3）调整 W_4，使 C 点电压为−5.12 V。如果电压不正常，则测量 B 点电压，看是否比

-5.12 V 更小，否则要查 555 的⑧脚电压，应大于 8 V，如果达不到，说明耗电过大（后续负载的原因），只能将 R_{18} 调整为 51 Ω，也可以适当减小 R_{20} 的阻值。

评分标准：

（1）有+5 V（10%）。

（2）有负电压（10%）。

（3）U_E 纹波小（10%）。

（4）$U_B<-7$ V（20%）。

（5）-5.12 V 准（30%），每偏 1 mV 减 1 分，直至 0 分。

（6）测试数据全（20%）。

17.4　D/A 转换电路

17.4.1　D/A 转换电路设计

单片机是数字芯片，而输出直流电压控制是一种模拟控制，如果要实现单片机对输出直流电压的控制，需要有 D/A 转换电路。

D/A 转换电路如图 17.7 所示。采用常用的 51 单片机芯片作为控制器，其 P1 口和 DAC0832 的数据口直接相连，DAC0832 是 8 分辨率 D/A 转换芯片，DAC0832 的 CS、WR_1、WR_2 和 Xfer 引脚接地，让 DAC0832 工作在直通方式下。DAC0832 的⑧脚接参考电压-5.12 V，此电压由图 17.6 所示的电路产生。因此，DAC0832 的⑪脚输出电压的分辨率为 5.12 V/256=0.02 V，也就是说，D/A 输入数据端每增加 1，电压增加 0.02 V。

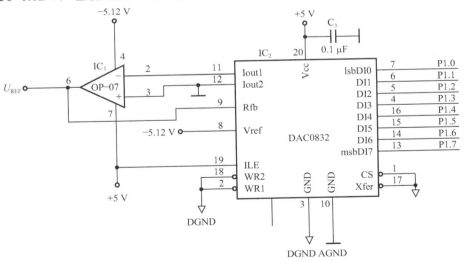

图 17.7　D/A 转换电路

D/A 的电压输出端接放大器 IC_1（OP07）的输入端，IC_1 的放大倍数为 1，再经图 17.10 中的 IC_7 取样放大及 Q_3、Q_5 复合管调整，电压分辨率被放大 5 倍，即数控电源输出电压分辨率为 0.02 V×5=0.1 V。因此，当单片机输出数据增加 1 时，最终输出电压增加 0.1 V，当调节电压时，可以每次 0.1 V 的梯度增加或降低输出电压。

设计要点：

（1）DAC0832 芯片参数详见第 3 章的 3.2.6 节。

（2）IC_1 的放大倍数为 1，是因为 IC_1 的⑥脚与 DAC0832 的⑨脚相连，产生负反馈。

17.4.2　D/A 转换电路调试

（1）加电源，调整基准电压到-5.12 V。

（2）用万用表测量 IC_1 的⑥脚电压是否为 0 V？如果不是，再检测③脚是否为 0 V，若也不为 0 V，则可能③脚接地处有问题，检测测量之。

（3）将测试程序写入单片机，通过按键盘的"+"、"-"调整 D/A 输出。显示值调到12.0，用万用表测量 D/A 输出电压 U_{REF}，应该是 2.40 V；显示值再调到 20.0，电压 U_{REF} 是4.00 V（显示值乘 200 mV，也就是除以 5）。如果误差超过 10 mV，则单片机的 P1 口线到 D/A 有问题（短路或开路），这比较容易检查（关电源，对照原理图，用万用表的声音挡测量 P1.0～DI0，…，P1.7～DI7 是否会响）。正常后再多测几个点，填入表 17.4 中。

补充：如果输出很乱或没有，则检测 DAC0832 的 ILE 引脚是否为高电平，DAC0832的 WR_1、WR_2、CS、Xfer 引脚是否为 0，否则线路有问题。

表 17.4　D/A 测试数据

检测处理前		检测处理后		问　　题
显示	U_{REF}（V）	显示	U_{REF}（V）	
1.2		1.2		
6.0		6.0		
10.0		10.0		
12.0		12.0		

评分标准：

（1）按"+"，"-"键，能够改变 D/A 输出电压（30%）。

（2）低端误差小（即显示 1.2 时，U_{REF} 误差不超过 10 mV）（20%）。

（3）中端误差小（即显示 10.0 时，U_{REF} 误差不超过 10 mV）（20%）。

（4）高端误差小（即显示 12.0 时，U_{REF} 误差不超过 10 mV）（20%）。

（5）基准电压准确，误差与-5.12 V 比，每差 10 mV 以内的得 10 分，差 20 mV 以内的得 5 分，超过 20 mV 不得分。

（6）有问题处理好则另加 5～10 分，但上限为 100 分。

17.5　键盘与显示电路

17.5.1　硬件设计

显示与键盘控制电路如图 17.8 所示。电路共设计四个按键："S_1"为输出电压加 0.1 V按键，"S_2"为输出电压减 0.1 V 按键，"S_3"切换键功能由设计者自定，例如使输出电压在 3 V、5 V、6 V、8 V、

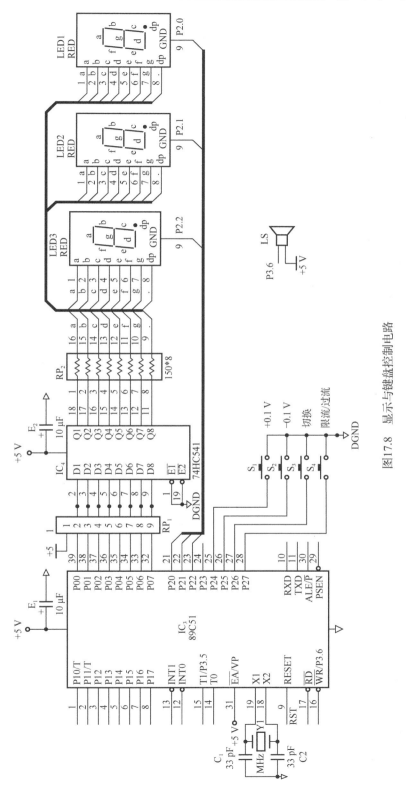

图17.8　显示与键盘控制电路

9 V、10 V、12 V、15 V、18 V、20 V、24 V 之间快速切换键，"S₄"限流/过流键为输出保护电路的工作方式切换键，限流为限制最大输出电流保护，过流为当输出电流达到设定值时，输出电压自动降为 0 V，按其他键恢复。由于键盘数量少，所以采取独立式键盘设计，占用单片机的 4 个 I/O 口。

设计要点：

（1）电路要求 3 位数码管显示，选择使用三位一体的数码管，小数点设在第二个数码管上，最大显示 25.9，达到设计要求，采用动态扫描驱动方式。

（2）51 单片机高电平驱动能力很弱，因此采用 74HC541 作为 8 路驱动缓冲器，P0 口没有上拉电阻，采用 4.7 kΩ 的排阻上拉 P0 口。

> **提示：** 本电路采用的显示为共阴极电路，与超声波电路中的共阳极电路相呼应，两者并无优劣，根据设计喜好来定。要说明的是，共阴极直接连到了单片机的端口是否合适？①在采用高亮度数码管的情况下，对于任意 I/O 标称工作电流 15 mA 已经足够；②可以选择接入三极管或 ULN2003 芯片来扩流。

17.5.2 显示电路调试

1. 调试步骤

（1）加上 15 V 电源，拔掉单片机或单片机没有程序也可以，分别用导线将 P2.0、P2.1、P2.2 依次接地，检测数码管的亮灭状态。正常情况下数码管应该从低位到高位依次显示 8（包括小数点也亮），如果有笔画不亮，则某段发光管有故障，或者线路有断裂发生，请检查并排除。应保证所有数码管能够全亮。如果有数码管不亮，但有端口电压正常，则数码管坏，更换之。测试结果填入表 17.5 中。

（2）将 P2.0 接地，然后用导线依次将 P0.0、P0.1、…、P0.7 对地短路，如果发现数码管的 a、b、c、d、e、f、g、h 依次熄灭，则此数码管工作正常；如果出现 2 个及以上段码熄灭，则说明熄灭的数码管之间有短路，请检查后排除。然后再依次将 P2.1、P2.2 分别对地短路，按以上步骤进行测试，并完成故障排除。测试结果填入表 17.5 中。

表 17.5　数码管电路测试（单片机不装）

步骤	条　件	数码管 1 状态	数码管 2 状态	数码管 3 状态
1	P2.0 接地，P0.0～P0.7 依次接地			
2	P2.1 接地，P0.0～P0.7 依次接地			
3	P2.2 接地，P0.0～P0.7 依次接地			

2. 故障分析与处理

如果在调试显示电路时发现有个别笔画不亮，则测量 IC₄（74HC541）的⑪～⑱脚是否都为高电平？如果有个别不是，则检测 IC₄ 的②～⑨脚是否都是高电平，不然说明单片机或对应的管脚可能对地有短路。

> **强调：** 这种方法适用于任何数码管电路的检测，包括数码管笔画有短路还是开路，以及电路中线路之间的短路与线路断裂。

17.5.3　键盘电路调试

1. 调试步骤

（1）键盘测试：松开所有键盘，分别测量 P2.4、P2.5、P2.6、P2.7 端口的电压，应该接近电源电压（5 V），如果低于 4 V，则键盘或电路对地有短路，检查并排除。测试结果填入表 17.6 中。

（2）依次按下 S_1、S_2、S_3、S_4，再次测量 P2.4、P2.5、P2.6、P2.7 端口的电压，应该依次为 0 V，否则键盘开路故障，应更换。测试结果填入表 17.6 中。

表 17.6　键盘电路测试（装单片机）

步骤	条　　件	P2.4 电压	P2.5 电压	P2.6 电压	P2.7 电压
1	S_1、S_2、S_3、S_4 松开				
2	S_1 按下				
3	S_2 按下				
4	S_3 按下				
5	S_4 按下				

!强调： 曾经碰到这样一个问题：程序编写完成写入芯片后运行，结果数码管不亮，初步判断是显示电路问题，最后发现是在设计程序时判断有按键后，在等键盘释放而没有把显示程序插入判断程序中，遇到键盘对地短路，而程序一直处于等键释放状态，最终导致数码管不点亮。因此，在前面测试数码管时，要求拔去单片机或不写入程序。

2. 故障分析与处理

键盘对应引脚不管是否按下都是高电平，则对应按键开路故障；如果都是低电平，则对应键盘对地有短路故障；如果按别的键盘，自己的键盘引脚出现低电平，则两键盘之间有短路，通常的可能是 PCB 没有做好，用万用表或肉眼能够发现短路线。

17.5.4　软件设计

1. 显示软件设计

动态扫描显示是单片机应用系统中最常用的显示方式，它把所有数码管的 8 个笔画段 a～h 的各同名端互相并接在一起，并把它们接到字段出口上。为了防止各个显示器同时显示相同的数字，各个显示器的公共端 COM 还要受到另一组信号控制，即把它们接到位输出口上，这样，对于一组 LED 数码显示器需要由两组信号来控制：一组是字段输出口的字形代码，用来控制显示的字形，称为段码；另一组是位输出的控制信号，用来选择第几位显示器工作，称为位码。在这两组信号的控制下，可以一位一位地轮流点亮各个显示器显示各自的数码，以实现动态扫描显示。

在轮流点亮一遍的过程中，每位显示器点亮的时间是极为短暂的（1～5 ms），由于 LED 具有余晖特性及人眼的视觉惰性，尽管各位显示器实际上是分时断续地显示，但只要选取适当的扫描频率即可。由于各个数码管的字段线是并联使用的，因而大大简化了硬件

线路。

显示软件流程图如图 17.9 所示。

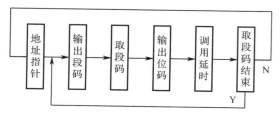

图 17.9 显示软件流程图

显示的汇编参考显示程序如下：

```
XS：MOV P2，#0FFH
    MOV DPTR，#TAB
    MOV A，40H
    MOVC A，@A+DPTR
    MOV P0，A
    CLR P2.2
    LCALL DELAY
    SETB P2.2
    MOV A，41H
    MOVC A，@A+DPTR
    ORL A，#80H；（小数点）
    MOV P0，A
    CLR P2.1
    LCALL DELAY
    SETB P2.1
    MOV A，42H
    MOVC A，@A+DPTR
    MOV P0，A
    CLR P2.0
    LCALL DELAY
    SETB P2.0
    RET
```

> **！提示**：程序设计中挨个点亮与熄灭而不采用循环指令的优点在于：①程序简单易懂；②如果碰上需要对高位 0 不点亮与某位闪烁的要求，则只需插入相应的判断指令即可，使得程序的通用性强。

从最高位显示缓冲区 40H 取出数据，经查表获得该字符的最高显示码，经由 P0 口送出，由 74HC541 缓冲驱动送到段码上，将最高位的位码拉低（即 0），此时高位数码管显示，延时 1.5 ms 后，拉高 P2.2，即关闭最高位显示，从第 2 位显示缓冲区中取出数据，按上述方法直至最后一位显示完毕。

在设计延时程序时，不要纯粹使用 NOP 加循环指令，而要用判短路（P2.3）指令来实现，这样既达到延时目的，又能实时判断输出状态情况，加速了对短路情况的处理，从而

能够起到快速保护电源的目的。

2. 键盘程序设计

键盘程序比较简单，通过查询 P2 口来获得，因为只有 4 个按键，所以读取 P2 口时要屏蔽非键盘的几个 I/O 口。同时，为便于接口处理方便，子程序输出数据给变量 A，没有按键按下时，A=0XFF，有键盘按下则程序跳转到相应处理部分。下面给出的部分略去了处理部分，由学生自己接上。另外，键盘需要考虑抖动问题，通常的做法是判断 I/O 口为 0，延时 10 ms 后再次判断，如果 10 ms 延时程序采用一般的循环等命令，则该期间如果过流等问题出现，很容易烧毁电路，因此本设计采用判断是否过流命令作为延时指令，为快速保护提供了保障。

键盘的汇编参考显示程序如下：

```
        PJ:     MOV   A, P2
                CPL   A
                ANL   A, #0F0H
                JZ    OUT1
                MOV   R1, A
        WAIT:   MOV   P2, #0FFH
                MOV   A, P2
                CPL   A
                ANL   A, #0F0H
                JNB   QHBZ, FHSM11; ===========判断限流过流标志位，0 为限流保护；1 为过
流保护
                JB    P2.3, FHSM11; ==========判断有没有过流
                MOV   SZDA, #00; ===========过流 DA 输出 0 V
                MOV   DAIO, SZDA
                MOV   QHDW, #0FFH
        FHSM11: JNZ   WAIT
                MOV   A, R1
                MOV   20H, A; =============判断哪键有按下并执行相应功能
                JBC   K1, GN1; ==========限流和过流保护功能
                JBC   K2, GN2; ========切换挡位
                JBC   K3, GN3; =========减 0.1V
                JBC   K4, GN4; =========加 0.1V
        OUT1:   RET
```

17.6 电压输出控制电路

17.6.1 电路设计

1. 电压输出控制

电压输出控制电路如图 17.10 所示。它的作用是当电网电压或负载电流发生变化时，保持输出电压基本不变。它由取样、基准、比较放大和调整四部分组成。稳压过程：取样电路（R_{14}、R_{15}、W_3）把输出电压 U_0 的变化部分取出来，送到比较放大器 OP07（IC_7），与基

准电压 U_{REF} 相比较，并将比较的误差信号进行放大，用来控制调整管 Q_3 和 Q_5 组成的复合达林顿管的基极电流，即控制调整管的压降 U_{CE}，使 U_{CE} 产生与 U_o 相反的变化来抵消 U_o 的变化，从而达到稳定 U_o 的目的。$U_o=5U_{REF}$，因此改变 U_{REF} 就可以改变输出电压 U_o。通过键盘设定，由单片机通过 DAC0832 芯片调整参考电压值 U_{REF}，从而改变输出电压 U_o。

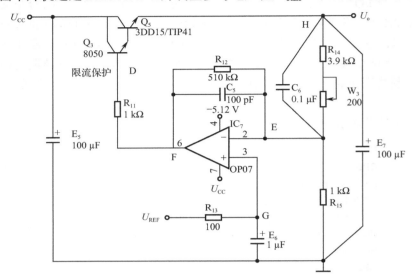

图 17.10　电压输出控制电路

2. 限流保护与过流保护控制

限流保护与过流保护也是通过图 17.10 所示的电路来执行的。在图 17.3 中已经提到过限流功能，当电源运行在限流保护状态下，来自图 17.3 中的 Q_2 集电极的限流保护信号使图 17.10 中的 D 点（Q_3 基极）电压降低，输出电压自动降低，电流受到限制。尽管 IC_7 等组成的稳压电路会使 F 点电压升高，但升高到 OP07 输出的最高值（比电源电压低 2 V 左右），几乎所有的电压都降落在 R_{11} 上，输出电压被限定在相应值上（具体与负载大小、限流设定值有关）。

而短路保护是这样实现的：电源运行在过流保护状态下时，一旦来自保护电路的 P2.3 低电平信号被单片机查询到后，立刻使送给 D/A 口（P1 口）的数据强制为 0，使 D/A 输出的基准电压 $U_{REF}=0$，参考电压变成 0，则输出电压 $U_o=5U_{REF}$ 也变成 0 V，从而保护了电源。

设计要点：

（1）输出电压 U_o 的计算公式：

$$U_o = U_{REF}\left(\frac{R_{14}+W_3+R_{15}}{R_{15}}\right) \tag{17.3}$$

调节 W_3 使 $U_o=5U_{REF}$，R_{14}、R_{15}、W_3 的阻值选择依据是式（17.3）。

（2）Q_3 采用小功率管 8050，电流为 1.5 A，功率为 1 W；Q_5 采用大功率管 3DD15，电流为 5 A，功率为 50 W。

（3）IC7 采用正负双电源供电，应跨接负反馈电阻 R_{12}。

17.6.2　调试与测试

1. 输出电压校正

输出电压校正就是调节图 17.10 中的 W_3，使 U_o 是 U_{REF} 的 5 倍，也就是使 U_o 测量值等于显示值。一般至少要测量低电压、中间电压、高电压三个以上点的输出电压。如果偏差大于 20 mV 以上，就要按故障处理。调试步骤如下：

（1）数控电源图 17.10 中的输入端加 15 V 电压，保证有测试程序，D/A 也已经调好，即 U_{REF} 为设定值的 1/5。

（2）按 "+" 键，使输出显示为 12.0，调整 W_3，测量输出电压 U_o 接近 12.0 V。

（3）按 "−" 键，使输出显示为 1.2，微调 W_3，测量输出电压 U_o 接近 1.2 V。

误差尽量不要超过 10 mV。再回头调输出为 12.0 V，高、低电压之间的绝对误差最好控制在 10 mV 以内，不要一端无误差，一端偏很多。分别从低到高选 3 个以上电压，测量 U_{REF} 和 U_o 是否都相差 5 倍，记录在表 17.7 中。

表 17.7　输出电压校正测量表

输出校正	
显示（V）	输出 U_o（V）
1.2	
6.0	
8.0	
12.0	

2. 输出纹波与稳压性能测试

将图 17.10 中的输入电压调整在 15 V，输出电压设定为 10 V，负载接 100 Ω，测量输出电压和纹波，记录在表 17.8 中。然后调整输入电压到 18V，输出不调，测量输出电压和纹波并记录在表 17.8 中。通过计算求出电源稳压系数 S 和内阻 R_o。

表 17.8　数控电源性能测试

输入电压 V_{CC}（V）	输出设定（V）	输出 U_o（V）	负载电阻（Ω）	内阻 R_0（Ω）	稳压系数
15	10.0		100	—	
18	10.0		100		
18	10.0		∞	—	

稳压系数 S：表示当负载电流及温度等因数不变时，由于电网电压的不稳定引起整流器输出电压的变化量经过稳压后被减小的倍数，即

$$S = \frac{\Delta U_o / U_o}{\Delta U_i / U_i}\bigg|_{\substack{\Delta I_0 = 0 \\ \Delta T_0 = 0}} \tag{17.4}$$

动态内阻 R_0：表示电网电压和温度不变时，负载电流变化时引起的输出电压 U_o 的变化程度，即

$$R_0 = \frac{\Delta U_o}{\Delta I_0}\bigg|_{\substack{\Delta U_i = 0 \\ \Delta T_0 = 0}} \tag{17.5}$$

17.6.3 故障处理

如果从设计到最后全部自己完成，由于电路板设计错误等原因，可能出现的故障会更多。这里只谈 PCB 设计在没有错误的情况下可能出现的问题。

1. 输出电压不可调

输出电压不可调是最常见的一个问题。问题主要集中在 OP07 损坏（由于装反可能很容易损坏）、限流保护故障、D/A 故障。

（1）D/A 故障。用键盘改变输出电压，测量输出 U_{REF} 是否相应改变，如果不变则转 D/A 单元故障处理。

（2）保护电路起作用。保护电路没有调试或调试不合适，一直处于限流保护状态，则调节 W_3 是不能够改变输出电压的。通过测量 IC_7 的③脚与②脚电压就可以判断：如果②脚电压小于 U_{REF}，且⑥脚电压接近 U_{CC}，而 D 点电压不超过显示电压 1.4 V 以上，则可以判定限流保护电路在起作用，按照限流保护电路调试方法调整即可。

（3）OP07（IC7）坏。②、③脚电压不相同（一般在 10 mV 以上），如果②脚电压大于③脚，⑥脚电压大于 0 V，则坏，更换之；如果②脚电压小于③脚电压，而 6 脚电压小于 0 V，则坏，更换之。通常 OP07 损坏的可能性非常小。

2. 输出电压偏差过大

输出电压偏差过大，只有偏小一种可能：图 17.10 所示电路中的 D 点到 H 点的电压差小于 1.2 V，则 Q_3 或 Q_5 有一个三极管的 be 极之间有短路或击穿，致使调整管电流放大倍数不够，使基极电流上升，R_{11} 上的压降增加，使 OP07 的输出电压已经达到上限。看哪个三极管的 be 间电压小于 0.6 V，则此管坏或有短路。

3. 无输出电压

无输出电压通常是调整管损坏引起的，判断方法很简单：D 点电压接近电源电压，切断电源，用万用表判断 Q_3、Q_5 的 be 间没有二极管特性则可以证实。当然，输出过流保护也有可能，按任意键是否能够恢复正常？如果还不行，也许负载过大，按任意键恢复的瞬间又保护了，用万用表监测输出端电压，按任意键，如果出现输出电压突然上升的现象，则可以判定是过流保护起作用了，可调整保护电路或断开负载。

学习与思考

1. 如何将正电源转换成负电源？
2. 如何用 555 制作振荡器？
3. TL431 的基本应用有什么？
4. 整流电路的滤波电容如何计算？
5. 如何提高宽输出串联稳压电源的工作效率？
6. 常用键盘接口有哪几种类型？
7. 什么情况下采用独立式键盘？

8．如何判别键盘电路故障？

9．共阴、共阳数码管有什么区别？驱动时电路应该怎样修改？

10．动态显示有什么优点？

11．动态显示电路中的限流电阻阻值如何计算？

12．D/A 转换器位数与转换精度之间的关系？输出电压与基准参考电压的关系如何？

13．8 位 D/A 选多大的参考电压比较方便？10 位的呢？

14．DAC0832 有几种接法？

15．数字地与模拟地的分开有什么好处？特别是高精度 D/A。

16．电流取样电阻的选择有什么要求？

17．电流取样放大器为什么要双电源供电？

18．双电源一定要对称的吗？

19．能够画出多少种复合管？它们的极性由哪个三极管决定？

20．在电源误差放大器中，增益太大导致自激，有什么办法？

巩固与练习

1．请设计一个采用分立元件制作的 5～12 V 可调的稳压电源。画出电原理图，标出相应的元件值，进行必要的计算。

2．设计一个继电器驱动电路，画出原理图，经过适当的计算，给出相应元件参数。电源工作电压变化范围为 15～25 V，继电器额定电压为 12 V，继电器线包电阻为 120 Ω。

3．设计一个电流取样放大器，要求取样电流范围：0～2.5 A，对应输出电压为 0～5 V。

4．用 555 设计一个占空比可调的振荡器，频率为 10 kHz，画出电原理图，标出相应的元件值，进行必要的计算。

5．设计一个行列式键盘子程序：见图 17.11，要求：调用子程序后，如果无键按下，则 A=0FFH，有键按下，0～15 键按下则 A 分别等于 00H～0FH。

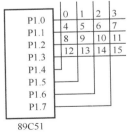

图 17.11　行列式键盘子程序

6．请设计一个动态扫描子程序，见图 17.12，要求通过调用此子程序能将存放在 30H～33H 的非压缩十进制数分别显示在四个 LED 数码管上（从左到右）。

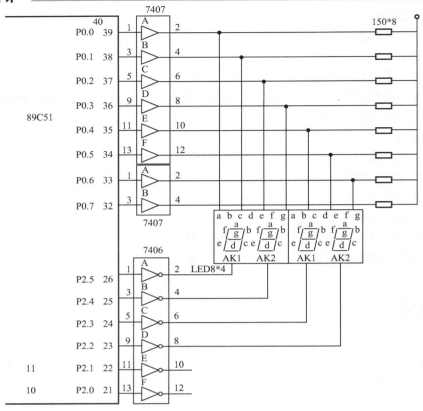

图 17.12　动态扫描子程序

7．请设计一个数控音频信号放大器，画出工作原理图，给出放大器增益公式。

8．设计一个 4～20 mA 的恒流源电路。

第 *18* 章

无线调频接收机设计

【任务目的】

（1）了解通信系统的三种调制类型。

（2）掌握电容三点式高频振荡电路的工作原理及其改进电路。

（3）会调试电容三点式振荡电路。

（4）掌握常用高频小信号的放大原理和方法。

（5）能够制作与调试小信号高频放大器。

（6）掌握混频电路结构及工作原理。

（7）熟悉 MC3361 调频解调芯片的工作原理和电路形式。

（8）掌握去加重电路的性能参数的计算。

（9）会调试接收灵敏度。

（10）会调整接收机的 S 形鉴频曲线，降低解调失真。

（11）会制作与调试小功率音频功率放大器。

（12）能够设计高频电路的 PCB 板。

【任务内容】

（1）制作并调试一套调频接收机，工作频率为 32.7 MHz，调制方式为调频。

（2）分别完成本振单元、高频接收通道、混频单元、解调单元、低频信号放大单元的制作与调试。

（3）完成整机的布局、焊接、软硬件的调试工作。

（4）完成设计调试报告的撰写。

　　声音、文字及图像等电信号均属于低频信号，这些信号若要借助于天线以电磁波的形式来传输，则信号的波长太长而难以实现。因此，声音、文字及图像等信号的无线传输必须经过调制处理。调制的目的首先是为了提高频率；其次是用不同的载波频率将各路信号的频谱分开，以避免各路信号之间在同一信道传输中产生相互干扰。

　　高频振荡信号就是携带信息的"运载"工具，因此称之为载波；而所要传送的信号就称为调制信号。按照被调制的高频振荡信号的参数不同，调制的方式也不同。设高频载波信号表示为 $u_c(t)=U_{cm}\cos(\omega_c t+\varphi)$，若用待传输的低频信号去控制高频载波的振幅 U_{cm}，使其振幅随着低频信号的变化而变化，则称其为振幅调制，简称调幅，用 AM 表示；若用低频信号去改变高频信号的频率 ω_c，使其频率随着低频信号的变化而变化，则称其为频率调制，简称调频，用 FM 表示；若用低频信号去改变高频信号的相位 φ，使其相位随着低频信号的变化而变化，则称其为相位调制，简称调相，用 PM 表示。调频的抗干扰能力强，但占用的频带较宽。在调频广播、电视伴音、通信及遥测技术中，广泛采用了调频制。

　　根据任务内容，调频接收机整机电路框图如图 18.1 所示。由天线接收 32.7 MHz 调频信号，经高频放大后送入混频电路，22 MHz 本振信号也送入混频电路，混频电路产生两者的频率之差，即 10.7 MHz（32.7 MHz～22 MHz）中频调频信号。中频信号再经解调（调频的逆过程）后成为低频信号，最后对低频信号进行功率放大，以驱动负载工作。

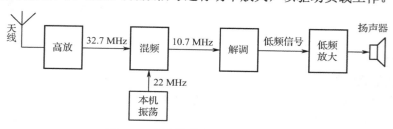

图 18.1　调频接收机整机电路框图

　　将接收进来的高频调制信号变换成中频调制信号，然后再进行放大、解调，这种接收方式称为超外差接收方式，具有接收灵敏度高、接收均匀、选择性好的优点，广泛应用于无线电通信。

18.1　本机振荡电路

　　若要将天线接收的高频调制信号变换成中频调频信号，必须产生一个频率比高频载波频率高出一个中频的本机振荡信号，这就是本机振荡（正弦波）电路，简称本振电路。

18.1.1　本机振荡电路设计

　　本机振荡信号产生电路如图 18.2 所示，由 Q_3、R_{16}～R_{23}、C_{11}～C_{17}、Y_1、Q_4 组成。Q_3 组成典型晶体电容三点式振荡电路，Q_4 构成共集电极电路，用于对本振信号的缓冲放大。

　　设计要点：

　　（1）正弦波振荡电路选择。通常采用电容三点式 LC 正弦波振荡电路，但由于频率稳定性不够高，更多采用的是石英晶体元件。电路中的 Y_1 是 22 MHz 石英晶体，在电路中作为

电感使用，C_{13}、C_{14}、C_{17}、Y_1 构成电容三点式晶体振荡电路，振荡频率主要由 Y_1 频率决定，为 22 MHz。

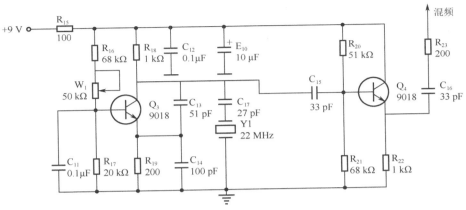

图 18.2　本机振荡信号产生电路

（2）Q_3 电路形式为共基极放大，即 C_{11} 使 Q_3 基极交流接地，共基极放大的特点是工作频率高。

（3）Q_1 电路形式为共集电极放大，特点是带负载能力强。

18.1.2　本机振荡电路装配与调试

1. 本机振荡电路装配与调试

按照图 18.2 找齐相关元件，对照图 18.3 所示的 PCB 板图，在调频接收机的 PCB 板上

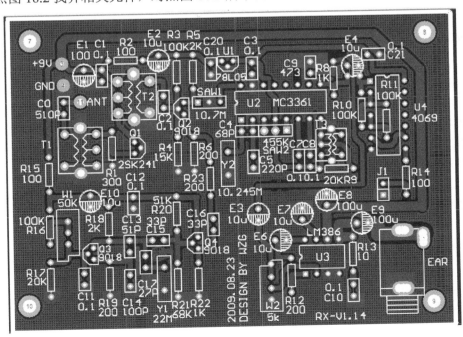

图 18.3　无线调频接收机整机 PCB 板图

完成插件与焊接。电源正极采用红色线，负极采用黑色线，长度大于 10 cm。通常采用 9 V 电池扣。

调整稳压电源输出为 9 V，与接收板的电源相连，用万用表测量 Q_3 的集电极电压，用小型一字螺丝刀慢慢调节 W_1，使集电极电压在 3～6 V，尽可能调在 4.5 V 上。

分别用万用表测量三极管 Q_3、Q_4 三个极的电压，记录在表 18.1 中。你能够初步判断电路在振荡吗？用示波器测量 Q_4 的发射极波形？能够直接测量三极管 Q_3 的发射极波形吗？

表 18.1　本振电路三极管静态工作点

三极管	发射极电压（V）	基极电压（V）	集电极电压（V）	Q_4发射极波形
Q_3				
Q_4				

调整 W_1，看什么时候电路不振了？有何启示？

2．本振电路调试

（1）调整 W_1，使 Q_3 集电极的电压在 4.5 V 左右，过低或过高不利于振荡电路工作。

（2）影响本振的频率除晶振 Y_1 外，主要有 C_{13}、C_{14}、C_{17} 三个电容，由于电路设计上没有加微调电容，所以频率会有点偏移，对灵敏度有一点影响。

（3）测量本振信号不要直接检测 Q_3 的集电极，否则由于示波器的输入电容会影响本振电路的正常工作，也有可能使电路不能够工作，这一点需要注意。由于设计了由 Q_4 组成的射随电路，因此本振信号的测量点是 Q_4 的发射极。

注意：因本振信号频率太高，所以难以采用普通示波器观察 22 MHz 正弦波波形。

注意：

3．故障处理

如果无本振信号，可按下列方法检查故障。

（1）测量 Q_3 的集电极电压。其值应该在 4.5 V 附近，接近 0 V，则可能的原因是 Q_3 饱和，也可能 W_1 没有调好；还可能 R_{17} 装错，使得调 W_1 无法将 Q_3 的集电极电压调高。

Q_3 的集电极电压接近电源电压，Q_3 接近截止区，可能：W_1 没有调好；R_{18} 短路；三极管 be 之间开路，测量 be 之间的电压，正常，为 0.6～0.7 V，起振后一般电压略会下降。be 之间的电压超过 0.8 V，则三极管 be 间开路的可能性最大，更换之。

（2）测量 Q_4 的发射极电压。正常情况下其值在 4～5 V，过高或过低可能是 R_{20}、R_{21} 装错。一般判断色环就可以了，也可以在切断电源的情况下测量电阻，测量值大于标称值则可判断装错，或者色环电阻颜色不明显看错，更换之。

（3）谐振回路检查。当上述检查均没有发现问题，则故障可能出在 C_{13}、C_{14}、C_{17}、Y_1 上。Y_1 通常很容易损坏，C_{17} 过小会导致反馈较弱而不能够起振，C_{13}、C_{14} 的比例不合适也会造成不起振。

评分标准：

（1）焊接质量好（15%）。

（2）静态工作点合适（20%）。

（3）有振荡波形（35%）。

（4）波形无明显失真（15%）。

（5）测试数据完整（15%）。

18.2　高频放大电路

18.2.1　高频放大电路设计

高频放大电路如图 18.4 所示，它由接收调谐电路和高放电路组成。T_1 是谐振在 32.7 MHz 附近的高频变压器（中周），选择接收来自天线端的高频信号，滤除不需要的信号（干扰），同时还起到阻抗匹配作用，天线端一般是 50 Ω，输入级采用场效应管，阻抗比较高。高放管 Q_1、T_2、R_1 组成谐振型高频小信号放大器，将微伏级的信号放大 10 倍左右。Q_1 是高频耗尽型场效应管；T_2 是 32.7 MHz 中周；R_1 是 Q_1 的直流偏置电阻（0 V）。

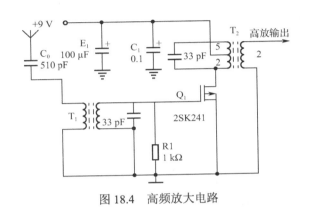

图 18.4　高频放大电路

设计要点：

（1）放大管选 2SK241 超高频管场效应管，主要参数：20 V/0.03 A/0.2 W/1 GHz。

（2）高频放大器通常是一个选频放大器或调谐放大器。因天线接收的是载波频率为 32.7 MHz 的高频调频信号，高频放大器仅放大此频率信号，而不放大频率不为 32.7 MHz 的信号，因此变压器 T_1、T_2 各并联 33 pF 电容器，对 32.7 MHz 信号发生谐振，从而选择 32.7 MHz 信号进行放大。

18.2.2　高频放大电路装配与调试

按照图 18.4 配齐相关元件，对照 PCB 板图，在调频接收机 PCB 板上完成插件与焊接。

注意：9018 与 2SK241 不要混错，MC3361 先要装 16P 的插座。

高频放大电路有 T_1、T_2 两个调磁芯元件，只有当整机电路全部装配完毕，才能对高频放大电路中的 T_1、T_2 进行调试。调试方法与步骤如下。

（1）有发射信号时：扬声器发出正常的声音（有调制信号，调试时为"呜呜"的 1 kHz 信号）。

（2）无接收信号时：扬声器发出"沙沙"的高频噪声。

（3）信号弱时：混有"沙沙"的信号音。

（4）在信号源输出信号比较强的情况下，扬声器发出比较清晰的"呜呜"声，不断降低信号源输出功率，到"沙沙"声出现。先调输入中周 T_1，直至"沙沙"声变最小，然后调高放回路的中周 T_2，使"呜呜"声最清晰，继续调低信号源输出功率，来回调 T_1、T_2 直至灵敏度最高。

在调试过程中一般不需要观察扬声器波形，因为人耳的灵敏度是非常高的，用示波器观察波形不如用耳朵听效果更好。唯一例外的是，可能不管怎么调试扬声器声音一直很轻或声音很怪，这时才需要调音量电位器 W_2 或正交线圈 T_3（详见后面的电路）。

18.3　混频电路

18.3.1　混频电路设计

混频电路如图 18.5 所示。这里采用三极管混频电路，虽然信噪比方面略差，但有混频增益还是不错的选择。电路由 Q_2、SAW$_1$、R_3、R_4、R_5、R_6 和第一本振电路构成。Q_2 是小功率高频三极管，SAW$_1$ 是 10.7 MHz 的陶瓷滤波器，用于滤除 10.7 MHz 以外的无用信号。电路的偏置仍然按照放大设计要求，集电极负载电阻接近 SAW$_1$ 的输入阻抗，达到好的匹配，减少反射。

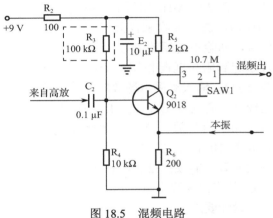

图 18.5　混频电路

混频电路几乎与放大电路相同，很少出现故障，通常用万用表测量 Q_2 的集电极电压即可（3～6 V），这样几乎不用调试即可工作。

设计要点：

（1）混频电路与放大电路有本质的区别：放大电路工作在三极管的线性区域，使信号尽量不产生非线性失真；混频电路工作在非线性区域，只有非线性能混频，线性是不能混频的。因此，Q_2 的静态工作点位于三极管输入特性曲线的非线性区段，即静态电流较小，也就是 R_3 阻值应选大一些（100 kΩ）。

（2）利用三极管的非线性，Q_2 集电极会产生 32.7 MHz 高频信号、22 MHz 本振信号、10.7 MHz 差频信号、54.7 MHz 和频信号等。只有 10.7 MHz 差频信号（中频信号）是有用信号。因此，接入 10.7 MHz 陶瓷滤波器，用于滤除 10.7 MHz 以外的无用信号。

18.3.2　混频电路调试

图 18.5 所示的混频电路中没有可调元件，元器件装配完毕，只要进行静态、动态测试即可。

（1）静态测试。测试 Q_2 的三个电极电压。

（2）动态测试。调整射频信号源的载波频率为 32.7 MHz，调制方式为调频，调制信号频率为 1 kHz，频偏 2.8 kHz，射频信号强度为 0 dBm。接拉杆天线或输出接 1 m 长的导线作为天线。PCB 板尽量靠近天线。在图 18.2、图 18.4 所示电路都正常工作的前提下，用示波器观察混频输出的 10.7 MHz 波形。

> **!注意**：因 10.7 MHz 频率高，幅度小，所以采用 20 MHz 示波器也很难观察到波形。

18.4 解调电路

18.4.1 解调电路设计

MC3361 解调电路如图 18.6 所示。由 Y_2、C_4、C_5 和 MC3361 内部的晶体管组成第二本振，产生 10.245 MHz 的第二本振信号，在 MC3361 内部与从⑯脚进入的第一中频信号（10.7 MHz）混频后产生 455 kHz 第二中频信号。

二次混频后的信号经 MC3361 的③脚输出，通过陶瓷滤波器 SAW_2 滤除 455 kHz 外的其他信号，送入内部增益为 65 dB 的中频放大电路，经差分鉴频，由⑨脚输出低频信号（含有 455 kHz 残余中频信号），再由 R_8、C_9 构成低通滤波器完成去加重（衰减高音），送音频放大器放大。T_3 是鉴频用的谐振在 455 kHz 的正交线圈。

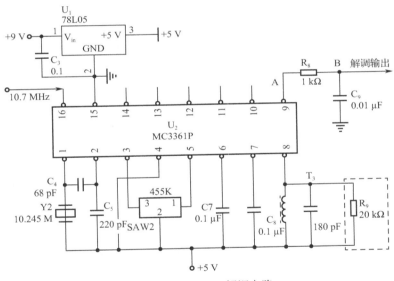

图 18.6　MC3361 解调电路

设计要点：

（1）电路中的 T_3 正交线圈实际上是谐振在 455 kHz 的线圈，理论上可以是一个电感，与 MC3361 内部的 27 pF 电容串联谐振就可以了，但势必需要很大的电感量，除 Q 值低和生产工艺因素外，成本会很高。通常做法是 T_3 线圈上并联 180 pF 电容，这样就与内部的 27 pF 电容构成谐振，电感量可以小到原来的 1/8，大大降低了成本，生产工艺也变得容易。

（2）本振除 Y_2 外，主要是 C_4 和 C_5。该电路上也没有设微调电容。正常频率应该越接近 10.245 MHz 越好。具体频率值需要用频率计来测量，不过由于信号幅度比较小，测量有困难。

18.4.2　解调电路调试

图 18.6 所示的电路只有 T_3 一个可调元件，混频电路调试按下列步骤进行。

（1）检查电路装配正确无误后，加 9 V 电源。

（2）静态测试。测试 MC3361 的各引脚静态电压，填入表 18.2 中。分析各引脚电压均正确后，接着进行下列动态测试与调试。

表 18.2　MC3361 各引脚的静态电压测试

引脚号	①	②	③	④	⑤	⑥	⑦	⑧	⑨	⑮	⑯
电压（V）											

（3）455 kHz 中放与解调测试。把高频信号发生器载波频率调在 455 kHz 频率上，调制方式为调频，频偏 2.8 kHz，内调制 1 kHz，射频幅度为 0 dBm。455 kHz 调频信号多从 MC3361 的⑯脚输入，用示波器观察 A、B 点是否有 1 kHz 的正弦波输出？如果没有，可以用小一字螺丝钉轻轻地调中周 T_3，再不行一般可能是 MC3361 故障，可以换了后再试验。如果信号失真较大，调整 T_3 使其波形最大、最好。如果仍然失真严重，则主要是 455 kHz 滤波器质量不合格引起的（带宽不够），更换之。

（4）第二混频测试。改变高频信号发生器载波频率为 10.7 MHz，其他与步骤（3）相同，继续观察 A、B 点波形，此时如果没有波形，一般为 Y_2 没有起振，可能 C_4、C_5 电容有误或晶振不好。

（5）第一混频调试。最后将高频信号发生器的载波频率调整到 32.7 MHz，采用接拉杆天线或输出接 1 m 长的导线作为信号发射天线，PCB 板利用天线接收调频信号（PCB 板尽量靠近天线）。观察 A、B 点波形是否正常？如果不正常，可以用一字无感螺丝钉轻轻转动 T_1、T_2 的磁芯，也可能是 SAW_1 性能不好（见表 18.3）。

表 18.3　MC3361 动态测试

测　试　点	A 点波形	B 点波形
455 kHz 中放与解调测试		
第二混频测试		
第一混频测试		

18.5　音频放大电路

18.5.1　音频放大电路设计

音频放大电路如图 18.7 所示。图中的 LM386 是最常见的小功率音频功率放大器，外围电路简单，成本低，几乎不用调试即可工作。

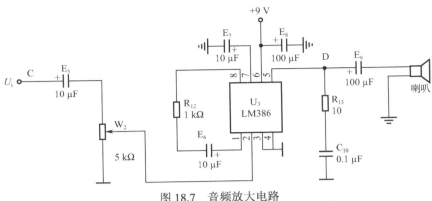

图 18.7　音频放大电路

经隔直流电容 E_3 耦合，W_2 音量电位器调节音量，由音频功率放大器 LM386 完成音频功率放大器，电路增益约为 50 倍。

18.5.2　音频放大电路调试

（1）静态测试。接上电源，用万用表测试 LM386 芯片的各引脚电压，填入表 18.4 中。分析各引脚电压均正常后，可接着进行动态测试。

表 18.4　LM386 芯片引脚电压测试

引脚号	①	②	③	④	⑤	⑥	⑦	⑧
电压（V）								

（2）动态简易检查。采用万用表的 $1\text{ k}\Omega$ 量程，黑表笔接地，红表笔碰触 C 点，扬声器应有"咔咔"声，表示音频放大电路信号通畅。若无声，检查 W_2、E_3、E_9 及扬声器。

（3）动态测试。音频信号发生器频率调整为 1 kHz，幅度为 200 mV，接到 C 点，此时可以从扬声器发出"呜呜"声，用示波器观察扬声器两端波形无失真。若出现幅度过大的削顶失真或底部限幅失真，则调整音量电位器 W_2，减小音量，使波形不失真。

18.6　整机调试与故障处理

18.6.1　整机调试步骤

当整机电路全部装配正确时，开机后，若有调频接收信号，通常扬声器发出正常的"呜呜"的 1 kHz 信号声音；无接收信号时，扬声器发出"沙沙"的高频噪声。整机调试步骤如下。

（1）将高频信号发生器的载波频率调整到 32.7 MHz，调制方式为调频，频偏 2.8 kHz，内调制 1 kHz，射频幅度为 0 dBm。采用接拉杆天线或输出接 1 m 长的导线作为发射天线。

（2）调频接收机采用天线接收调频信号，要求调频接收机的接收天线尽量靠近高频信号发生器的发射天线。将示波器接在扬声器两端，观察音频信号波形。

（3）若无输出波形。逐级检查音频放大、解调 MC3361 芯片电路、第一混频、高频放大及本机振荡电路。

（4）若输出波形微弱，伴有"沙沙"的高频噪声，说明接收灵敏度低，可以用一字无感螺丝钉轻轻转动高放电路中 T_1、T_2 的磁芯。开始调输入 T_1，直至"沙沙"声变最小，然后调高放回路的 T_2，使"呜呜"声最清晰，继续调低信号源输出功率，来回调 T_1、T_2 直至灵敏度最高。

（5）有波形，但正弦波波形出现因幅度过大引起削顶失真，可调节 W_2，将信号幅度调小一些。

（6）有波形，但正弦波出现正负半周不对称失真或其他形状失真，可用一字无感螺丝钉调节 T_3 磁芯，直至失真最小。

> **!建议**：在调试过程中也可以不需要观察扬声器波形，因为人耳的灵敏度是非常高的，用示波器观察波形可能不如用耳朵听效果更好。

18.6.2 故障分析与排除

1. 不管信号源输出多大，扬声器只发出"沙沙"声

分析：本振没有起振，或高放出现问题（输入级和高放的中周有没有虚焊或短路，Q_1 的漏极应该有 9 V 的电压），最大可能故障在第一本振。

（1）检查本振。第一本振很容易检测，用示波器观察 R_{23} 的输出就可以了，正常情况下的波形比较清晰，幅度在 300 mV 左右（原则上完全可以设计更小，便于提高整机的灵敏度，过大对其他电路会产生较大的干扰，这里是为了便于示波器观察才设计这么大的）。第二本振由于信号很弱，示波器难以观察到，可以参考第（2）步。

（2）调信号源输出频率为 10.7 MHz，幅度尽可能大，发射天线尽量靠近电路板，听扬声器有没有"呜呜"声，有说明第一本振无输出，没有应该是第二本振没有工作。

（3）第一本振停振：一般而言，Q_3 的基极偏置弱，引起停振，调 W_1，直到使 Q_4 的发射极有漂亮的正弦波出现为止。可能 Q_3 的放大倍数小，需要改变 C_{13}、C_{14}、C_{17} 的值。

（4）第二本振停振：一般而言，在没有虚焊、短路、MC3361 坏的情况下，可能性比较小。注意检查 Y_2、C_4、C_5 有没有焊接不良等情况，尤其是晶体 Y_2 容易损坏。

2. 不管信号源输出多大，扬声器始终没有声音

（1）电源供给问题。检测 MC3361、LM386 的供电电压，如果电压过低，眼睛观察是否有短路（包括电路板的小毛刺引起的短路），电路走线是否有开路？

（2）低放出现问题。查 LM386⑤脚的直流电压，正常为 4.5 V 左右。如果很低，查 E_3 有无短路？

（3）扬声器的插头焊接情况？如果是声音太轻引起：调音量电位器 W_2，增大音量。

评分标准：

（1）整机灵敏度高（30%）。

（2）解调信号失真小（20%）。

（3）在失真小于 5% 的情况下，输出幅度大（20%）。

（4）整机装配质量好，元件安装整齐，焊接工艺好（20%）。

（5）上课表现好，认真实践（10%）。

学习与思考

1．请说出无线接收机系统由哪几部分组成。

2．调频信号解调叫什么？调幅信号呢？调相信号呢？

3．超外差接收机有什么优点？

4．简述高频小信号放大器的特点与种类。

5．混频的基本数学原理是什么？利用了器件的什么特性？

6．什么叫预加重？预加重有什么好处？

7．三点式振荡电路发射极、基极、集电极所接 LC 元件有什么要求？

8．对于高频振荡电路，直接用示波器测量振荡电路波形有什么问题？

9．如何用万用表判别电路是否起振？

10．电容三点式与电感三点式振荡电路哪个产生的信号好一些？请说出原因。

11．晶体振荡电路有什么优点？

12．调频电路的频偏对通信的质量和带宽有很大影响，一般的对讲机的语音频偏是多少？我国的调频广播的频偏又是多少？

13．我国调幅广播的带宽多大？调频广播的带宽又是多大？

14．通信系统中，为了节省天线，往往收、发共用一根天线，这个设备称为双工器。请说说它的工作原理。

15．LM386 是什么样的芯片？可以工作的电压范围是多少？

16．音频放大器的输出端并联的 RC 串联电路有什么作用？

17．如果要增加 LM386 的增益，应该调整哪个元件？调大还是调小？

巩固与练习

1．请设计一个 50 MHz 的高频振荡电路，画出电原理图，标出相应的元件值，进行必要的计算。

2．画出正交鉴频器工作原理图，并简要分析工作原理。

3．画出调幅信号的检波电路。

4．画出 32 MHz 的高频小信号放大电路。

5．简单说说调频接收机的灵敏度调试过程。

6．请说说调频接收机失真调试。

7．在调频接收项目制作过程中，如果鉴频线圈调节无法解决失真，可能的故障原因是什么？

第19章

声控报警器设计

【任务目的】

（1）掌握声控报警器的整机电路组成。

（2）会设计、调试 10 V/6 V 直流变换电路。

（3）会设计、调试 10 Hz 多谐振荡器电路。

（4）会设计、调试暂态时间为 5 s 的单稳态触发器。

（5）会设计、调试自然光检测电路。

（6）会设计、调试声音检测电路。

（7）会制作与调试声控报警器电路。

（8）会编制调试文件。

（9）会撰写设计报告。

【任务内容】

（1）制作并调试声控报警器，报警器整机电路由多谐振荡器、单稳态触发器、声音检测电路、自然光检测电路、蜂鸣器驱动电路组成。

（2）报警器采用 6 V 供电，但输入直流电压为 10 V，要求设计一个 10 V/6 V 变换电路。

（3）在自然环境光下，声控报警器待机不报警。

（4）在光线很暗的情况下（遮蔽光敏电阻），声控报警器在一个较大的声音触发下工作，控制 LED 灯常亮 5 s，同时蜂鸣器以 10 Hz 的频率间断报警 5 s。

（5）完成整机的布局、焊接、软硬件的调试工作。

（6）完成设计调试报告的撰写。

报警器是一种为防止或预防某事件发生所造成的后果，以声音、光、气压等形式来提醒或警示我们应当采取某种行动的电子产品。报警器分为机械式报警器和电子报警器。随着科技的进步，机械式报警器越来越多地被先进的电子报警器代替，经常应用于系统故障、安全防范、交通运输、医疗救护、应急救灾、感应检测等领域，与社会生产密不可分。

　　报警器种类很多，按传感器的种类分：磁控开关报警器、震动报警器、声控报警器、超声波报警器、电场报警器、微波报警器、红外报警器、激光报警器和视频运动报警器。按探测器的工作方式分：可分为主动式和被动式报警器，主动式报警器在担任警戒期间要向所防范的现场不断发出某种形式的能量，如红外线、超声波、微波等能量，被动式报警器在担任警戒期间本身不需要向所防范的现场发出任何形式的能量，而是直接探测来自被探测目标自身发出的某种形式的能量，如红外线、振动等能量。按探测电信号传输信道分：可分为有线报警器和无线报警器。按警戒范围分：点控制报警器、线控制报警器、面控制报警器和空间控制报警器。按应用场合分：可分为室内与室外报警器，或可分为周界报警器、建筑物外层报警器、室内空间报警器及具体目标监视用报警器。按工作原理分：可分为机电式、电声式、电光式及电磁式报警器等。

　　本章设计的声控报警器的整机电路框图如图 19.1 所示。由 NE555 多谐振荡器构成 10 Hz 报警信号源；由 NE555 单稳态触发器构成 5 s 时间报警电路；由光敏电阻、LM358 比较器构成自然光检测电路，使自然光状态下不报警；由驻极体话筒、LM358 比较器组成声控电路，使报警器在一个较大的声音触发下工作，控制 LED 灯常亮 5 s，同时蜂鸣器以 10 Hz 的频率间断报警 5 s。

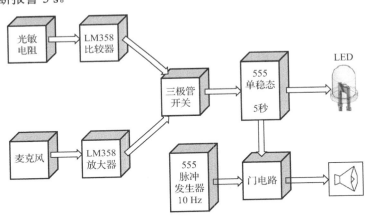

图 19.1　声控报警器的整机电路框图

19.1　10 V/6 V 变换电路

19.1.1　10 V/6 V 变换电路设计

　　图 19.2 所示是由 MC34063 构成的降压式 10 V/6 V 变换参考电路，MC34063 芯片的内部电路框图及引脚功能详见第 3 章的 3.1.3 节。电路的输入电压为 +10 V，输出电压为 +6 V。图中的 L_1 和 D_4 及 MC34063 内部开关管（①脚为 c 极，②脚为 e 极）组成降压型变

换电路。降压变换原理是：若开关管饱和导通，则电流线性增大，电流经 L_1 给 C_{10} 充电，此时 D_4 截止，L_1 储存磁场能量，C_{10} 被充电；若开关管截止，则由于 L_1 中的电流不能突变，此时 D_4 导通，L_1 释放磁场能量，C_{10} 再次被充电，产生+6 V 直流电压输出。于是电路完成了 10 V 到 6 V 的变换。

在图 19.2 所示电路中，D_8 的作用是防止 10 V 输入电压的极性接反；R_{18} 的作用是过流检测，C_9 是振荡定时电容，决定 MC34063 内部振荡电路的频率。C_{10}、C_{12} 是输出电压滤波电容，C_{11} 是输入电压滤波电容。

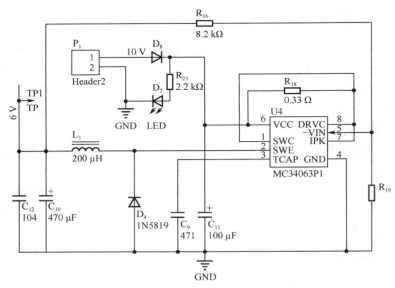

图 19.2　10 V/6 V 变换参考电路

设计要点：

（1）输出电压取决于 MC34063A 内部的 1.25 V 基准电压及⑤脚外接的取样电阻 R_{16} 和 R_{19}，计算公式如下：

$$U_o = 1.25 \times (R_{16} + R_{19}) / R_{19} \text{（V）} \tag{19.1}$$

（2）图中 R_{19} 没有给出阻值，请学生自行计算，确保变换后的电压为 6 V。

（3）其他元件参数可根据图 19.2 选择。

19.1.2　10 V/6 V 变换电路调试

1. 装配

在 PCB 上焊接 10 V/6 V 变换电路的相关元件，元器件清单：MC34063 芯片（1 个），电阻 0.33 Ω（1 个），电阻 2.2 kΩ（2 个），电容 470 pF（1 个），电容 0.1 μF（1 个），电容 100 μF（1 个），电容 470 μF（1 个），电感 220 μH（1 个），二极管 1N5819（1 个），二极管 1N4007（1 个），红色 3 mm-LED（1 个），电阻 8.2 kΩ（1 个）。

2. 调试

（1）当电路装配完毕，仔细检查电路，若没有装配错误，则可以通电调试。

（2）当 10 V 电压输入后，红色 LED 点亮，表示通电正常。若 LED 不亮，则可能是 10 V 电压极性接反，或 D_8、D_7、R_{23} 开路。

（3）检查 TP_1 测试点，输出电压为 6 V，允许误差为 ± 0.2 V，则表示电路制作成功。

（4）若输出电压为零，可能是 R_{18} 开路。

（5）若输出电压只有 1.25 V，则是 R_{19} 开路。

（6）若输出电压太高，为 8 V 以上，则可能是 R_{16} 开路。

3. 测试

当输出电压 6 V 正常后，在 6 V 输出端接一个 100 Ω 负载电阻，再测试 MC34063 各引脚对地电压，并测试 MC34063 的①脚、②脚、③脚波形。测试数据填入表 19.1 和表 19.2 中。

表 19.1　MC34063 各引脚的对地直流电压测试

引脚号	①	②	③	④	⑤	⑥	⑦	⑧
电压（V）								

表 19.2　MC34063 关键引脚的电压波形测试

引脚号	①	②	③
波　形 （标出幅度、周期）			

19.2　555 多谐振荡电路

19.2.1　555 多谐振荡电路设计

多谐振荡器参考电路由 NE555 构成，如图 19.3 所示。NE555 芯片介绍详见第 3 章的 3.2.7 节。振荡过程：当 NE555⑦脚的内部放电管截止时，6 V 电源经 R_{13}、R_{15} 给 C_7 充电，当 C_7 的电压充到 4 V 后，NE555 内部状态翻转而③脚输出低电平，⑦脚内部的放电管导通，C_7 经 R_{15} 向⑦脚内部放电管放电，C_7 的电压下降。若 C_7 的电压下降至 2 V，NE555 内部状态又翻转而③脚输出高电平，⑦脚的内部放电管截止，6 V 电源又经 R_{13}、R_{15} 给 C_7 充电，由此循环往复产生振荡。

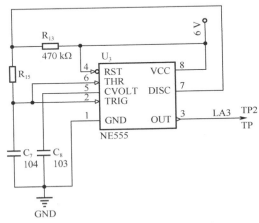

图 19.3　555 多谐振荡参考电路

设计要点：

（1）振荡脉冲周期可以由如下公式计算：

$$T = 0.7 \times (R_{13} + 2R_{15}) \times C_7 \tag{19.2}$$

（2）根据式（19.2）选择 R_{13}、R_{15} 及 C_7 的参数，确保符合 10 Hz 振荡频率设计要求。

图中的 R_{15} 没有给出阻值，请学生自行计算。

19.2.2　555 多谐振荡电路调试

1. 装配

在 PCB 上焊接 555 多谐振荡电路的相关元件，元件清单：NE555 定时器芯片（1 个），电容 0.01 μF（1 个）。除此之外可选用元器件：电阻 470 kΩ（2 个），电阻 47 kΩ（2 个），电阻 10 kΩ（2 个），电容 0.1 μF（1 个）。

!注意：可能有不需要的器件。

2. 调试

（1）当电路装配完毕，仔细检查电路，若没有装配错误，则可以通电调试。

（2）检查 NE555⑧脚的 6 V 供电电压，若没有，请检查前面装配的 10 V/6 V 变换电路。

（3）检查 NE555②脚或⑥脚的平均电压，应为 3 V，因为 C_7 充放电的电压范围为 2～4 V。

（4）用示波器观察 NE555②脚输出的矩形波，若正常表示多谐振荡器制作成功。

3. 测试

当调试结束后，可测试 NE555 各引脚的对地电压，并测试 NE555②脚、③脚、⑦脚的波形。测试数据填入表 19.3 和表 19.4 中。

表 19.3　NE555 各引脚的对地直流电压测试

引脚号	①	②	③	④	⑤	⑥	⑦	⑧
电压（V）								

表 19.4　NE555 关键引脚的电压波形测试

引脚号	②	③	⑦
波　　形 （标出幅度、周期）			

19.3　555 单稳态电路

19.3.1　555 单稳态电路设计

555 单稳态参考电路如图 19.4 所示，NE555 芯片介绍详见第 3 章的 3.2.7 节。工作过程：NE555 的②脚没有触发信号时，NE555 的③脚输出稳态低电平，此时 NE555⑦脚内部的放电管导通。当 NE555 的②脚有低电平触发信号时，NE555 的③脚输出暂态高电平，此时 NE555⑦脚内部的放电管截止，6 V 电源经 R_{20} 给 C_{13} 充电，C_{13} 的电压呈指数规律上升，当 C_{13} 的电压上升到 4 V 时，经 NE555⑥脚内部的比较器输出，导致③脚又输出低电平，即暂态转为稳态，此时 NE555⑦脚内部的放电管又导通，C_{13} 无法被充电，输出维持在稳态低电平。

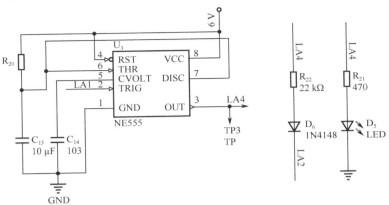

图 19.4　555 单稳态参考电路

设计要点：

（1）暂态高电平脉冲宽度 T 可以由如下公式计算：

$$T = 1.1 \times R_{20} \times C_{13} \tag{19.3}$$

（2）图中 R_{20} 的阻值没有给出，请学生自行计算，确保暂态时间为 5 s±0.5 s。

19.3.2　555 单稳态电路调试

1. 装配

在 PCB 上焊接 555 单稳态电路的相关元件，元件清单：NE555 定时器芯片（1 个），电容 0.01 μF（1 个）；除此之外可利用元器件：电阻 470 kΩ（1 个），电阻 47 kΩ（1 个），电阻 22 kΩ（1 个），电阻 10 kΩ（2 个），电阻 470 Ω（1 个），电容 0.1 μF（1 个），电解电容 10 μF（1 个），二极管 1N4148（1 个），红色 LED（1 个）。

> ❗**注意**：可能有不需要的器件。

2. 调试

（1）当电路装配完毕，仔细检查电路，若没有装配错误，则可以通电调试。

（2）检查 NE555⑧脚的 6 V 供电电压，若没有，请检查前面装配的 10 V/6 V 变换电路。

（3）检查 TP_3 测试点，当在 NE555 的②脚加低电平触发信号（用万用表表笔碰触一下②脚即可），用万用表测 NE555 的③脚输出 5 V 高电平（红色 LED 点亮），而且高电平维持 5 s 后自动转为低电平（红色 LED 熄灭），则表示电路装配成功。

（4）若 NE555 的②脚加低电平触发信号后，NE555 的③脚能输出暂态高电平，但 5 s 后不能恢复为稳态低电平，即红色 LED 常亮，则可能是 R_{20} 虚焊或 C_{13} 短路。

（5）若 NE555 的②脚加低电平触发信号后，NE555 的③脚能输出暂态高电平，但②脚触发信号撤去后，③脚立即恢复为低电平，则可能是 C_{13} 虚焊。

3. 测试

当调试正常后，可测试 NE555 各引脚的对地电压，并测试有故障时的 NE555 各引脚对地电压，测试数据填入表 19.5 中，并请学生分析表 19.5 中的有故障测试数据。

> ❗**注意**：每次测电压前，先对 NE555 的②脚加触发信号。

表 19.5　NE555 各引脚的对地直流电压测试

引脚号	①	②	③	④	⑤	⑥	⑦	⑧
正常（V）								
R_{20} 开路（V）								
C_{13} 开路（V）								
C_{13} 击穿（V）								

19.4　声音检测电路

19.4.1　声音检测电路设计

设计思路：声控报警器首先有一个能将声音转换成控制信号的电路，即声音检测电路。可采用驻极体话筒（MIC）作为声音传感器，将声音转换成电信号。由于驻极体话筒输出的信号十分微弱，所以需要放大，放大后再由一个倍压整流电路将声音信号整流成直流电压，这样才能控制报警器工作。

声音检测参考电路如图 19.5 所示。MIC 信号经 C_4 耦合到 U_{1A}（LM358D）的反相端，经 U_{1A} 放大输出后，再由 C_5、C_6、D_2、D_3 对输出声音信号进行倍压整流，在 C_5 上形成直流电压。此电压最后经 Q_2 倒相放大输出，用于图 19.4 中的单稳态电路的低电平触发信号。

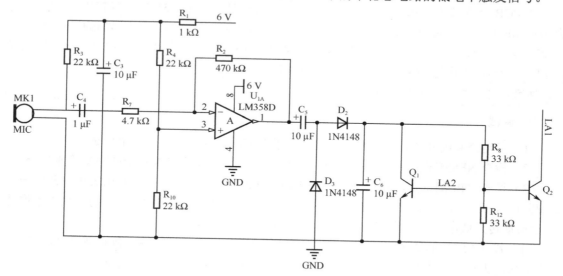

图 19.5　声音检测参考电路

图中的 Q_1 为自然光控制管，即 Q_1 在自然光状态下导通，声音电压被短路，Q_2 截止，图 19.4 中的单稳态电路不能被触发，确保自然光环境下不报警。

设计要点：

（1）R_2、R_7 的阻值决定 U_{1A} 的电压放大倍数，计算公式为：

$$A_u = -R_2 / R_7$$

（19.4）

（2）U_{1A} 的工作模式是单电源，当工作电源为 6 V 时，U_{1A} 的同相端应加 3 V 偏压，这由 R_4、R_{10} 对 6 V 决定。

（3）整流电路可采用简单的半波整流，但为提高声控灵敏度，采用倍压整流更好。

（4）三极管可选用 9013，其他元件参数选择可参考图 19.5 所示的电路。

19.4.2　声音检测电路调试

1. 装配

在 PCB 板上焊接声音检测电路的相关元件，元件清单：LM358D 芯片（1 个），电阻 1 kΩ（1 个），电阻 4.71 kΩ（1 个），电阻 470 kΩ（1 个），电阻 1 kΩ（1 个），电阻 22 kΩ（2 个），电阻 33 kΩ（2 个），电容 1 μF（1 个），电容 10 μF（3 个），二极管 1N4148（2 个），三极管 9013（2 个）。

2. 调试

（1）当电路装配完毕，仔细检查电路，若没有装配错误，则可以通电测量。

（2）测 LM358D 的⑧脚供电电压 6 V，若没有，请检查前面装配的 10 V/6 V 变换电路。

（3）测 LM358D 的①脚、②脚、③脚偏置电压应为 3 V，若不正常，请检查电阻 R_1、R_4、R_{10} 是否虚焊或阻值不正确。

（4）用示波器观察 LM358D 的①脚波形，当人对着 MIC 大声讲话时，应有音频信号波形产生。若没有反应，请检查 LM358D 是否处于放大状态（C_4、R_7、R_2）。

（5）用万用表测 C_6 上的电压，当人对着 MIC 大声讲话时，应有电压产生，则表示电路装配成功。若没有电压产生，请检查倍压整流电路（D_2、D_3、C_5、C_6）。

3. 测试

当调试结束后，用万用表分别测试无声状态、有声状态下的关键点直流电压，测试数据填入表 19.6 中。

表 19.6　声音检测电路测试

测试点	LM358D 的①脚	C_6 两端	Q_2 基极	Q_2 集电极
无声状态（V）				
有声状态（V）				

19.5　自然光检测电路

19.5.1　自然光检测电路设计

要想检测自然光，必须采用光传感器（光敏电阻）。自然光检测参考电路如图 19.6 所示。当没有自然光照射光敏电阻（ORES）时，光敏电阻阻值较大，比较器 LM358D 的同相端电压低于反相端电压，LM358D 的⑦脚输出低电平，D_1 截止。当有自然光照射光敏电阻（ORES）时，光敏电阻阻值变小，比较器 LM358D 的同相端电压高于反相端电压，LM358D 的⑦脚输出高电平，D_1 导通，则将阻止报警。

注意： D$_1$ 的负极与图 19.5 中的 Q$_1$ 基极相连接。

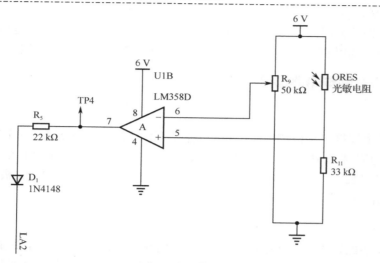

图 19.6　自然光检测参考电路

设计要点：

（1）R$_{11}$ 阻值的确定。当有自然光照射时，用万用表测出光敏电阻的阻值，如为 20 kΩ，则 R$_{11}$ 也应选用 20 kΩ；如为 33 kΩ，则 R$_{11}$ 也应选用 33 kΩ。这样才能将比较器 LM358D 同相端的偏压设计在 3 V，因为供电为 6 V。

（2）可调电阻 R$_9$ 阻值的确定。R$_9$ 的阻值应为 R$_{11}$ 的阻值与光敏电阻阻值之和。

19.5.2　自然光检测电路调试

1. 装配

在 PCB 板上焊接自然光检测电路的相关元件，元件清单：LM358D 芯片（1 个），光敏电阻（1 个），电阻 33 kΩ（1 个），电阻 22 kΩ（1 个），可调电阻 50 kΩ（1 个），二极管 1N4148（2 个）。

光敏电阻焊接之前，先完成测试。在自然光环境下测阻值为_____，在黑暗环境下测阻值为_____。

2. 调试

（1）当电路装配完毕，仔细检查电路，若没有装配错误，则可以通电测量。

（2）先检查 LM358D⑧脚的 6 V 供电，若没有，请检查前面装配的 10 V/6 V 变换电路。

（3）粗检查：测量比较器 LM358D 同相端、反相端的直流偏压，均为 3 V 左右。

（4）在自然光照射环境下，光敏电阻阻值变小，测试 LM358D⑤脚、⑥脚、⑦脚及 Q$_1$ 的基极电压，填入表 19.7 中。

（5）在黑暗环境下，光敏电阻阻值增大，测试 LM358D⑤脚、⑥脚、⑦脚及 Q$_1$ 的基极电压，填入表 19.7 中。

表 19.7　自然光检测电路测试

测试点	LM358D 的⑤脚	LM358D 的⑥脚	LM358D 的⑦脚	Q_1 基极
自然光环境电压（V）				
黑暗环境电压（V）				

（6）分析表 19.7 中的测试电压数据，不管是自然光环境或黑暗环境，LM358D 的⑥脚电压均相同，而 LM358D 的⑤脚电压相差很大。调 R9 使 LM358D 的⑥脚电压等于 LM358D 的⑤脚两次测量电压的平均值，即下列等式成立：

$$U_⑥=(U_{⑤自然光}+U_{⑤黑暗})/2 \tag{19.5}$$

19.6　蜂鸣器驱动电路

19.6.1　蜂鸣器驱动电路设计

蜂鸣器报警控制参考电路如图 19.7 所示。它主要由四与非门芯片 CD4011 组成。U_{2A}、U_{2C}、U_{2D} 与非门并联使用，等效为一个反相器，其输出端接蜂鸣器负载。U_{2B} 是一个控制门，其 LA3 输入端与多谐振荡器的输出端连接，LA4 输入端与单稳态电路的输出端连接。

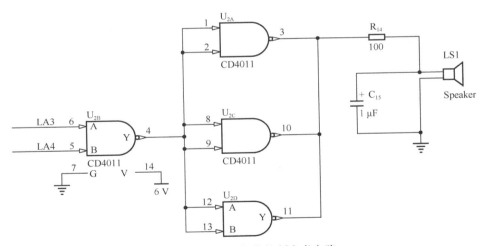

图 19.7　蜂鸣器报警控制参考电路

在自然光环境下，或在非自然光环境但没有声音检测信号时，LA4 端为低电平，相当于 U_{2B} 控制门关闭，LA3 端的多谐振荡信号不能通过，U_{2B} 的输出始终为高电平，U_{2A}、U_{2C}、U_{2D} 的输出始终为低电平，蜂鸣器无声。

在非自然光环境下，而且有声音检测信号时，单稳态被触发，LA4 端有高电平（维持 5 s），此时 U_{2B} 的控制门打开，U_{2B} 输出的是 LA3 端的反相信号，即多谐振荡信号通过 U_{2B} 控制门，再经 U_{2A}、U_{2C}、U_{2D} 倒相后，驱动蜂鸣器发出"嘀嘀"报警声音。

19.6.2　蜂鸣器驱动电路调试

1. 装配

在 PCB 板上完成蜂鸣器报警控制电路焊接，元件清单：CD4011（1 个），蜂鸣器（1 个），电阻 100 Ω（1 个），电容 1 μF（1 个）。

蜂鸣器焊接前先完成测试。给蜂鸣器两端加 5 V 直流电压（极性不能接错），蜂鸣器应发出清晰报警声，表明蜂鸣器质量是好的。

2. 调试

（1）当电路装配完毕，仔细检查电路，若没有装配错误，则可以通电测量。

（2）先检查 CD4100 芯片⑭脚的 6 V 供电电压，若没有，请检查前面装配的 10 V/6 V 变换电路。

（3）在自然光环境下，不管有没有声音，蜂鸣器均无声。此时测试 CD4011 相关的引脚电压，数据填入表 19.8 中。

（4）在黑暗环境下，当没有声音检测信号时，蜂鸣器仍无声。

（5）在黑暗环境下，而且有声音检测信号时，驱动蜂鸣器发出持续 5 s 时间的"嘀嘀"报警声音。在报警 5 s 时间内完成 CD4011 相关引脚电压的测试，数据填入表 19.8 中。

表 19.8　蜂鸣器报警控制电路测试

测试点	CD4011 的⑥脚	CD4011 的⑤脚	CD4011 的④脚	CD4011 的③脚	蜂鸣器
蜂鸣器没有报警（V）					
蜂鸣器报警状态（V）					

19.7　声控报警器验收与故障处理

19.7.1　声控报警器验收

主要验收声控报警器的设计任务内容有没有完成。学生演示，教师观察，步骤如下。

（1）加 10 V 直流电压，电源指示灯 D7 亮。

（2）在自然光环境下，当发出一个较大声音时，声控报警器待机也不报警。

（3）在光线很暗的情况下（遮蔽光敏电阻），声控报警器在一个声音触发下报警，即控制 LED 灯常亮 5 s，同时蜂鸣器以 10 Hz 的频率间断报警 5 s。

评分标准：

（1）DC/DC 变换电路（10%）。

（2）555 多谐振荡器（10%）

（3）555 单稳态电路（10%）。

（4）声音检测电路（10%）。

（5）自然光检测电路（10%）。

（6）蜂鸣器驱动电路（10%）。

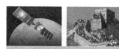

（7）整机验收，包括焊接质量、任务内容完成情况（30%）。

（8）学习态度（10%）。

19.7.2　整机故障处理

声控报警器在整机验收过程中，可能会发生以下故障。

1. 电源指示灯不亮

电源指示灯不亮，说明 10 V 不能输入，可检查 DC/DC 变换的 10 V 输入电路，如 D_7 虚焊、D_8 虚焊、R_{23} 开路。

2. 在声音触发下，蜂鸣器和 LED 均不报警

此故障原因很多，可按以下步骤进行检查。

（1）检查 DC/DC 变换电路。若 DC/DC 变换电路无 6 V 输出（如 R_{18} 开路），则其他电路都失去供电，肯定是不能报警。若 DC/DC 变换电路仅有 1.25 V 输出（如 R_{19} 开路），也同样不能报警。

（2）检查声音检测电路。因为声音检测电路有故障，就不能触发单稳态进入 5 s 高电平暂态。例如，R_1、R_4、R_{10} 开路，使 U1A 不能放大声音信号；D_2 或 D_3 开路，不能倍压整流，声音触发电压不能产生；R_8 开路使 Q_2 始终截止，不能触发单稳态。

（3）检查自然光检测电路。如果 Q_1 始终导通，则声音触发电压被短路。引起 Q_1 始终导通的原因有：Q_1 的 c-e 极击穿；R_9 没有调好或 R_{11} 开路，导致 U_{1B} 的⑦脚始终输出高电平。

（4）检查单稳态电路。单稳态电路中的 555 芯片的②脚被触发后，③脚无 5 s 暂态高电平输出。例如，C_{13} 开路，导致 5 s 暂态时间变为零。

3. 白天也能在声音触发下报警

检查自然光检测电路，主要是 Q_1 始终截止。例如，R_9 没有调好，导致 U_{1B} 的⑦脚始终输出低电平，使 Q_1 始终截止；光敏电阻虚焊，R_5 开路或 D_1 开路，均使 Q_1 始终截止。

4. 在声音触发下，LED 能亮 5 秒报警，但蜂鸣器无声

（1）检查蜂鸣器报警驱动电路。例如 R_{22} 开路或 D_6 开路，单稳态输出的高电平不能加到 CD4011 的⑤脚，U2B 控制门关闭，报警信号被阻断；又如 CD4011 芯片故障，R_{14} 开路、C_{15} 击穿、蜂鸣器坏或极性接反等。

（2）检查 555 多谐振荡电路。主要是多谐振荡器停振，10 Hz 矩形波即报警信号。当 R_{13}、R_{15}、C_7 开路时，都会引起多谐振器停振。用万用表检查 555 多谐振荡器是否正常工作的技巧是：测 555 芯片②脚的直流电压为 3 V，表明电容充放电引起②脚电压在 2～4 V 变化；测③脚的直流电压为 3.7 V，表明③脚输出的矩形波正常。

5. 在声音触发下，蜂鸣器长鸣不停（时间超过 5 s）

检查单稳态触发器电路，如 R_{20} 开路、C_{13} 击穿，使 555 芯片的⑥脚电压始终不能达到 $2/3 U_{CC}$，即单稳态电路被触发后，暂态时间被延长至无穷大，蜂鸣器长鸣不停。

6. 蜂鸣器能报警，但音轻

请检查蜂鸣器极性是否接反，R_{14} 阻值是否太大（装配错误），多谐振荡器输出是否不正常（没有矩形波输出，矩形波幅度小等）。

学习与思考

1. 用电阻降压也能将 10 V 直流电压降为 6 V，为什么要采用 DC/DC 变换电路？
2. DC/DC 变换的输出电压大小如何设计？
3. 说出 555 芯片的各引脚功能。
4. 555 多谐振荡器的振荡频率由哪些元件决定？
5. 555 单稳态触发器的暂态时间由哪些元件决定？
6. 光敏电阻的阻值变化范围如何？
7. 如何实现光-电转换？
8. 如何实现声-电转换？
9. 如何将人的声音转换成一个直流电压？
10. 蜂鸣器有哪些类型？
11. 蜂鸣器驱动通常是直流驱动还是交流驱动？
12. 蜂鸣器驱动电压、电流多大？

巩固与练习

1. 请采用非 MC34063 芯片设计升压型 DC/DC 变换电路，输入电压为 10 V，输出电压为 16 V。
2. 请采用 MC34063 芯片设计降压型 DC/DC 变换电路，输入电压为 12 V，输出电压为 5 V。
3. 请采用 555 芯片设计一个多谐振荡器，振荡频率为 1 kHz。
4. 请采用 555 芯片设计一个单稳态触发器，暂态时间为 100 ms。
5. 请设计一个自然光检测电路，白天输出低电平，黑夜输出高电平。

参考文献

[1] 胡汉章，叶香美. 数字电路分析与实践[M]. 北京：中国电力出版社，2009.

[2] 李雄杰. 模拟电子技术教程[M]. 北京：电子工业出版社，2007.

[3] 谢自美. 电子线路设计、实验、测试（第二版）[M]. 武汉：华中科技大学出版社，2000.